와일드   WILD

야외생물학자의 동물 생활 탐구

와일드
WILD

이원영

야외생물학자의 동물 생활 탐구

글항아리

들어가며

　시골에서 어린 시절을 보냈다. 내가 살던 곳은 아침마다 지저귀는 새소리며 수풀 사이에서 우는 개구리와 풀벌레 소리까지 수많은 동물이 내는 소리로 가득했다. 그렇게 자연스럽게 주변에 온갖 동물이 살고 있다는 걸 알았다. 날이 좋으면 잠자리채를 들고 밖으로 나가 여기저기 기웃거리며 곤충을 잡으러 다녔다. 해가 저무는 줄도 모르고 쏘다니며 잡은 잠자리, 매미, 나비를 손가락으로 집어 들고서 얼굴과 다리, 날개를 한참 동안 들여다보았던 기억이 난다. 특히 잠자리의 겹눈을 보고 있으면 나도 모르게 몽환적인 기분에 사로잡히곤 했다. 날개를 곱게 포개어 두 손가락 사이에 살짝 끼워둔 채 잠자리와 눈을 맞추면, 빛의 각도에 따라 하얗게 반사되는 표면과 그 안에서 이리저리 움직이는 수많은 검은 눈동자가 보였다. 그걸 보고 있으면 시간이 어떻게 가는 줄 몰랐다. 나와는 전혀 다른 눈을 가진 잠자리가 그렇게 신비롭게 느껴질 수 없었다. 잠자리도 나를 보고 있을까? 이 녀석은 무슨 생각을 할까? 궁금증이 꼬리에 꼬리를 물고 피어났다. 그러다 문득 나 자신에게 묻기도 했다. 나는 왜 이 녀석을 들여다보고 있지?

커가면서 이 질문은 나를 포함한 인간에 대한 물음으로 확장되었다. 왜 나 같은 인간들은 사람만 알아가기에도 바쁜데 자꾸만 다른 동물에게 눈을 돌리고, 일부러 찾아다니면서까지 이들을 보려고 할까? 왜 우리 자신과 전혀 다른 생김새에 사는 방식도 제각각인 동물들의 정체를 궁금해하고, 그들이 보여주거나 말해주지 않는 것까지 알아내려고 할까? 동물에 대한 호기심과 그걸 충족하려는 관찰 행위는 먹고살 만해지고 여유가 생기니까 갖게 된 인간들의 취미 활동일까, 아니면 우리 선조들로부터 전해 내려오는 인류의 본능일까?

프랑스 동남부 아르데슈의 협곡에 위치한 쇼베동굴 벽에는 누가 어떤 이유로 그렸는지 알 수 없는 동물 그림이 있다. 목탄으로 선을 그어 그린 이 벽화엔 적어도 열세 종 이상의 동물 모습이 담겨 있는데, 사자와 들소를 비롯해 지금은 멸종된 매머드와 털코뿔소도 남아 있다. 쇼베동굴 벽화는 1994년 발견된 이래 유네스코 세계문화유산으로 지정되어 보호되고 있는데, 탄소 연대를 측정해본 결과 3만~3만2000년 전 크로마뇽인이 남긴 것으로 추정되었다. 그 옛날에 사람들은 왜 동굴에 이런 그림을 그렸을까? 그림 그리길 좋아하는 어떤 이가 예술적 영감을 받아 다양한 동물을 그림으로 남겼을 가능성도 있다. 동물 사냥이 식량 확보에 중요했던 시기임을 생각하면, 사냥에 성공하게 해달라는 염원을 담은 의식적이고 주술적인 의미의 그림인지도 모른다. 다만 이 벽화의 놀라운 점은, 지금 봐도 그림으로 종을 식별할 수 있을 만큼 동물의 생김새와 행동을 섬세하게 묘사했다는 것이다. 동굴 깊숙한 곳에 이런 그림을 그려둘 생각을 한 우리 선조는 어떤 사람이었을까? 모르긴 해도, 그는 동물을 관찰하기 좋아하는 사람이었을 것이다. 뿔을 맞대고 싸우는 털코뿔소 수컷들의 영역행동과 짝짓기 경쟁을 유심히 관찰해 생생한 그림으로 남겨놓은 걸 보면 말이다.

쇼베동굴 벽화가 탄생하고 수만 년이 지나 세상에 나온 영화 「더 빅 이어」는 탐조가에 대한 이야기다. 영화에선 해마다 누가 가장 많은 새를 봤는지 겨루는 대회가 열린다. 세계 각지에서 새를 쫓아다니던 사람들이 한자리에 모이는 이 대회는 '빅 이어Big Year'라는 이름으로 불린다. 탐조가들은 매해 첫날인 1월 1일부터 마지막 날인 12월 31일까지 새를 찾아다니며 자기가 본 새 이름을 기록한다. 빅 이어 대회는 참가자들이 그 숫자로 등수를 매기며 경쟁하는 자리다. 주인공 스튜는 대기업 사장 자리에서 은퇴한 뒤 평소 꿈꿔온 대로 미국 전역을 돌아다니며 빅 이어 대회에 참가한다. 상이 있는 것도, 누가 알아주는 것도 아니지만 참가자들은 팽팽한 신경전을 벌이며 경쟁에서 이겨 최고의 탐조가가 되려 한다. 고작 새 몇 마리 보는 게 무슨 대수라고 그리 열성일까 생각할 수도 있지만, 나도 동네에서 산책 삼아 새를 보러 다니는 사람으로서 그 심정이 조금은 이해가 된다. 주변에서 쉽게 볼 수 없는 새, 남들이 잘 보지 못하는 새를 봤을 때의 짜릿함이란…… 예기치 못한 새와의 마주침은 어디에 자랑하지 않더라도 오랫동안 마음속에 간직할 만한 뿌듯함과 자긍심을 가져다준다.

영화 「흐르는 강물처럼」에도 동물을 찾아다니는 사람이 등장한다. 낚시광인 주인공 폴은 틈만 나면 계곡에 가서 무지개송어를 낚는 데 매달린다. 그는 마침내 자기만의 리듬으로 플라이 낚시의 최고 경지에 이르게 되고 우여곡절 끝에 커다란 송어를 낚는 데 성공한다. 아버지는 훗날 아들을 추억하며 송어를 낚는 그의 모습을 '예술작품'에 비유한다. 그만큼 폴은 온몸으로 자연의 흐름을 읽고 송어의 움직임을 느끼는 데 몰두했다. 낚시는 인간의 오래된 사냥 수단이자 지금도 많은 사람이 즐기는 스포츠다. 폴처럼 순전히 재미로 낚시를 하는 사람이 전 세계적으로 적어도 2억 2000만 명에서 많게는 7억 명에 이를 것으로 추산되는데, 이는 고기잡이를 업으로 삼는 사람보다 약 두 배 이상 많은 수치다. 폴에게 송어낚시는 단지 요리에 쓸 생선을 잡는 활동이 아니었다. 그것은 어린 시절부터 사랑하는 아버지, 형과 함께 즐기던 여가 활동이자 그들의 가족애를 상징하는 문화였다. 아름다운 몬태나주의 자연 속에서 익숙하게 해오던 낚시에 몰두하며, 폴은 세상일도 잊게 하는 자기만의 즐거움을 찾았을 것이다.

가끔 외딴곳에 탐조를 하러 가면 낚시인을 만날 때가 있는데, 그럴 때면 탐조와 낚시가 많이 닮아 있단 생각을 한다. 탐조가와 낚시인은 아직 우리에게 남아 있는 수렵·채집인의 유전자를 보여주는 것 같다. 과거 수만 년 동안 우리 조상은 작살을 던지고 활을 쏘며 동물을 사냥했다. 사냥에 성공하기 위해 동물을 숨죽여 관찰하고 그들의 행동을 유심히 살폈음은 물론이다. 이렇게 인류 역사에서 대부분의 시기 우리를 먹여 살린 활동은 수렵과 채집이었다. 농업과 축산업이 발달하며 식량을 대량으로 생산하게 된 것은 비교적 최근 일이다. 하지만 식량 생산량이 과거와 비교할 수 없이 늘어난 지금도 낚시 등의 사냥 놀이를 계속하고 탐조와 같은 관찰 활동을 취미 삼는 걸 보면 인간에게 동물을 본다는 건, 나아가 이들에 대해 알아가려 한다는 건 지극히 본능에 가까운 행동이 아닌가 싶다.

나는 지금도 어린 시절에 그랬던 것처럼 동물을 관찰하며 이런저런 질문을 던진다. 이젠 그 질문들에 대한 답을 찾는 게 일이 됐다. 처음 만나는 사람이 직업이 뭐냐고 물으면 나는 야외생물학자라고 대답한다. 거기엔 야외라는 현장에서 생물학을 공부하는 사람이라는 폭넓은 의미가 담겨 있다. 한편 질문자가 생물학에 대한 배경지식이 있고 동물에 관심이 있는 사람이라면 내 대답은 조금 달라진다. 그럴 때 나는 스스로를 극지에서 연구하는 동물행동학자 혹은 행동생태학자라고 소개한다. 그리고 동물의 행동을 진화적인 관점에서 관찰하며 그 원인과 과정에 대해 공부한다는 설명을 덧붙인다.

야외생물학자에겐 현장과 실험실의 구분이 없어서, 현장이 곧 실험실이 된다. 동물들은 한곳에 가만히 있지 않고 이리저리 자유로이 움직인다. 따라서 동물이 살아 움직이며 돌아다니는 곳이라면 어디든 야외생물학자의 현장이라 할 수 있다. 내게 그곳은 다니던 학교의 뒷산이 되기도, 지구 반대편 끝자락에 있는 얼음 위가 되기도 했다. 그곳이 어디든, 동물이 나를 찾아와주지 않으니 내가 동물을 찾아가는 수밖에 없다. 연구종이 있는 곳이라면 더운 데든 추운 데든, 조금 걸으면 갈 수 있는 곳이든 몇 날 며칠 비행기를 타고 가서도 내 두 다리론 도저히 닿을 수 없는 곳이든, 비바람이 부나 눈보라가 치나…… 만발의 채비를 갖춰 찾아간다. 눈과 발로 따라갈 수 없을 땐 무인기를 띄워서라도 간다. 예상치 못한 환경, 뜻하지 않은 사고, 무슨 일이 펼쳐질지 모를 모험이 있는 그곳에 내가 알고 싶은 동물의 삶이 있다.

야생이란 현장에선 사람들이 '과학자' 하면 통상적으로 생각하는 실험 장비들을 볼 일이 없다. 생물 실험실에서 취급하는 비커나 현미경을 쓸 일도 없고 시약을 다루지도 않는다. 그래서 나는 실험 가운을 입어본 일도 거의 없다. 대신에 활동하기 편한 옷을 입고 이런저런 장비를 챙겨 연구동물을 따라다닌다. 펭귄이나 물범처럼 덩치가 큰 동물들의 몸에 소형 비디오카메라, 미세한 움직임을 측정하는 가속도계, 위치를 기록하는 위성항법시스템 GPS 장치 등을 부착하고 거기서 얻은 자료를 분석해서 이들의 행동을 관찰하는 게 내 주된 일이다. 그렇다 보니 납땜을 하거나 접착제를 사용하는 일도 빈번하고, 온종일 컴퓨터 앞에 앉아 있을 때도 많다.

물론 동물행동학자의 일은 여기서 끝이 아니다. 야생에서 동물을 관찰하는 일은 누구나 할 수 있다. 가끔은 탐조가나 낚시인들이 학자들보다 더 세밀한 관찰을 할 때도 있다. 하지만 행동을 연구하는 학자의 목표는 질문을 던지고 과학적 연구를 통해 그에 대한 답을 구하는 것이다. 질문의 시작은 관찰이지만, 과학적 가치를 지니려면 그렇게 획득한 자료에서 의미를 찾아야 한다.

대학원에서 동물행동을 공부하기 시작했을 때 내 연구종은 까치였다. 서울대학교 관악캠퍼스에 사는 까치 40여 쌍을 관찰하는 동안, 나는 둥지가 만들어지면 사다리차를 타고 나무 위에 올라 알을 몇 개나 낳았는지 세고, 둥지를 떠나는 새끼들의 수를 기록했다. 그런데 어느 날부턴가 부모 까치들이 나를 알아보고 공격하기 시작했다. 야외 조사가 없는 날에도 둥지 주변을 지나가기만 하면 나를 따라와 뒤통수를 치고 갔다. 이때 '까치들은 참 유난스럽군' 하고 지나쳤다면, 동물행동학자가 되지 못했을 것이다. 나는 까치들의 반응을 그저 재미난 에피소드로 치부하고 웃어넘기는 대신 질문을 던졌다. '까치는 어떻게 자기 둥지에 올라와서 번식을 방해했던 사람을 기억했을까?' 캠퍼스엔 수많은 사람이 오간다. 재학생 수만 3만 명에 달하며, 교직원에 등산객 숫자까지 합치면 그 숫자는 더 늘어난다. 하지만 까치는 둥지 근처를 지나는 사람을 가리지 않고 공격하는 게 아니라, 여러 번 둥지를 찾아 올라왔던 이원영만 콕 집어 습격하는 듯 보였다. 동물의 인지에 관한 논문들을 찾아보아도 동물원이나 사육시설에 있는 동물들이 먹이를 주는 사육사를 쫓아다닌다는 얘기만 있을 뿐, 이와 같은 사례는 보고된 적이 없었다. 나는 고민 끝에 지도교수를 찾아갔다.

"아무리 둥지에 올라가서 괴롭혔다고 해도 야생 까치가 인간을 개체 수준에서 구분하는 게 가능할까요?" 둥지에서 떨어진 새끼 까치를 구조해 반려동물로 돌보던 교수님에겐 까치의 인지 능력에 대한 확고한 믿음이 있었다. "까치라면 가능해. 까치가 얼마나 똑똑하다고! 우리 한번 실험을 해볼까?" 그렇게 나는 급하게 실험을 계획했다. 우선 까치 둥지에 한 번도 올라간 적이 없는 대학원 실험실 동료에게 부탁해 그와 함께 둥지가 있는 나무 아래로 갔다. 역시나 까치들이 시끄럽게 울어대며 달려들었다. 이때 이원영과 실험실 동료는 각자 반대 방향으로 천천히 걸어보았다. 까치들은 실험을 할 때마다 이원영이 가는 방향으로 날아왔다. 여섯 쌍을 대상으로 테스트를 해보는 동안 까치들은 한결같이 자기 둥지를 방문해 새끼들을 만지고 괴롭혔던 인간에게 선택적으로 반응했다. 까치는 어쩌다 인간을 개체 수준에서 구분하는 능력을 갖게 되었을까? 까치를 비롯해 오랫동안 인간들 가까이서 살아온 동물들은 개개인을 구별함으로써 이득을 얻었을 가능성이 있다. 자기를 괴롭히는 사람과 무해한 사람, 혹은 친근하게 다가와 먹이를 주는 사람을 정확히 구분하고 선택적으로 반응한다면 생존에 큰 도움이 되었을 것이다. 학교에서 몇 년간 까치를 쫓아다니다가 우연히 녀석들의 표적이 되면서 떠올린 질문은 간단한 실험을 거쳐 내 첫 학술 논문이 되었다.

30년 전, 중학생 때 처음 동물행동을 연구하고 싶다는 구체적인 목표를 갖게 됐다. 집에서 키우던 온갖 곤충이 내 그릇된 사랑으로 인해 죽어 나가는 걸 보며 문득 스스로 잘못된 일을 하고 있다는 걸 깨달았다. 방에서 키우던 장수풍뎅이를 산에 놓아주며 앞으론 더 이상 동물을 괴롭히지 않겠다는 다짐을 했다. 그 이후론 동물에 대해 궁금한 게 생기면 호기심을 채우기 위해 서점과 도서관을 돌아다녔다. 책을 구해 읽으며 동물에 대해 조금씩 알아갈 수 있었지만, 내 눈높이에 맞는 책들을 찾긴 어려웠다. 그때만 해도 우리나라에서 동물행동학을 연구하는 사람은 그 수가 많지 않았고, 그중에서도 책을 쓰는 사람은 극히 드물었다. 어느덧 학자가 된 지금, 중고등학생부터 대학생과 일반 독자들까지 동물 연구에 관심을 가진 사람들이 이런저런 질문을 해올 때가 있다. 예전에 내가 그랬던 것처럼 순수하게 동물을 좋아하는 마음이 느껴져 마침맞은 도움을 주고 싶지만, 매번 원하는 답을 주진 못한다. 질문이 다소 막연해 어디서부터 어떻게 설명을 해야 할지 난감할 때도 많았다. 생각해보면 나 역시 누군가에게 막연한 질문을 던지곤 했다. 책을 준비하면서 호기심으로 가득했던 내 학생 시절과 나에게 막연히 연락을 주었던 학생들이 번갈아 떠올랐다. 부족하나마 이 책이 호기심을 발판 삼아 동물의 삶에 한 걸음 다가서는 데 도움이 되길 바라는 마음이다.

동물을 관찰하는 건 비단 동물행동학자들만의 일이 아니다. 사람들은 일상적으로 동물을 마주친다. 굳이 사냥이나 채집을 할 목적이 아니라도 길을 걷다 발 아래나 나무 위에서 우연히 익숙한 동물을 발견하거나, 산과 바다에 놀러 갔다 낯선 짐승의 울음소리가 들려 가만히 주의를 기울여본 경험을 누구나 한 번은 해보았을 것이다. 나 역시 딱히 직업을 의식하지 않은 채 매일 출퇴근길을 걸으며 계절에 따라 변화하는 새들을 관찰하고 기록한다. 그러다 가끔 과학적인 질문이 떠오르면 자료를 찾아보거나 소소한 실험을 해보는 등 갖은 방법을 동원해 내밀한 호기심을 채우기도 한다.

동물이 있는 곳이라면 그곳이 어디든 내게 '현장'이 되는 것처럼 동물이 자연의 법칙에 따라 살아가는 곳, '야생'은 늘 우리 가까이에 있다. 아파트 화단이든 골목길 모퉁이든, 늘 다니는 등산로든 여름 휴가를 맞아 뛰어든 바닷속이든, 자연이 조금이라도 깃든 곳에 있으면 문득 '여기가 야생이구나'를 실감할 때가 있다. 그러면 나는 아주 작은 동물의 기척에도 새삼 놀라운 생명의 기운을 느끼곤 한다. 야생에는 우리와 함께 이 지구에서 살아가는 수많은 동물이 있고, 그들은 저마다 긴긴 세월 진화를 거듭하며 고유하고 독특한 방식으로 이 험난한 세상에서 대를 잇고 살아남은 존재들이다. 유년 시절 내 작은 야생이 그처럼 신비로 가득 차 있었던 것, 잠자리의 겹눈을 한없이 들여다보며 내가 알지 못하는 세상을 기웃거릴 수 있었던 것은 어쩌면 그렇게 살아남아 살아간다는 것의 비밀을, 진화의 과정을 두 눈으로 목격하고 있다는 어렴풋한 감각 때문이었는지도 모르겠다. 그때 그 야생의 초대가 지금까지 이어져서 야생을 일터로 삼고 보니, 동물의 행동 하나하나가 자연의 법칙이자 진화의 증거로서 다시 보인다. 야생이란 그 모든 과거가 간직된, 그래서 우리의 미래를 예견하기도 하는 상징적 시공간이다.

이 책은 바로 그 야생을 배경으로 한다. 야외생물학자가 야생에서 만난 동물들이 등장하고, 그들이 어떻게 사는지 들여다보는 게 주된 내용이다. '동물을 만나는 법'이랄 게 따로 있을까? 그런 법칙은 없을지라도, 선사시대 유적부터 찰스 다윈의 연구를 거쳐 현대과학에 이르기까지 야생에서 동물을 만나본 수많은 사람에 의해 진보를 거듭해온 과학 지식과 기술은 있다. 이것을 알면 야생동물을 전과 조금은 다른 방식으로 만날 수 있고, 나아가 그들과 특별하게 연결될 수도 있다.

그래서 이 책은 동물의 행동을 과학적으로 연구하는 과정과 방법을 다룬다. 동물행동학의 주요 주제인 생존과 짝짓기, 이주, 공생, 먹이 활동과 휴식을 비롯해 의식과 감정, 인지 능력과 의사소통까지 두루 살펴보면서, 오늘날 동물 삶의 위기와 직결되는 주제인 동물윤리와 기후위기 문제도 논의해보고자 했다. 그 여정에는 미생물부터 유인원까지 다양한 동물이 등장하지만, 높은 비중을 차지하는 종은 펭귄을 비롯해 내 연구종들이 속한 조류다. 이 책에는 전 세계 과학자들의 다양한 연구 사례가 언급되는데, 이들을 따라가다 보면 동물행동학의 큰 줄기를 파악할 수 있을 것이다. 그중에서도 특히 내가 현장에서 사용하는 동물행동 연구의 새로운 방법들을 상세히 소개해보았다. 이 대목에선 바이오로깅으로 펭귄을 비롯한 극지동물의 잠수행동과 의사소통, 수면에 관해 새로운 사실을 알아내고, 드론으로 흰죽지꼬마물떼새 둥지를 찾거나 분홍발기러기를 추적하는 과정도 엿볼 수 있을 것이다. 날마다 새로운 기술이 도입되고, 그 적용 사례도 매일같이 쏟아지는 과학의 최전방에서 최첨단을 따라간다는 게 쉽진 않지만, 신기술을 활용한 연구들은 지금도 현장에서 동물에 관해 많은 것을 말해주고 있다.

이런 새로운 과학기술과 함께, 현장에 있는 야외생물학자로서 내가 독자 여러분께 전하고 싶은 이야기는 지금 이 순간 지구에 사는 야생동물이 처한 위기다. 남극과 북극은 여전히 춥고 하얀 얼음으로 가득하다. 하지만 과학자의 돋보기로 확대해서 보면 급격한 변화가 눈에 띈다. 극지에서 연구를 하는 나는 그 변화를 매년 두 눈으로 똑똑히 목격한다. 해수면이 상승하고 평년에 비해 극단적으로 널뛰는 이상기후도 더 빈번하게 나타난다. 남극 펭귄은 먹이 활동을 위해 새로운 곳을 찾아 나서야 하고, 물범은 더 깊이 잠수해야 한다. 남극 과학기지 주변 환경은 해가 다르게 급변해서 평소에 나타나지 않던 동물종이 출현해 사람들을 놀라게 하는가 하면, 빙붕이 떨어져 나가고 빙산 조각이 떠내려와 펭귄의 이동 경로를 막는 일도 잦다. 최근에는 빙하가 녹으면서 거기서 빠져나온 물질로 인해 크릴이 떼죽음을 당하고, 크릴을 먹이로 삼는 펭귄 개체군이 생존에 위협을 받는 연쇄 반응이 일어나기도 했다.

북반구 중위도에 있는 우리나라도 예외가 아니다. 당장 가뭄과 산불, 폭염과 폭우·폭설 등 이상기후로 인한 재난에 대비해야 하는 것은 물론, 그린란드 이누이트 원주민처럼 생활 터전이 파괴되고 삶 자체가 흔들리며 개인이 겪게 될 상실과 불안에도 대비해야 한다. 기후변화는 어느새 기후위기가 되었고, 이제는 기후슬픔이 세계 각지로 번지고 있다. 인간보다 더 취약한 존재인 동물들은 기후변화가 초래한 삶의 위기를 온몸으로 겪어내는 중이다. 그들의 현재는 언제 우리의 미래가 될지 모르며, 이미 얼마간은 현실이 되기도 했다. 그래서 더더욱 우리는 야생의 위기, 야생의 슬픔에

주의를 기울여야 한다. 이 책에 기록된 야생동물의 행동이 그 주의를 끄는 데 조금이나마 도움이 되길 바라며 작업에 임했다. 동물행동에 대한 내 연구가 지구의 건강을 되돌리는 데, 동물들에게 살 만한 야생을 돌려주는 데 어떠한 역할이라도 할 수 있기를 바란다.

일러두기
인명, 종명, 지명 등은 외래어표기법을 준용하되, 일부 학계나 연구 현장에서 용어로 굳어진 단어는 관용적 쓰임을 따랐다.

차례

들어가며 ___ 005

1장 관찰자의 눈 ___ 021
2장 동물의 짝 고르기 ___ 041
3장 동물의 짝짓기 ___ 061
4장 동물의 색 ___ 083
5장 모여 사는 동물들 ___ 111
6장 공생의 기술 ___ 129
7장 이동하는 동물들 ___ 145
8장 동물을 관찰하는 새로운 방법 ___ 165
9장 추위와 더위 ___ 199
10장 동물의 잠 ___ 219
11장 동물의 지혜 ___ 237
12장 동물의 의사소통 ___ 257
13장 고통과 슬픔 ___ 277
14장 잃어버린 야생 ___ 295
15장 야생의 위기 ___ 321

주 ___ 367
참고문헌 ___ 393
찾아보기 ___ 415

관찰자의 눈

1장

1. Brünner Kropftaube, 2. Prager Kropftaube, 3. Plätscher Kropftaube, 4. Englische Kropftaube, 5. Spanische Taube, 6. Einschnippige Trommeltaube, 7. Brieftaube, 8. Prager Elster Kropftaube, 9. Koburger Taube, 10. Lockentaube.

1. Französische Paggadotten-Taube, 2. Maltheser-Taube, 3. kleine Maltheser-Taube, 4. Hühnerscheckige-Taube, 5. Nönnchen Taube, 6. Englische Tafel-Taube, 7. Römer-Taube, 8. Montauban-Taube, 9. Almonds Tümmler-Taube, 10. Tümmler.

동물행동과 진화 연구의 시작은 찰스 다윈의 연구다. 다윈 이전에도 동물의 행동과 생태를 관찰한 연구자는 많았고 진화론 역시 당대에 이미 제기된 이론이었지만, 다윈이 진화의 작동 원리인 '자연선택'을 주장한 이후 행동생태학의 학문적 기틀이 마련되었기 때문이다.

다윈은 다방면에 관심이 많았다. 오랜 시간 따개비를 연구하기도 했고, 식물 관찰도 좋아했으며, 비둘기 사육에도 관심이 많았다. 다윈은 비둘기를 관찰하며 자연계에서 벌어지는 선택에 관한 힌트를 얻었다. 당시 영국 사교계에선 비둘기를 교배하고 멋진 깃털을 가진 비둘기를 자랑하는 게 유행했다. 사람들은 남들과 다른 독특한 색과 모양의 깃털을 지닌 비둘기를 사교 모임 자리에 들고 가서 각자의 비둘기를 뽐냈다. 인간이 인위적으로 비둘기 개체를 선택하고 여러 세대에 걸쳐 사육하면 전혀 다른 형질의 비둘기가 탄생했다.

『종의 기원』 첫 장은 사육과 재배 과정에서 발생하는 변이에

19세기에 인공 번식된 다양한 비둘기 품종.

대해 설명하며 시작된다. 다윈은 인간에 의한 인위적 선택을 '인공선택artificial selection'이라고 정의했다. 인간의 인위적 선택이 아닌 자연적 선택이 일어난다면 이들 비둘기에겐 어떤 특성이 나타날까? 여러 세대에 걸친 인위적 번식을 통해 이전과 다른 외형적 특징을 가진 비둘기를 만들어낼 수 있다면, 수백만 년에 걸쳐 일어나는 자연적 선택은 강력한 진화의 원동력이 되지 않았을까?『종의 기원』두 번째 장은 비로소 자연선택 이론을 소개하는 데 할애된다. 인간에 의한 변이가 아닌, 실제 자연 상태에서 발생하는 변이 ─곧 '자연선택natural selection'을 설명한 것이다.

비글호 항해에서 채집한 갈라파고스제도의 핀치를 본 다윈은 처음엔 비슷하게 생긴 외형 때문에 이들이 모두 같은 종이라고 생각했다. 하지만 영국에 돌아온 뒤 계통분류학에 정통한 조류학자들의 도움을 받아 분류를 시작하면서, 이 핀치들이 조금씩 다른 특징을 보인다는 걸 알게 됐다. 그는 다양한 크기와 형태로 분화된 갈라파고스제도 핀치의 부리를 보며 그들의 조상과 진화 과정에 대해 질문을 던지기에 이른다. 저마다 다른 모양을 띠는 핀치의 부리는 먹이원에 따라 특화된 것처럼 보였다. 다윈은 지금 이 핀치의 조상이 갈라파고스제도에 날아온 후, 자연 상태에서 변이를 거쳐 환경에 맞게 적응하는 과정에서 분화하지 않았을까 하는 의문을 갖게 됐다. 그리고 이에 대한 답을 찾다가 마침내 갈라파고스의 핀치새가 자연선택을 거쳐 다양한 종으로 분화되었다는 이론을 제시한다. 아마도 갈라파고스 핀치의 머나먼 조상은 남아메리카 대륙에서 갈라파고스로 이동한 새였을 것이다. 이들은 갈라파고스제도의 여러 섬으로 날아들어 그곳의 환경에, 그곳에 있는 다양한 종류의 먹이에 맞추어 적응했다. 그리고 그 과정에서 '적응방산adaptive radiation'이라고 불리는 다양한 형태로 진화했다. 그렇게 핀치새는 오늘날 볼 수 있는 여러 종으로 분화해 이 섬 저 섬에서 공존하게 되었다.

다윈 이후 동물행동학 분야는 크게 주목을 받았다. 1973년 노벨 생리의학상은 동물행동학 분야에서 선구적 업적을 세운 세 학자에게 수여되었다(노벨상에는 동물행동학 분야가 없어 위원회는 이들에게 생리의학상을 수여하기로 결정했다). 영국 옥스퍼드대학에서 조류와 어류의 행동생태를 연구한 니콜라스 틴베르헌은 현재 동물행동학에서 사용되는 연구방법론을 적립한 과학자다. 그는 북극권

다윈이 관찰한 갈라파고스제도의 핀치새 부리와
콘라트가 관찰한 새끼 오리들의 각인행동.

도서지역에 번식하는 세가락갈매기Rissa tridactyla를 오랜 기간에 걸쳐 모니터링함으로써 이들의 짝짓기 행동을 연구했는가 하면, 큰가시고기Gasterosteus aculeatus 수컷의 혼인색을 연구해 성선택 이론에 관한 근거를 제시했다. 오스트리아 연구자 콘라트 로렌츠는 오리와 기러기 새끼가 부화 후 처음 보는 물체를 부모로 인지한다는 것을 알아내고 이러한 유전적 행동 양식을 '각인impriuting'이라 이름 붙였다(로렌츠를 따라다니는 오리 새끼들의 사진이 유명하다). 카를 폰 프리슈 역시 오스트리아 출신 과학자로서, 꿀벌이 벌집에서 숫자 8 모양으로 춤을 추며 동료들에게 먹이가 있는 위치와 방향을 알려준다는 것을 확인했고, 이를 통해 꿀벌도 나름의 언어 체계를 가지고 의사소통을 한다는 사실을 처음으로 규명했다.

한편 이 세 사람처럼 노벨상을 받은 것도 아니고 대학에서 연구를 한 것도 아니지만, 동물행동학에 커다란 공을 세운 연구자도 있다. 어린 시절 타잔과 닥터 두리틀 이야기를 읽으며 아프리카에서 동물들과 살고 싶다는 꿈을 갖게된 그는, 스물세 살에 케냐로 훌쩍 떠나 그곳에서 루이스 리키라는 고고학자를 만난다. 제인 구달은 그렇게 탄자니아 곰베에서 침팬지를 관찰할 기회를 얻었다. 구달은 침팬지 개체마다 이름을 지어주며 한 마리 한 마리를 세심히 살폈다. 그 가운데 한 마리가 데이비드 그레이비어드David Greybeard(회색 수염)다. 턱 밑에 난 회색빛 털이 마치 수염처럼 보인다고 해서 붙여준 이름이다. 데이비드 그레이비어드는 구달에게 마음을 열고 그가 자기 영역 안으로 들어와 근접한 거리에 머물 수 있게 받아주었다. 나중에 둘은 문자 그대로 나란히 앉아 서로의 털을 골라주는 행동을 하며 교감을 나눌 정도로 가까운 사이가 됐다. 데이비드와 나란히 앉아 바나나를 먹고 있는 녀석의 털을 골라주는 사진은 『내셔널 지오그래픽』지에 실려 유명해지기도 했다. 처음 이를 본 학자들은 구달이 연구 대상인 동물에게 이름을 붙여주었다는 사실에 놀라워했다. 당시엔 감정적 개입을 조절하지 못했다는 비판과 함께 많은 사람의 손가락질을 받기도 했지만, 이제는 아무도 구달을 비난하지 않는다. 그의 노력 덕분에 침팬지들은 점차 경계를 풀었고, 그렇게 더 가까이서 그들의 행동을 관찰할 수 있었던 구달은 덕분에 내밀한 연구를 수행할 수 있었다. 그는 침팬지들이 개미를 잡기 위해 나뭇가지를 다듬어 도구로 사용한다는 걸 발견했다. 이는 동물에 대한 관념을 바꾸어놓는 중요한 발견이었다. 기존 학계에 편입되거나 교육을 받지 않은 채 독자적인 방법으로 침팬지를 연구한 구달은 동물을 대상화하여 실험동물로 대하는 대신, 무한한 애정을 갖고 곁에 나란히 앉아 그들을 관찰했다.(그는 훗날 침팬지 연구로 케임브리지대학에서 동물행동학 박사학위를 받았다.)

고릴라 연구자인 다이앤 포시에겐 디지트Digit가 있었다. 포시는 14년 동안 고릴라를 관찰하면서 디지트라는 어린 고릴라의 마음을 얻는 데 성공했다. 이후 포시는 디지트를 통해 고릴라 집단에 받아들여지면서 그들과 소통할 수 있었고, 인간처럼 가까운 이의 죽음을 슬퍼하고 애도하는 고릴라의 행동을 관찰했다(그런 디지트가 밀렵꾼에 의해 희생당한 후 포시는 밀렵을 반대하며 고릴라 보호 운동에 앞장섰고, 훗날 디지트의 묘지 옆에 묻혔다). 만약 연구자가 연

산악고릴라 *Gorilla beringei beringei*. 포시는 르완다에서 산악고릴라 무리와 어울리며 오랜 기간에 걸쳐 이들의 행동을 연구했다. 그 결과 고릴라가 무자비하고 난폭하다는 당대의 일반적 오해와 달리 정서가 고도로 발달한 동물이며 복잡한 사회적 감정을 공유한다는 사실을 과학적으로 입증했다.

구종과 거리를 두고 객관적인 입장을 고수했다면 이런 관찰이 가능했을까?

동물의 행동을 과학적으로 연구하려면 객관적인 입장에서 철저히 관찰자의 역할을 유지해야 한다. 연구자들은 행여나 주관적인 해석이 들어가거나 자칫 동물의 행동과 생태에 개입하지 않기 위해 늘 경계한다. 하지만 종종 난처한 상황이 생기기도 한다. 동물을 연구하는 사람들은 대체로 동물을 너무도 좋아하는 사람들이라서 그들을 애정할 수밖에 없고, 그러다 보면 동물의 삶에 심정적으로 깊이 빠져들어 그들의 안위를 걱정하게 된다.

연구 대상인 동물을 마주할 때면 늘 '관계'에 대해 고민한다.[1] 관계는 연구자와 연구종의 상호작용을 통해 형성되며, 여기엔 서로를 만나 관련을 맺는 과정이 수반된다. 나도 연구를 이어가다 보면, 구달이 그랬듯 관계를 맺게 된 동물들 한 마리 한 마리에게 이름을 붙여줄 때가 있다. 과학 연구를 하는 사람이 동물과의 관계를 생각한다는 것이 이상하게 보일 수도 있지만, 동물행동학자가 동물과 관계를 맺지 않고 제대로 된 관찰을 한다는 건 상상하기 어려운 일이다. 나와 같이 펭귄을 연구하는 학자들은 대부분 펭귄의 미래를 걱정한다. 남극에선 지구온난화가 빠르게 진행되면서 펭귄 개체군도 변화를 겪고 있다. 제인 구달이 아프리카의 밀림 보호를 위해 활동하는 것과 같은 맥락에서, 극지동물을 연구하는 이들은 남극해 보호를 외치는 보전생물학자가 되기도 한다.

관찰의 시작

　행동생태학에서 가설을 검증하는 과정은 관찰에서 시작된다. 찰스 다윈이 갈라파고스제도에서 부리 모양이 다른 핀치들을 보며 자연선택을 떠올렸던 것처럼, 콘라트 로렌츠가 어미를 따라다니는 새끼 오리를 보며 각인행동을 발견했던 것처럼, 제인 구달이 아프리카 침팬지 무리에 들어가 그들도 도구를 사용하는 지적인 존재라는 것을 확인한 것처럼, 관찰은 동물행동을 연구하는 데 있어 가장 기초적인 작업이 된다. 동물행동학자는 주머니에 노트를 꽂아 넣은 채 목에는 쌍안경을 걸고 다닌다. 한쪽 어깨엔 카메라를 메고 다른 어깨엔 측정 장비, 포획 도구 등이 담긴 가방을 멘다.

　관찰이 첫 단계라고 한다면, 그다음 단계는 가설을 세우고 검증하는 것이다. 행동생태학의 창시자로 일컬어지는 니콜라스 틴베르헌은 붉은부리갈매기 *Chroicocephalus ridibundus*를 관찰하다 새끼가 부화하면 어미가 알껍데기를 물어다 멀리 떨어진 곳에 가져다놓는다는 사실을 발견했다. 여기까지는 누구나 할 수 있는 일이다. 틴베르헌은 여기서 좀더 파고들어 '어미가 알껍데기를 물어다 버리는 이유는 뭘까?' 하는 질문을 던졌고, '알껍데기가 있으면 포식자에게 노출될 위험이 증가한다'는 가설을 세웠다. 그리고 간단한 실험을 준비했다. 달걀 껍데기를 붉은부리갈매기의 알과 비슷하게 칠한 뒤 둥지 근처에 가져다놓고 포식당하는 비율을 관찰한 것이다. 알껍데기가 둥지 부근에 있을 때와 없을 때를 비교해보니, 예측한 대로 알껍데기가 있을 때 포식 비율이 더 높게 나타났

붉은부리갈매기. 틴베르헌은 붉은부리갈매기 부모가 알껍데기를 물어 멀리 가져다 버리는 이유가 궁금했다. 그는 알껍데기가 둥지에 남아 있으면 포식자의 눈에 잘 띄어 새끼들이 위험에 처할 가능성이 높다고 생각했고, 이를 검증하기 위해 달걀로 만든 알껍데기를 가져다 놓고 껍데기가 있을 때와 없을 때 둥지들의 포식률을 비교했다. 예상했던 것처럼 알껍데기가 있는 둥지는 포식률이 높았고, 이 결과를 통해 알껍데기를 버리는 부모새의 행동이 설명되었다. 동물행동학자들은 궁금증이 생겼을 때 이렇게 실험을 통해 가설을 검증하고 질문에 대한 답을 찾는다.

다. 이는 알껍데기로 인해 포식자의 눈에 쉽게 발견되었을 가능성을 보여주는 것으로, 틴베르헌이 처음 세운 가설을 지지하는 결과였다.

야외 실험의 특성상 연구자가 개입해서 실험군과 대조군을 만들기 어려울 때도 있다. 예를 들어 '기후변화에 따른 펭귄의 번식 성공률'을 연구하기 위해선 기후변화를 모사하는 실험이 필요한데 펭귄의 번식지 전체를 통제해 실험하기란 현실적으로 매우 어려운 일이다. 이럴 땐 자연적으로 실험이 이뤄지길 기다려야 한다. 10년이고 20년이고 시간을 두고 그저 기다리면서, 그 기간 동안 기후가 변화하는 양상을 지켜보는 것이다. 행여 관찰 기간 동안 급작스럽게 기후변화가 나타난다면 더 극적인 실험이 될 수도 있다.

조너선 와이너의 책 『핀치의 부리』에 소개된 피터 그랜트와 로즈메리 그랜트 부부의 연구는 그렇게 자연적인 실험이 이뤄진 사례 중 하나다.[2] 그들은 1973년부터 갈라파고스제도 다프네마요르섬에서 핀치를 관찰했다. 그러던 중 1977년엔 지독한 가뭄이 발생했고 1983년엔 대홍수가 일어났다. 이러한 기상 현상은 강력한 선택압selection pressure*으로 작용했고, 연구자들은 핀치의 몸집과 부리가 크게 변하는 것을 직접 목격할 수 있었다. 인위적으로 조성

---

* 생물종이 외부 환경 변화에 대응해 생존하고 번식하기 위해 택하는 진화의 방향, 즉 형질 변화의 요인. 극단적 환경 변화로 인해 선택압이 높아질수록 진화는 가속화된다.

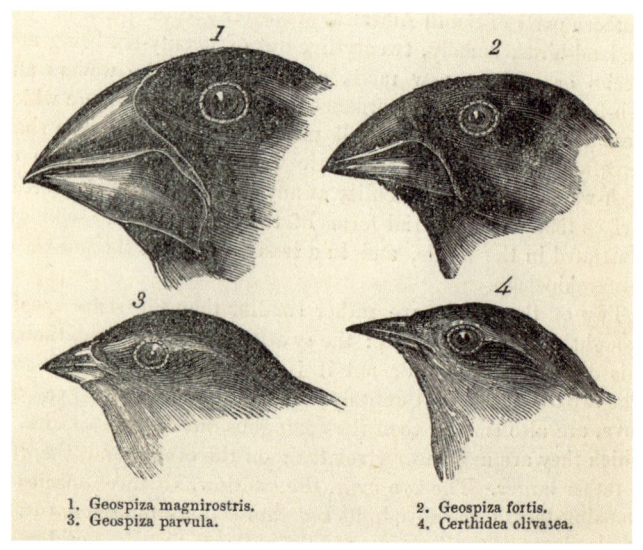

다윈의 『비글호 항해기』에 존 굴드가 그려 넣은
갈라파고스 핀치 네 종의 부리(위)와 갈라파고스의 핀치들.

이 불가능한 자연적 강우량 실험이 이뤄진 셈이다. 그들은 여기에 더해 1981년부터 이종교배로 태어난 개체들을 28년간 관찰했다. 그 결과, 이 핀치가 일곱 세대를 지나면서 부리가 크고 특이한 노래를 부르는 새로운 종으로 분화되었음을 확인할 수 있었다. 그랜트 부부는 이를 자연이 도왔다고 표현했지만, 실제로 두 사람은 30년이 넘는 세월 한 해도 거르지 않고 야외조사를 시행했다. 매년 같은 장소를 찾아가 그 지역에 있는 조류 대부분을 포획하고 개체 수준에서 모든 정보를 확보하는 꾸준한 조사를 벌인 덕분에 가능한 연구였던 것이다.

펭귄에 관한 질문들

내가 현재 몸담고 있는 기관은 극지연구소다. 명칭 그대로 극지에서 연구를 하기 때문에 내게는 남극과 북극이 필드, 곧 현장이다. 남극에선 남극을 대표하는 생물인 펭귄과 물범을 주로 연구하고, 북극에선 도요물떼새, 기러기, 늑대 등을 관찰한다.

극지연구소엔 대학과 마찬가지로 물리학, 화학, 지구과학, 생물학 등 다양한 분야를 연구하는 사람들이 있다. 모두 공통적으로 극지에서 연구를 수행하지만, 연구 방법은 사람마다 천차만별이다. 예를 들어 남극 펭귄들이 몸을 쭉 뻗어 바다로 뛰어드는 순간을 연구자들이 함께 관찰했다고 가정해보자. 이걸 본 연구자들은 제각각 다른 질문을 던질 것이다. 가령 유체역학을 공부하는 학자는 '펭귄의 유선형 몸과 날개의 구조가 헤엄치는 데 어떤 영향을 끼칠까?'를 궁금해한다. 그는 펭귄 박제를 구해서 모형을 제작해 수조에 넣고 인위적인 움직임을 주어 물의 저항을 뚫고 나아가는 헤엄의 물리를 연구할 것이다. 유전공학 분야에 있는 학자는 '펭귄이 어떻게 숨을 참고 바닷속에서 오래 견딜 수 있을까?'를 궁금해할지도 모른다. 이들은 잠수하기 전과 후에 펭귄의 혈액을 채취해 이를 실험실로 가져가서 어떤 유전자가 특이적으로 발현되었는지를 비교해볼 것이다.•

그렇다면 나를 포함해 이른바 동물행동학자라고 불리는 사람들은 어떤 질문을 할까? 우리는 현장에 나가 펭귄을 관찰하면서 '왜 펭귄은 한꺼번에 모여서 물속으로 들어갈까?' '펭귄은 어떻게 잠수하고 얼마나 깊이 헤엄칠까?'와 같은 질문을 던진다. 여기서 '왜'라는 건 근원적인 물음이다. 현상에 집중하는 대신 그런 행동이 진화적으로 어떤 이점이 있었기에 나타나게 되었는지, 근본 원인을 묻는 것이다. 한편 '어떻게'나 '얼마나'에 관한 질문은 특정 행동이 일어나게 된 과정을 밝히는 것과 관련이 있다. 이런 질문에서 시작된 연구는 특정 행동이 어떤 방식으로 얼마나 이뤄지는지를 알아내기 위해 구체적인 현상과 메커니즘에 집중한다.

먼저 '왜'라는 질문에 답하는 과정을 생각해보자. 펭귄은 왜 혼자 헤엄치지 않고 굳이 여럿이 모여서 헤엄치는 걸까? 이 질문

• 실험실 없이 필드에서만 과학 연구를 할 수도 있을까? 물론 가능하다. 필드에서 얻은 데이터를 분석할 컴퓨터만 있다면, 사무실에서 키보드와 마우스만 가지고 이 분석을 해석하고 연구 논문을 작성할 수 있다. 실제로 나는 연구소에 있을 때 실험실을 사용하지 않고, 대부분의 시간을 책상에서 앉아서 보낸다.

에 답하려면 무리를 이루었을 때의 이득과 손실을 구분해 조사를 진행해야 할 것이다. 여럿이 함께 다녔을 때 얻을 수 있는 이득은 무엇일까? 우선 같이 있으면 포식자를 좀더 빠르게 찾을 수 있다. 포식자를 찾을 수 있는 눈이 많아졌기 때문이다. 물론 포식자의 눈에 띌 확률도 높아질 수 있지만, 집단 내 개체수가 N마리로 늘어나면 다른 개체가 자기를 대신해 잡아먹힐 확률도 증가하기 때문에 위험은 N분의 1로 희석된다. 이때 커다란 군집을 이룰수록 희석 효과dilution effect도 더 커지므로, 여럿이 다닐 때의 이득도 증대된다. 이를 실험적으로 보여주긴 어렵지만 큰 집단과 작은 집단이 공격받는 비율을 비교하면 가설을 검증할 수 있다. 펭귄 한 마리가 큰 무리에 속해 있을 때 공격당할 확률과 작은 무리에 있을 때 공격당할 확률을 비교하면, 희석 효과에 따른 개체의 이득을 계산할 수 있다. 같은 이치로 모여 있으면 먹이를 찾을 확률도 그만큼 증가하게 된다. 이 역시 큰 무리와 작은 무리가 먹이를 찾는 빈도를 비교함으로써 각 실험군의 이득을 계산할 수 있다.

  한편 '어떻게'나 '얼마나'에 답하는 과정은 이보다 더 수월할 수도 있다. 펭귄이 어떻게 헤엄치며 얼마나 깊이 잠수하는지에 관한 구체적 사실을 알고 싶다면 펭귄을 따라 바다로 뛰어들어 옆에서 그 모습을 관찰하면 된다. 하지만 펭귄은 물속에서 매우 빠른 속도로 먼 거리를 헤엄치기 때문에 사람이 이를 따라다니는 것은 불가능하다. 그래서 연구자들은 펭귄의 몸에 기록계를 부착하기 시작했다. 미국 스크립스해양학연구소Scripps Institution of Oceanography의 제럴드 쿠이먼은 황제펭귄Aptenodytes forsteri에게 처음으로 수심기

제럴드 쿠이먼은 황제펭귄의 몸에 수심기록계를 부착해 잠수 깊이와 잠수 시간을 측정했다. 황제펭귄은 근육에 많은 산소를 저장할 수 있으며 심박수와 혈류량을 낮게 조절하는 능력이 뛰어난 까닭에 잠수에 능하며, 최대 565미터 이상 잠수하며 27분가량 숨을 참은 기록이 있다.

록계를 부착해 이들의 잠수행동을 관찰했다. 연구진은 펭귄의 몸통에 안전벨트를 채우듯 끈을 연결해 등에 원통형 수심기록계를 달아주었다. 펭귄이 바다 밑으로 10미터 들어갈 때마다 물기둥의 압력으로 인해 1기압씩 증가한다는 원리를 이용해 잠수 깊이를 측정한 것이다. 연구진은 이 측정값을 바탕으로 황제펭귄이 최대 265미터를 잠수하며 18분가량 숨을 참는다는 결과를 발표했다.3

왜, 어떻게, 얼마나를 질문하며 동물을 만나다 보니 동물의 행동을 관찰하는 일이 어느새 직업이자 삶이 되었다. 동물을 살피는 게 본능처럼 몸에 밴 습관이 되어, 일상에서 동네를 산책할 때도 늘 주위에 있는 새와 곤충을 관찰하며 호기심을 채운다. 또 극지방에 가면 펭귄이나 물범 같은 연구동물을 전문적으로 관찰한다. 이때 단순히 눈으로 보는 것만으론 한계가 있기 때문에, 쿠이먼이 사용했던 것과 같은 기록 장비를 활용해 동물의 행동을 정밀하게 측정한다. 그렇게 축적된 자료들을 보면서, 이들이 어떻게 극한 환경에 적응해왔는지 다윈의 이론을 따라 그 진화적 배경을 탐구한다. 그리고 이렇게 해서 도출한 연구 결과가 남극 생태계 보호에 작게나마 기여할 수 있는 방안도 함께 모색한다.

동물은 우리 주변 곳곳에서 우리와 함께 살아가고 있다. 그들을 조금 더 가까이서 바라보고, 그들의 삶을 궁금해하고, 나아가 그들과 특별한 관계를 맺을 수 있다면, 우리가 사는 세상과 그곳의 뭇 생명이 전과는 조금 다르게 보일 것이다. 다음 장부턴 다양한 동물 종의 삶을 들여다보며 동물행동학의 중요한 주제인 짝짓기, 방어, 집단, 이동, 적응, 수면, 공생, 인지, 의사소통 등에 관해 본격적으로 알아볼 것이다. 또 그들의 행동을 연구하는 새로운 기술들을 살펴보는 한편 동물과 인간의 접점에서 발생하는 윤리적인 문제들, 기후변화로 인해 변화하는 동물의 삶에 대해서도 함께 생각해보려 한다.

동물의 짝 고르기

2장

찰스 다윈은 자연선택 이론을 통해 진화를 설명한 것으로 가장 잘 알려져 있지만, 자연선택만큼이나 뜨거운 관심과 논쟁의 대상이 된 이론도 함께 내놓았다. 바로 '성선택sexual selection 이론'이다. 성선택 이론은 간단히 말해 암컷과 수컷이 짝을 고르는 방법을 탐구한 학설이다. 1859년 『종의 기원』에서 자연선택을 발표한 이후, 다윈은 '큰쿠두영양Tragelaphus strepsiceros과 같은 동물은 왜 수컷한테만 저렇게 큰 뿔이 있을까?' 하는 궁금증을 품었다. 자연선택에 따르면 생존에 도움이 되지 않는 커다란 뿔은 쉽게 설명이 되지 않았다. 어떻게 이런 특징이 후대에 전달될 수 있었을까? 뿔이 있으면 에너지가 많이 소모될뿐더러 포식자 눈에 잘 띄고, 뛰거나 풀을 뜯기 위해 고개를 움직일 때도 거추장스러울 게 분명했다. 그럼에도 불구하고 거대한 뿔이 후손에 남겨지는 이유를 설명하려면 자연선택 외에 다른 이론이 필요했다.

사슴이나 영양과 같은 동물들을 가만히 살펴보면 그러한 뿔은 수컷만이 공유하는 특징이었다. 이것이 암컷과의 짝짓기에서

커다란 뿔을 맞대고 싸우는 수컷 사슴.

유리할 것이라고 생각하고 고민을 거듭한 끝에 다윈이 내린 답은 두 가지였다. 첫 번째는 뿔이 수컷 간 경쟁에 도움이 될 것이라는 예측이다. 다윈은 이따금 수컷들이 뿔을 이용해 싸우는 모습을 목격하곤 했다. 이를 보고 짝을 얻기 위해 싸움을 벌일 때 뿔이 무기로 쓰일 수 있다면 비록 생존에 도움이 되지 않더라도 후대에 전달될 수 있을 거라 생각한 것이다. 싸움에서 승리한 수컷은 암컷 무리를 차지해 자신의 유전자를 후손에게 남길 수 있었다. 두 번째 답은 암컷이 커다란 뿔을 좋아하면 뿔 유전자가 후대에 남겨질 가능성이 높아진다는 것이다. 암컷이 큰 뿔을 가진 수컷을 선택한다면 수컷은 암컷의 선택을 받기 위해 뿔을 더욱 과시할 것이고, 이 때문에 뿔이 번식에 유리하게 작용했을 수 있다는 설명이다.[1]

성선택에 대해 구체적으로 이야기하기에 앞서, 수컷과 암컷으로 나뉘는 두 성에 대한 정확한 정의가 필요하다. 외형만을 기준으로 성을 나누는 건 생물학적으로 잘못된 방식이다. 생물 진화의 초기로 거슬러 올라가면, 원시에는 성에 대한 구분이 없었다. 무성생식을 하는 생물은 성별 구분이 없이 스스로 체세포를 분열시켜 번식한다. 대표적인 단세포생물인 아메바는 세포핵이 복제된 후 세포질이 분열되면서 하나의 아메바에서 두 개의 독립적인 개체로 나뉜다. 무성생식은 유전적으로 동일한 복제 개체가 생성되기 때문에 기하급수적으로 개체수를 느릴 수 있고, 환경이 받쳐주면 빠른 속도로 폭발적인 번식이 가능하다는 장점이 있다. 이 과정에서 만들어지는 생식세포의 크기는 체세포와 마찬가지로 정규 분포를 따른다. 하지만 감수분열 후 다른 생물과 세포를 합쳐 유전자를 다양화하는 형태의 번식(유성생식)이 생겨난 후, 생식세포의 크기가 전략적으로 나뉘었다. 이 분화에는 두 가지 전략이 있었으니, 작은 생식세포를 많이 만들거나 큰 생식세포를 적게 만드는 방식이 그것이다. 생물학에선 작은 생식세포를 정자(수컷), 큰 생식세포를 난자(암컷)라고 부른다. 영국 유전학자 앵거스 존 베이트먼의 이론에 따르면, 양으로 승부하는 생식세포를 가진 수컷은 번식 성공에 있어 개체 간 차이가 크게 나타난다. 질 좋은 생식세포를 적게 가진 암컷의 생식세포 수가 적은 까닭에 번식 성공이 제한되기 때문이다. 이에 따라 수컷들 사이에선 경쟁이 나타나고, 암컷은 까다롭게 수컷을 선택할 것이라고 예상할 수 있다.

    수컷 사슴이나 영양의 거대한 뿔을 설명하기 위해 제시된 다윈의 성선택 이론은 과연 실제로 잘 들어맞을까? 후대 과학자들의 연구 사례를 살펴보자. 수사슴의 커다란 뿔이 경쟁에 도움이 될 거라는 예측을 확인하기 위해 영국 클러튼브록 연구팀이 유럽의 붉은사슴*Cervus elaphus*을 관찰한 결과, 실제로 큰 뿔은 수컷 간의 싸움에 도움이 됐고 번식 성공률과 밀접한 관련이 있었다.

해양동물에서도 이와 유사한 사례가 관찰되었는데, 남방코끼리물범*Mirounga leonina* 수컷은 사슴처럼 커다란 뿔은 없지만 암컷에 비해 몸집이 유달리 크고 치아가 돌출되어 있다. 다 큰 수컷의 몸무게는 4톤에 이르는데, 수컷들 간의 싸움에서 승리한 개체는 '승자독식'이라는 말 그대로 무리 전체를 차지하게 된다(수컷 한 마리가 번식기 동안 암컷 127마리를 차지했다는 기록도 있다).[2] 따라서 우두머리 수컷이 되기 위해선 피를 부르는 수컷 간의 경쟁에서 살아남아야 한다. 이러한 대규모 번식 무리를 생물학에서는 하렘harem이라 부른다.* 수컷 간의 경쟁에서 승리한 우두머리는 자신의 유전자를 후대에 더 많이 남길 수 있게 된다.

나는 남극 세종기지 인근 나레브스키포인트에 번식하는 턱끈펭귄*Pygoscelis antarctica*을 관찰하던 중 수컷끼리 피를 흘리며 싸우는 광경을 지켜본 적이 있다. 펭귄은 코끼리물범처럼 일부다처제는 아니지만 둥지 자리와 암컷을 놓고 부리로 싸움을 벌이기도 한다. 싸움에서 진 수컷은 부리에 피를 잔뜩 묻힌 채 물러나더니,

---

• 이슬람 문화권에서 부인들이 머무는 곳을 '하렘'이라 불렀는데, 이것이 오스만제국 술탄이 다수의 여성을 독점했다는 식으로 서구에 왜곡되어 전해진 후, 일부다처의 짝짓기 체계에서 번식 무리를 하렘이라 일컫는 용어가 생겼다.

수컷 남방코끼리물범의 싸움. 우두머리 수컷이 되기 위해선 피를 부르는 경쟁에서 이겨야 한다.

옆에서 지켜보던 내 쪽으로 와서 분풀이를 하며 날개로 나를 때리기도 했다. 녀석은 씩씩거리며 무리 주변을 계속 떠돌아다녔다. 자세히 살펴보니 아직 짝을 짓지 못한 어린 개체인 것으로 추측됐다. 번식지에 일찌감치 와서 자리를 잡고 짝을 구해 알을 낳은 다른 수컷들에 비해 뒤늦게 짝짓기 경쟁에 뛰어든 것으로 보였다.

수컷 간 경쟁의 가장 극단적인 예는 사자를 포함해 몇몇 동물종에서 종종 관찰되는 '영아 살해 infanticide' 행동이다. 새롭게 무리를 차지한 수컷 사자는 기존에 무리에 있던 새끼들을 물어서 죽이곤 한다. 이전에 있던 우두머리 수컷에게서 태어난 새끼들을 없애고, 무리 내 암컷들에게 자신의 유전자를 남기려는 것이다. 우두머리가 된 수컷 입장에서 보면 굳이 다른 수컷의 자식을 돌볼 필요가 없다. 동물행동학에서 이는 단순히 잔혹한 폭력이 아니라 생물학적·진화적 목적을 가진 번식 전략으로 해석된다. 암사자는 보통 새끼가 젖을 떼고 일정 시간이 지나야 발정 상태가 될 수 있다. 하지만 새끼가 죽으면 곧바로 가임기에 접어든다. 수컷 입장에선 자신의 유전자를 빠르게 퍼뜨릴 수 있는 기회가 되는 것이다. 또 이렇게 해서 암사자의 관심과 에너지를 자신의 새끼에게 집중시켜 번식 성공률을 높일 수도 있다. 이런 행동은 비슷한 고양잇과 동물인 치타를 포함해 고릴라나 돌고래 등 다른 포유류에서도 관찰된다.

성선택 이론에선 수컷 간의 경쟁도 중요하지만, 더 중요한 것이 있다. 수컷은 암컷의 선택을 받아야 한다. 아무리 경쟁에서 이겼다 하더라도 암컷이 수컷을 선택하지 않는다면 번식을 할 수 없다. 그렇다면 암컷은 수컷을 어떻게 선택할까? 동물종마다 나름의 기준이 있는데, 아프리카에 사는 긴꼬리과부새 *Euplectes progne*는 수컷의 꼬리 길이를 선택 근거로 삼는다. 즉, 꼬리가 길면 길수록 암컷의 선택을 받을 확률이 높아진다는 것이다. 긴꼬리과부새 수컷은 꼬리 길이만 50센티미터에 달해서, 몸 전체의 3분의 2가 꽁지깃에 해당된다. 비행할 때 치렁치렁 늘어지는 꼬리는 눈에 잘 띈다. 포식자에게 발견되기 쉬우니 잡아먹힐 위험이 높아지는 건 물론 비행에도 도움이 되지 않는다. 그럼에도 불구하고 수컷 긴꼬리과부새는 왜 이런 형질을 가지게 된 걸까? 이는 성선택 이론으로 설명할 수 있다. 암컷이 수컷의 장식적인 꽁지깃을 좋아한다면 수컷의 꼬리가 길수록 선택받기에 더 유리할 테니까.

긴꼬리과부새 암컷(위)과 수컷의 비행 모습.
수컷의 긴 꽁지깃은 몸 전체 길이의 3분의 2에 달한다.

이렇게 학자들은 이론상으로 과부새의 극단적으로 긴 꼬리가 암컷의 선호 때문이라고 예측했지만, 실제로 암컷의 선호도가 야생에서도 관찰되는지 확인할 필요가 있었다. 야외생물학자들은 정말 암컷이 꼬리가 긴 수컷을 좋아하는지를 실험으로 입증하고자 했다. 스웨덴 예테보리대학의 생물학자 말테 안데르손은 과부새 수컷의 꽁지깃이 짝짓기 때 암컷의 선택을 받기 위한 장식이라 생각하고 다윈의 성선택 이론에 따라 이를 검증하기로 마음먹었다. 그는 실험적 접근에 앞서 우선 자연 상태에서 수컷의 꽁지깃 길이를 측정했다. 그후 수컷이 암컷에게 구애를 하고 짝을 짓는 과정을 기록했는데, 그 결과 실제 꼬리가 긴 수컷이 더 많은 선택을 받았다는 게 확인되었다. 하지만 이렇게 관찰에만 의존한 연구 방법으론 다른 환경적 요인을 배제하기 어렵다. 긴 꽁지깃이 다른 변수들과 관련이 있을 수도 있다. 예를 들어, 우연히 꽁지깃이 긴 수컷들이 더 반짝이는 깃털을 갖고 있어서 암컷의 눈에 들었을 수도 있다. 아니면 노래를 더 잘 불렀을 수도 있다. 즉, 관찰만으론 암컷의 선택이 오롯이 꽁지깃의 길이를 기준으로 이뤄진 것임을 증명하기 어렵다.

이에 안데르손이 생각해낸 방법은 꼬리 길이를 인위적으로 조절해보는 실험이었다. 그는 수컷을 크게 세 그룹으로 나누었다—하나는 꼬리를 잘라서 짧게 만든 그룹, 또 하나는 꼬리를 자르거나 잘랐다가 다시 붙이지 않고 그대로 둔 그룹(꼬리 길이 변화 없음), 나머지 하나는 다른 개체에서 자른 꼬리를 덧붙여 길이를 연장한 그룹.* 실험 결과 이론적으로 예측했던 바와 같이, 꼬리를 연장해준 수컷이 암컷의 선택을 더 많이 받았다. 꼬리를 짧게 만든 그룹과 비교하면 약 네 배, 꼬리 길이에 변화가 없었던 그룹과 비교하면 두 배가량 더 많은 선택을 받은 것이다. 이로써 꼬리 길이 자체가 암컷의 선택에 있어 중요한 변수임이 입증되었다. 이 실험에서 한 가지 우려되는 점은 꼬리를 자르고 붙이는 행위 자체가 과부새에게 영향을 주었는지 여부였다. 따라서 안데르손은 꼬리를 잘랐다 다시 붙인 그룹을 대조군으로 삼아 비슷한 꼬리 길이를 만들어주었다. 그 결과 실험군과 대조군에서 꼬리 길이에 따른 암컷의 선택에 큰 차이가 없는 것으로 나타났고, 이를 통해 실험 방법이 결과에 영향을 미치지 않았음을 입증할 수 있었다.3

암컷의 선택 기준은 과부새의 꽁지깃처럼 신체적 특징이 될 수도 있지만, 수컷의 '좋은 자원good resources'이 판단 근거가 되기도 한다. 수컷이 가진 자원이 좋다면 새끼들을 키우는 데 유리해 번식 성공률이 높아지기 때문이다. 황소개구리 Lithobates catesbeianus 암컷은 수컷이 가진 영역의 크기를 눈여겨본다. 수컷의 영역이 넓을수록 그 안에 먹을 게 많을 확률이 높다. 따라서 알을 낳고 올챙이들이 태어났을 때 성체로 자랄 가능성도 더 높아진다.

당장 눈에 보이는 수컷의 자원과 관계없이, 수컷의 능력을 나타내는 지표를 통해 선택이 이뤄지기도 한다. 이를 가리켜 '좋은

- 사람들은 안데르손의 꽁지깃 실험 방법을 보고는 놀라워했다. 어떻게 꼬리 길이를 인위적으로 바꿀 수 있었을까? 이는 당시에 어떤 물건이든지 쉽게 붙일 수 있고 접착력이 오래가는 슈퍼 글루라는 강력 접착제가 개발되어 있었기에 가능했다.

서부정자새 *Chlamydera guttata*.

유전자 가설good gene hypothesis'이라고 부른다. 수컷이 가진 지표가 유전적으로 자손의 생존과 번식에 유리하다면 그에 대한 암컷의 선호도도 높을 것이라는 설명이다. 그 지표는 번식기 수컷의 몸에 나타나는 선명한 혼인색으로 표현되기도 하고, 눈에 잘 보이지 않는 능력치일 수도 있다. 후자처럼 외형적으로 표시되지 않는 지표를 가리켜 '확장된 표현형extended phenotype'이라고 부르는데, 겉모습으로 드러나지 않는 표현형일지라도 특정한 행동을 통해 수컷의 형질이 표현된다면 이 역시 좋은 유전자를 드러내는 기준이 될 수 있다. 오스트레일리아와 뉴기니섬에 사는 정자새Ptilonorhynchidae가 대표적인 예다. 짝짓기 철이 되면 정자새 수컷은 화려한 장식으로 터널과 같은 형태의 구조물을 만든다.* 처음 터널 구조물을 관찰했던 생물학자들은 이것이 알을 낳고 새끼를 키우는 둥지라고 생각했다. 하지만 면밀히 살펴본 결과 그것은 둥지가 아니라 번식기 수컷이 자기를 과시하는 쇼룸이라는 것을 알게 되었다. 생물학자들은 수컷 정자새의 화려한 치장 능력을 좋은 유전자를 뽐내는 확장된 표현형으로 설명한다. 비록 제 몸에 직접 치장을 하진 않지만, 자기 공간을 예쁘고 화려하게 장식함으로써 구애를 하는 것이다. 총 열아홉 종의 정자새 가운데 열네 종이 터널 형태의 구조물을 만들고 그 주변을 장식한다고 보고되었다.** 오스트레일리아의 로라 켈리와 존 엔들러는 큰정자새*Chlamydera nuchalis*의 구조물을 관찰했다. 수컷 큰정자새는 바닥에 돌을 배치할 때 큰 돌을 입구에 까는 방식으로 원근법을 조작함으로써 자기 몸집이 커 보이게 만들었고, 실제로 암컷은 몸집이 커 보이는 수컷을 좋아했다. 원근법을 조작하는 능력은 개체에 따라 차이가 있기 때문에, 암컷은 수컷의 구조물 제작 능력을 보고 이를 유전적 지표로 삼을 수도 있을 것이다.

　암컷의 신중한 선택은 자기유전적 이득을 증가시키는 방향으로 진화했다. 수컷의 외형이 생존에 불리한 형질을 가지고 있더라도, 암컷의 선택을 잘 받을 수 있는 매력을 지니고 있다면 자신의 유전자를 다음 세대에 더 많이 전달할 수 있을 것이다. 매력적인 수컷의 자식들도 그 매력적인 특징을 이어받을 것이기 때문에, 해당

- 정자새의 영명 'bowerbird'에서 'bower'는 나무로 만든 그늘막(정자)을 뜻하며, bowerbird라는 이름도 여기서 유래되었다.
- 찰스 다윈도 비글호 항해 때 오스트레일리아와 뉴기니섬을 거치며 정자새를 관찰한 기록을 남겼는데, 이때 성선택에 관한 힌트를 얻었을 거라 추측하는 사람들도 있다.

수컷의 아들 역시 다른 암컷에게 선택받을 가능성이 높아진다. 따라서 암컷은 자신의 유전자를 자식 세대, 손자 세대까지도 널리 퍼뜨릴 수 있는 간접적인 효과를 누리게 된다.

이를 뒷받침하는 가설 중 하나가 바로 '섹시한 아들 가설sexy son hypothesis'이다. 선택한 개체가 그 자체로 좋은 수컷은 아닐지 몰라도, 후에 낳을 아들이 더 많은 선택을 받을 수 있다면 매력만 보고 수컷을 고르는 행동이 유전될 수 있다는 것이다. '섹시한 아들 가설'이란 20세기 초반 로널드 피셔라는 통계생물학자에 의해 제안된 가설로, 핵심은 암컷의 수컷 선호 경향이 수컷의 능력이 아닌 매력만으로도 유전될 수 있다는 것이다. 이 가설에 따르면 암컷은 더 길고 화려한 꼬리를 선호하면서 자신의 선호도를 강화할 것이고, 그 결과 수컷의 치장깃은 극단적으로 화려해지는 방향으로 진화하게 된다. 앞서 소개한 긴꼬리과부새의 긴 꽁지깃도 섹시한 아들 가설로 설명이 가능하다. 또한 화려한 수컷 깃털로 유명한 공작새에게도 이 가설을 적용할 수 있다.

암컷의 선택을 설명하는 다른 가설은 '핸디캡 가설handicap hypothesis'이다.* 수컷의 화려한 치장에는 많은 비용과 에너지가 든다. 번식기 수컷이 암컷에게 신호를 보내기 위해 만들어내는 지표들은 투자의 결과이기 때문에 암컷은 지표에 깃든 비용을 계산해 선택의 기준으로 삼을 수 있다는 것이다. 치장에 드는 비용을 고려할 때, 큰 비용을 치를 수 있는 수컷은 그만큼 능력이 있는 좋은 배

---

* 여기서 말하는 핸디캡은 비용cost으로 치환해도 무방하다.

우자일 가능성이 높다. 수컷 가시고시는 번식기가 되면 배면에 붉은 혼인색이 나타나는데, 선명한 빛을 띠는 색소는 먹이에서 얻은 단백질 합성을 통해 만들어지기 때문에 비용이 든다. 생물학자들의 연구에 따르면 수컷 가시고기는 혼인색의 붉은빛이 진할수록 몸 상태가 좋고 자손의 번식률이 높았다. 따라서 암컷은 붉은 혼인색의 진하기를 수컷을 판단하는 지표로 삼을 수 있다.

수컷 공작새의 꽁지깃. '섹시한 아들 가설'에 따르면 암컷은 공작새의 화려한 꽁지깃과 같은 수컷의 과장된 외형을 선호하는데, 이는 그러한 매력적인 특징이 자신의 아들에게도 전해질 가능성이 높기 때문이다. 결과적으로 암컷의 선택은 긍정적인 피드백이 되어 공작새 암수 모두 점점 더 화려한 꽁지깃에 특화되는 방향으로 진화했다고 설명할 수 있다.

펭귄은 어떻게 짝을 선택할까? 프랑스 연구진이 인도양 아남극권의 퍼제션섬에서 임금펭귄*Aptenodytes patagonicus*의 부리 색깔을 나이에 따라 구분해보니, 나이가 들어감에 따라 부리와 귀의 주황빛 선명도가 높아졌다. 특히 수컷 부리에 있는 주황 무늬의 자외선 반사도를 측정해보니, 반사도가 높은 개체일수록 번식을 더 빨리 시작했고 몸무게도 더 많이 나갔다. 부리 빛깔이 암컷의 선택 기준이 되는 걸까? 이를 확인하기 위해 연구진은 인위적으로 수컷 부리에 색을 덧입혀 반사도를 30퍼센트가량 줄여보았다. 실제로 반사도가 낮아진 수컷들은 그렇지 않은 개체들과 비교했을 때 암컷 짝을 찾는 데 더 오랜 시간이 걸렸다. 이를 통해 연구진은 임금펭귄의 얼굴에 있는 주황 빛깔 무늬가 암컷의 선택 기준이 된다는 것을 밝혀냈다.[4]

젠투펭귄*Pygoscelis papua*의 부리에도 붉은빛이 도는데, 이 붉은빛에도 개체마다 조금씩 차이가 있다. 세종기지가 있는 남극 킹조지섬에서 스페인 연구진이 조사한 결과를 보면, 수컷 젠투펭귄의 부리 색깔이 더 붉고 진할수록 몸 상태가 좋은 것으로 나타났다.[5] 이것이 암컷의 선택에도 기준이 되는지에 관해선 추가적인 실험이 없어 밝혀지지 않았지만, 부리의 붉은빛이 몸 상태를 나타내는 지표가 된다는 것은 확인이 되었으므로 암컷의 선호 기준이 될 거라 예상할 수 있다.

뉴질랜드에 서식하는 노란눈펭귄*Megadyptes antipodes*은 이름처럼 눈 주변이 노란빛을 띠는데, 이 종은 서로의 눈을 보고 짝을 고른다. 연구진이 오타고반도에서 번식하는 노란눈펭귄을 조사한

임금펭귄 수컷은 부리 아래쪽 주황색 무늬 색깔이 선명할수록 암컷의 선택을 잘 받는다.

젠투펭귄의 붉은 부리 색은 개체의 건강 상태를 나타내는 지표가 된다.

노란눈펭귄 눈을 지나는 노란색 띠는 암컷과 수컷 모두에서 짝을 고르는 기준이 된다.

결과 건강 상태가 좋은 펭귄일수록 눈 주변 노란 띠의 채도가 높았다. 개체마다 얼굴 사진을 찍어 분석한 결과, 암컷은 나이가 들수록 눈 색깔이 점점 더 진한 노란색을 띠었고, 수컷의 눈 색깔은 점점 더 붉은빛을 띠었다. 부부 40쌍을 놓고 살펴보니, 눈과 눈 주변 띠의 채도 및 색상hue의 수치가 높은 개체들끼리 서로 짝을 지을 확률이 높았다. 이는 암컷만 수컷을 선택하는 것이 아니라, 수컷 역시 암컷의 외형을 보고 짝을 선택한다는 것을 의미한다.6

    노란눈펭귄의 예에서 보았듯 선택은 암컷만 하는 게 아니다. 암컷이 몸을 치장하고 수컷이 선택을 하는 종도 있다. 라플란드 지역을 포함한 고위도 지역에서 번식하는 붉은배지느러미발도요 *Phalaropus fulicarius*는 일반적으로 알려진 다른 동물들과 성역할이

붉은배지느러미발도요 암컷은 번식기가 되면 화려한 깃털로 치장하고 여러 수컷을 거느린다.

다르다. 암컷이 몸집도 더 크고 더 화려한 깃털을 갖고 있는 반면, 수컷은 상대적으로 수수하고 단조로운 깃털 색을 지녔다. 암컷은 번식기가 되면 자기 영역을 관리하면서 다른 암컷들과 수컷을 놓고 경쟁을 벌인다. 그리고 경쟁에 승리한 암컷은 여러 수컷을 차지하는데, 짝을 지은 암컷은 둥지에 알만 낳아주고 곧 자리를 떠난다. 남겨진 수컷은 둥지에서 홀로 알을 품고 새끼를 키운다.

그린란드 현장 조사 때 야외에서 처음 붉은배지느러미발도요를 보았다. 새끼와 돌아다니는 성체를 보고 당연히 암컷이라고 생각했다. 그런데 캠프로 돌아와 도감에 실린 삽화와 설명을 보니 새끼들과 함께 있는 칙칙한 깃털을 가진 개체가 수컷이라고 적혀 있었다. 그걸 보고 나는 속으로 '도감에 오타가 났구나! 저자가 암컷을 수컷이라고 잘못 적었네' 하고 생각했다. 내가 틀렸다는 걸 확인한 건, 붉은배지느러미발도요의 생활사에 대해 알고 난 뒤였다. 그리고 이 일을 계기로 그동안 내가 얼마나 편견에 사로잡혀 있었는지를 깨달았다. 여러 동물을 관찰하며 다양한 형태의 짝짓기를 숱하게 보았음에도 불구하고, 나 자신이 성역할에 대한 고정관념과 편견을 가지고 있었던 것이다. 동물계에서 성역할은 고정되어 있지 않다. 그것은 생물이 겪어온 진화의 역사이자 환경에 대한 적응의 결과이며, 얼마든지 뒤바뀔 수 있다.

동물의 짝짓기

3장

翩翩黃鳥, 雌雄相依.
念我之獨, 誰其與歸.
훨훨 나는 저 꾀꼬리 암수 서로 정답구나.
외로운 이 내 몸은 뉘와 함께 돌아가리.

『삼국사기』에 실려 전해 내려오는 고구려 유리명왕의 시조엔 꾀꼬리黃鳥가 등장한다. 유리명왕에게는 후실 화희禾姬와 치희稚姬가 있었는데, 왕을 사이에 두고 둘 사이에 다툼이 있은 후 치희는 화희의 타박을 견디지 못하고 친정으로 돌아갔다. 사냥을 떠났다 돌아온 왕은 말을 타고 급히 그 뒤를 쫓아 치희를 만났으나, 설득에 실패하고 홀로 돌아온다. 「황조가」는 왕이 치희를 두고 홀로 돌아와야 했던 자신의 처지를 한탄하며 남긴 시조라고 알려져 있다. 정다운 꾀꼬리 한 쌍의 모습은 유리명왕의 고독한 처지와 대조를 이루었다. 하지만 그의 생각처럼 꾀꼬리 암수가 정답기만 했을까? 그건 새들의 속사정을 알 리 없는 왕 혼자만의 생각이었는지도 모른다. 알려진 바에 따르면 전체 조류종의 90퍼센트가 일부일처제를 보이지만1, 그중 대부분은 중간에 짝을 바꾸거나 짝 모르게 교미를 시도한다.

사람들은 혼인 체계라 하면 자연스럽게 일부일처제를 떠올릴 것이다. 부부夫婦라는 단어에는 남편 한 명과 아내 한 명이 짝을 짓는 혼인 형태가 전제되어 있다. 하지만 우리나라에선 과거 조선 시대까지만 하더라도 일부다처제가 허용되었으며, 지금도 아프리카와 아시아의 일부 국가에선 일부다처제를 법적으로 혹은 관습적으로 허용한다. 일부다처제에선 한 남성이 여러 여성과 혼인을 하기 때문에 다수의 남성이 혼인을 하지 못한다. 자원이 많은 남성은 더 많은 배우자를 얻으며, 여성의 선택도 남성이 가진 자원의 양과 질에 따라 좌우된다. 한편 일부다처제와는 정반대인 일처다부제도 드물게 보고되는데, 일례로 티베트에선 한 여성이 두 명 이상의 형제와 혼인하여 공동으로 가정을 이루는 형태가 상당 기간 유지되고 있다. 농업 기반 사회이지만 자원이 제한되어 있어서 모계 중심으로 남성 노동력을 확보하고 가족의 토지 자산을 안정적으로 유지하려는 전략이다.2 따라서 인간도 엄밀한 의미에서 일부일처제라고 말하긴 어려울 것 같다. 다른 동물들도 마찬가지다.

수컷은 더 많은 암컷과 짝짓기를 할수록 유전적으로 더 많은 자손을 남길 가능성이 높아진다.3 암컷도 마찬가지로 더 많은 수컷과 짝을 이룰수록 유전적 이득이 커진다는 보고가 많다.4 그럼에도 불구하고 많은 동물이 일부일처제를 고집하는 이유는 무엇일까?

호수 위의 흑고니*Cygnus atratus* 부부. 고니*Cygnus columbianus*와 흑고니는 로맨틱한 사랑의 상징처럼 여겨지는 새다. 실제로 흑고니는 장기간 짝을 유지하는 경우가 많지만, 유전적으로 조사해보면 바람을 피워 태어난 새끼의 비율이 평균 15퍼센트에 달한다.[5]

일부일처제를 설명하는 과학적 가설은 매우 다양한데[6], 그중 하나는 '배우자 방어 가설mate guarding hypothesis'이다. 배우자 방어 가설에 따르면 일부일처제는 능동적 선택의 결과라기보다, 배우자가 다른 짝을 만나지 못하게 한쪽이 열심히 방어한 결과라고 할 수 있다. 광대새우Odontodactylus scyllarus는 수컷이 암컷 옆에 계속 머물며 다른 수컷이 접근하지 못하게 방어한다. 딱총새우Alpheidae 수컷도 암컷 주변에서 다른 수컷의 접근을 경계하며 일부일처를 지키는데, 그러다 주변에서 더 괜찮은 암컷을 찾으면 원래 있던 파트너를 버리고 다른 짝을 찾아 떠나기도 한다.[7]

수컷만 암컷을 방어하는 게 아니라, 암컷 역시 수컷이 다른 짝을 찾지 못하게 막는다. 영국의 생물학자 리처드 와그너는 큰부리바다오리Uria lomvia를 관찰하다가 흥미로운 사실을 알게 됐다. 큰부리바다오리 수컷이 다른 짝을 찾으려 시도하면 암컷이 이를 물리적으로 차단하곤 했던 것이다. 암컷은 수컷 짝을 다른 암컷으로부터 방어하면서 짝짓기 장소에 다른 암컷 개체들이 들어오기라도 하면 공격적으로 반응했다. 송장벌레Silpha vespillo는 이름에서 알 수 있듯 동물 사체에 알을 낳고 사는 곤충인데, 큰부리바다오리와 마찬가지로 암컷이 적극적으로 짝을 지키면서 이로 인해 일부일처가 나타난 종이다. 송장벌레는 짝짓기를 마치고 난 뒤 암컷이 알을 낳는다. 이때 수컷이 다른 암컷을 찾아 떠나려고 하면, 수컷이 발산하는 페로몬 냄새를 맡은 짝이 수컷을 물고 찌르는 등 적극적으로 이를 방해하면서 다른 암컷과 짝짓기를 하지 못하게 막는다. 이러한 암컷의 방어행동이 나타나는 이유는 수컷이 다른 짝

큰부리바다오리 암컷은 다른 암컷이 짝짓기 장소에 들어오지 못하게 막으면서 수컷 짝을 지키는 행동을 보인다.

을 만날 경우, 자기 자손에게 전해질 자원의 양이 줄어들 수 있기 때문인 것으로 추측된다.8

그런가 하면, 일부일처제를 택해 적은 수의 자손을 부모가 함께 집중적으로 돌보는 것이 유리한 전략일 수도 있다. '배우자 조력 가설mate assistance hypothesis'에 따르면, 해마와 같은 동물은 수컷이 배우자와 함께 양육을 전담한다. 이러한 조력 전략으로 더 많은 자손을 남길 수 있기 때문이다. 알을 낳는 건 암컷이지만, 알들은 곧 수컷 배 속에 있는 알주머니로 옮겨지고, 수컷이 약 3주간 자녀 양육과 보호를 도맡는다.9 참새목Passeriformes 조류 가운데 비교적 몸집이 큰 편에 속하는 까치는 양육에 많은 노력을 기울이는 대표적인 일부일처 조류다. 이들은 보통 1년에 한 번 번식하며 한 배에 평균 6~8개의 알을 낳아 양육에 집중하는데, 특히 암수가 비슷한 정도의 노력을 기울일 정도로 수컷의 양육 비중이 높은 편이라 수컷의 배우자 조력 가설을 뒷받침하는 종으로 알려져 있었다. 캐나다 피터 던과 수전 해넌 연구팀은 배우자 조력 가설을 검증하기 위해 무작위로 까치 번식 쌍을 골라 새끼가 부화한 지 얼마 되지 않은 무렵 까치 수컷을 포획해 암컷이 홀로 양육을 담당하게 했다. 인위적으로 수컷의 도움을 받지 못하게 된 암컷들은 하나같이 새끼를 키워내지 못했다. 따라서 수컷의 양육 참여는 번식에 있어 필수적인 요인이며, 까치에게 일부일처제는 성공적인 양육을 위한 효율적인 전략이라고 할 수 있다.10

인간의 눈으로 볼 때 일부일처제를 유지하면서 한 짝과 사는 게 자연스럽고 규범적인 일로 느껴질 수도 있지만, 생물학적인 관

타이 열대우림에 사는 흰손긴팔원숭이 *Hylobates lar* 암컷은 짝이 아닌 수컷과 교미행동을 하는 비율이 약 12퍼센트에 달하는 것으로 알려졌다. 이는 현재의 짝보다 유전적으로 더 나은 짝을 찾으려는 시도이거나, 새끼가 나중에 수컷들에게 공격을 받아 살해될 가능성을 낮추려는 전략일 수 있다.[11]

점에서 파트너를 바꾸지 않고 일생을 보내는 건 위험한 전략이다. 우선 스스로 고른 짝이 좋은지 나쁜지 함께 지내보기 전엔 알기 어렵다. 따라서 만약 평생을 한 파트너와 보내야 한다면 파트너를 매우 심사숙고해서 결정해야 한다. 남반구에 서식하는 바닷새인 나그네알바트로스*Diomedea exulans*는 수명이 50년이 넘는데, 한번 짝을 정하면 한쪽이 죽기 전까진 평생 함께 지낸다고 알려져 있다.12 나그네앨버트로스는 일생을 함께할 좋은 짝을 구하기 위해 평균 2~3년에 걸쳐 파트너로 삼을 만한 개체를 유심히 살핀다. 또한 짝이 죽어서 새로운 짝을 찾아야 할 때가 되면 매우 신중해지며, 자기와 비슷하게 혼인 경험이 있으며 짝과 사별해서 혼자가 된 개체를 선호한다.13

펭귄 역시 일부일처제를 한다고 알려져 있지만 펭귄목 18종 가운데 평생 같은 짝과 함께하는 종은 하나도 없다. 특히 황제펭귄의 이혼율은 85퍼센트, 임금펭귄의 이혼율은 75퍼센트로 알려져 있다.14 턱끈펭귄의 이혼율은 약 18퍼센트라고 알려져 있는데, 세종과학기지 인근 나레브스키포인트에서 번식하는 개체군에서는 소집단에 따라 이혼율이 낮게는 17퍼센트에서 높게는 80퍼센트까지도 나타났다. 특히 짝을 한 차례 바꿨다가 다시 같은 짝과 재결합한 경우도 있었다.

일부일처제를 유지한다고 하더라도 엄격한 의미에서 그것이 잘 지켜지지는 않아서, 약 90퍼센트 이상의 조류종에서 혼외 자식이 태어난다는 보고가 있다.15 미국 조류학자 퍼트리샤 고와티는 일부일처제로 잘 알려진 이스턴블루버드*Sialia sialis* 가족을 조사하

나그네앨버트로스 부부(위). 대표적인 일부일처제 조류로 알려진 나그네앨버트로스는 평균 2~3년에 걸쳐 신중히 서로를 관찰하고 난 뒤에 짝을 정하고, 한번 부부의 연을 맺으면 상대가 죽지 않는 한 수명이 다할 때까지 50년 이상을 해로하는 것으로 알려져 있다. 북미 대륙에서 서식하는 이스턴블루버드는 번식을 하는 동안 일부일처제를 유지하지만 수컷의 친자식이 아닌 혼외 자식이 태어나는 비율도 상당히 높다.

면서 이들의 유전 정보를 획득해 유전자 검사를 실시했다. 유전 정보에 담긴 염기서열을 통해 이스턴블루버드 새끼와 아빠의 친자 검사를 실시한 결과 새끼의 약 35퍼센트가 친자식이 아니었고, 미국지빠귀 Turdus migratorius는 새끼의 약 48퍼센트가 혼외 자식인 것으로 확인됐다.16 이혼율이 매우 낮은 일부일처 조류인 나그네앨버트로스에서 역시, 자기 짝이 아닌 수컷과 짝짓기를 해서 태어난 새끼의 비율이 약 10퍼센트에 달했다.17 동물의 세계에선 이처럼 사회적 일부일처가 유전적 일부일처로 이어지지 않는 경우가 많다.

그렇다면 일부일처가 잘 지켜지지 않는 이유는 무엇일까? 첫 번째 설명은 '좋은 유전자 가설good genes hypothesis'이다. 암컷 입장에서 생각해보자. 일단 괜찮아 보이는 수컷과 짝을 맺긴 했지만, 추후에 더 매력적인 수컷이 나타날지도 모른다. 이 수컷을 놓친다면 매력적인 유전자를 후대에 남길 기회도 날아간다. 하지만 짝이 알지 못하는 사이 이 수컷과 짝짓기를 할 수 있다면, 매력적인 유전자를 물려받은 암컷의 자손들은 번식에서 더 유리할 것이다. 사회적으로는 안정된 수컷과 짝을 이루고 관계를 유지하면서, 비밀리에 매력적인 수컷과 짝짓기를 한다면 이는 번식 측면에서 암컷에게 '좋은' 유전자를 남길 기회가 된다. 일부일처제가 느슨한 형태로 유지는 되지만 유전적으로는 다부다처가 나타나는 이유다.

두 번째는 '확실한 수정 가설fertility insurance hypothesis'이다. 아주 흔한 일은 아니지만, 암컷이 고른 수컷의 생식 능력이 떨어질 수도 있다. 이렇게 교미를 해도 수정이 되지 않는 경우가 생기지만, 짝을 짓기 전엔 그 가능성을 예측하기 어렵다. 무정란을 낳아

푸른박새(왼쪽)와 유럽박새.

번식에 실패하고 나면, 암컷이 다음 번식기에 같은 짝 대신 주변에 있는 다른 수컷과 교미할 가능성이 높아진다. 노르웨이 오슬로대학의 얀 리펠트 연구팀은 1992년부터 1996년까지 노르웨이 남동부 해안가에 있는 작은 섬에서 인공 새집을 달아 박새류의 번식 생태를 조사했다. 이들은 푸른박새Cyanistes caeruleus 둥지 47개와 유럽박새Parus major 둥지 55개를 관찰하면서 부모와 새끼들의 몸에서 혈액을 채취한 뒤 유전자 지문검사DNA fingerprinting로 친자를 감식했다. 그 결과 수컷 가운데 2~4퍼센트는 생식 능력이 없는 것으로 밝혀졌고, 이 경우 대부분의 암컷이 짝 이외에 다른 수컷과 교미를 해서 알을 낳은 것으로 확인되었다.[18]

유럽울새 암컷은 번식기가 되면 수컷에게 먹이를 달라고 조르는 소리를 낸다.

세 번째는 '더 많은 자원 가설more resources hypothesis'로, 유전적 이득보다는 다른 수컷과의 교미를 통해 추가로 자원을 확보하고 도움을 받으려는 전략일 수 있다는 설명이다. 유럽울새Erithacus rubecula는 번식 기간 암컷이 수컷에게 먹이를 달라고 조르며 '씨입' 하는 소리를 낸다. 이 소리는 새끼가 먹이를 달라고 할 때 내는 소리와 유사해서 수컷은 이에 반응해 암컷에게 먹이를 주게 된다. 한데 암컷의 소리는 짝에게만 들리는 게 아니라 인근에 있는 다른 수컷들에게도 들린다. 근처에 있던 수컷들은 이 소리를 듣고 암컷에게 접근해 먹이를 주며 교미 기회를 노린다. 수컷 짝은 당혹스러울 수 있지만 암컷 입장에선 먹이를 추가로 확보할 수 있기 때문에 실질적인 이득을 얻을 수 있다는 장점이 있다. 물론 이때 수컷 짝이 암컷에게 더 많은 먹이를 제공하면 암컷이 소리를 내는 빈도는 줄어들고, 이에 따라 자식들의 친자 확률도 높아질 수 있다.[19] 인간 사회에서도 이와 유사한 보고가 있다. 대학생 커플들을 대상으로 조사한 설문에 따르면, 배란기 여성은 외형이 매력적인 남성을 선호하지만 이와 동시에 자원 제공 능력이 높은 남성과 장기적인 관계를 유지하는 경향이 보고되었다.[20] 이처럼 암컷은 유전적 질이나 다양성 외에 자원을 확보하려는 전략적 측면에서 다수의 수컷에게 먹이를 제공받기도 한다. 이 역시 안정적인 생존과 번식 성공을 위한 암컷의 다면적 전략일 수 있다.

앞서 수컷의 생식 능력을 예로 들었듯이 일부일처제를 계속 유지하기 어려울 때가 있다. 그렇다면 일부일처제가 깨지고 다혼 체제로 넘어가는 시점은 언제일까? 종달멧새*Calamospiza melanocorys*의 짝짓기 체계를 연구하던 학자들은 일부일처와 일부다처가 조건에 따라 변화된다는 것을 관찰했다. 우리가 종달멧새 암컷이라고 가정해보자. 번식기가 되어 새로 짝을 정해야 하는데, 우리에겐 두 가지의 선택지가 있다. 하나는 먹이가 많고 포식자를 피해 숨기 좋은 영역을 차지한 수컷이다. 하지만 이 수컷에겐 이미 암컷 짝이 있다. 이 수컷을 고른다면 두 번째 짝이 될 것이다. 다른 암컷과 자원을 나누어 써야 하기 때문에 수컷이 양육에 쏟는 에너지가 분산된다는 얘기다. 또 다른 선택지는 먹이가 적고 외부에 노출되어 있어 비교적 위험한 영역을 차지한 수컷이다. 하지만 이 수컷에겐 짝이 없다. 자원에 한계가 있고 포식 위험이 있긴 하지만, 수컷의 양육을 독점할 수 있다. 말하자면 좋은 서식지에서 일부다처하에 들어갈 것이냐, 상대적으로 나쁜 서식지에서 일부일처를 할 것이냐의 문제다. 둘 중 어느 쪽을 선택하느냐에 따라 암컷의 양육 환경이 달라지며, 이에 따라 둥지에서 독립할 때까지 성장시키는 새끼의 숫자도 달라질 수 있다.

수컷이 차지한 서식지의 질이 같다는 조건하에 암컷의 번식률을 단순 비교해보면, 일부다처보다 일부일처가 더 유리할 것이다. 번식기 수컷의 양육을 온전히 집중적으로 받는다면 더 많은 새끼를 더 안정적으로 키워낼 수 있기 때문이다. 따라서 암컷이 수컷을 고를 때 자원의 양과 질에 큰 차이가 없다면 큰 고민 없이 짝이 없는 수컷을 고르는 게 유리한 선택이다. 하지만 영역 간 자원 편차가 크다면 얘기가 달라진다. 이미 다른 짝이 있지만 질이 매우 좋은 세력권을 차지한 수컷과 짝은 없지만 세력권의 질이 많이 떨어지는 수컷이 있다면, 암컷의 번식 성공률은 전자가 후자보다 더 유리하다. 따라서 세력권의 질에 따라 암컷이 일부다처로 가느냐 일부일처로 가느냐가 결정된다.

야생에선 일부다처 외에 일처다부제를 택하는 동물도 흔히 볼 수 있다. 앞장에서 소개한 붉은배지느러미발도요는 화려한 깃털을 가진 암컷이 여러 수컷을 거느리고 세력권을 유지하는 조류다. 이와 유사한 생활사를 가진 조류 중 대표적인 종이 물꿩 *Hydrophasianus chirurgus*이다.[21] 물꿩은 수컷이 알을 품고 새끼를 키우는데, 암컷 한 마리의 세력권에 평균적으로 네 마리의 수컷이 포함된다.

또 하나의 독특한 다혼체제는 바로 '렉lek'이라고 부르는 공동구애 집단이다. 렉은 여러 수컷이 구애의 목적으로 형성하는 짝

습지에서 번식하는 물꿩. 대표적인 일처다부제 조류인 물꿩은 수컷이 양육을 담당하며 암컷은 여러 수컷을 거느린 채 세력권을 유지하기 위한 싸움에 몰두한다.

짓기 집단이라고 정의할 수 있다. 동물들은 보통 다수의 수컷이 한 곳에 모여 암컷에게 구애를 하지 않는다. 여럿이 모이면 경쟁이 생겨 더 불리할 수도 있기 때문이다. 하지만 뇌조는 번식기가 되면 수컷이 떼를 지어 목에 있는 주머니를 잔뜩 부풀리면서 큰 소리로 노래를 부른다. 큰산쑥뇌조*Centrocercus urophasianus* 수컷들은 암컷이 다니는 길목에서 일시적으로 세력권을 형성하고 공동구애 장소를 정한다. 이렇게 렉이 형성되면 이후 암컷이 나타나 모여 있는 수컷을 둘러보며 짝을 선택한다. 한꺼번에 이렇게 많은 수가 모여 있으면 경쟁이 치열해질 텐데 왜 수컷 뇌조들은 이런 부담을 감수하면서까지 자발적으로 렉을 형성할까?

첫 번째 설명은 '핫스폿 가설hotspot hypothesis'이다. 암컷이 잘 볼 수 있는 곳에 모여든 수컷이 함께 구애를 하다가 자연스럽게

북미 지역에 서식하는 뇌조는 번식기가 되면 수컷들이 '렉'이라 불리는 번식 집단을 형성하고 암컷의 선택을 받기 위해 경쟁한다.

렉이 형성되었다는 추측이다. 미국에서 큰산쑥뇌조의 렉 형성 과정을 오랜 기간 연구해온 로버트 깁슨과 잭 브래드버리는 암컷을 마주치기 가장 좋은 지점들을 중심으로 수컷들이 모인다는 것을 관찰했다.22 암컷이 자주 지나는 길목에 있으면 눈에 띌 확률이 높아지므로, 수컷이 이러한 지점들을 중심으로 모여들게 된다는 것이다. 세렝게티 초원과 마사이마라 국립공원에 서식하는 토피영양*Damaliscus lunatus* 수컷 역시 암컷들이 빈번히 오가는 경로에 렉을 형성했다.23 이는 유독 암컷의 주목을 받는 수컷 옆에 있으면 덩달아 기회가 생길 수도 있기 때문에 그 주변으로 계급이 낮은 수컷들이 모여든 결과일 수도 있다.

두 번째는 '암컷 선호 가설female preference hypothesis'이다. 암

컷 입장에서 수컷들이 이곳저곳에 흩어져 있으면 여럿을 놓고 비교하기가 어렵다. '이 수컷은 노래가 별로야. 저 수컷은 주머니가 큼지막하고 노래도 잘 부르네' 하며 저울질을 하려면 수컷이 잔뜩 모여 있는 게 유리하다. 즉, 여러 수컷을 비교해 그중에서 가장 나은 수컷을 선택하기 위해 더 많은 수컷이 모인 집단을 찾으려는 암컷의 선호도가 반영된 결과라는 설명이다. 미국 연구진의 관찰에 따르면, 아프리카 말라위호에 사는 어류 시클리드(*Cyrtocara eucinostomus*)에서도 렉 집단 형성이 관찰되었다. 렉 집단에 대한 가설은 주로 조류 연구를 기반으로 제기되었지만, 어류에서도 유사한 형태의 짝짓기 집단이 보고되었으며, 암컷은 큰 렉 집단에 있는 수컷을 선호했다.[24]

　세 번째는 '포식 위험 감소 가설reducing predation hypothesis'로, 공동구애를 위해 모인 개체수가 많을수록 수컷 한 마리당 포식을 당할 확률이 감소한다는 관찰 결과에서 나온 설명이다. 수컷은 암컷의 선택을 받기 위해 춤을 추고 노래를 하는 과정에서 포식자에게 노출될 위험에 처하게 된다. 이때 여럿이 함께 모여 있으면 포식당할 확률도 줄어들뿐더러, 포식자의 접근을 일찌감치 감지해 더 빨리 도망갈 수도 있다. 즉, 구애 시 발생하는 포식 위험을 줄이는 방향으로 진화하는 과정에서 수컷들이 집단을 형성한 결과라는 것이다. 일례로 인디아영양*Antilope cervicapra*의 렉 집단을 촬영한 영상을 분석한 결과, 수컷의 렉 집단은 포식자로부터 잡아먹힐 확률을 낮추기 위한 희석 효과와 관련이 있는 것으로 밝혀졌다.[25] 또한 가는꼬리뇌조*Tympanuchus phasianellus*의 머리 움직임을 촬영

인디아영양 수컷 무리. 렉 집단에 속해 있으면 희석 효과로 포식 위험을 줄일 수 있다.

해 분석한 결과, 큰 집단에 속한 수컷일수록 포식자의 출현을 빠르게 눈치 채는 것으로 나타나, 렉 집단이 경계 효과(정찰 효과)vigilance effect를 제고하는 것으로 나타났다.26

네 번째는 '혈연 가설kinship hypothesis'이다. 수컷들이 가까운 혈연관계로 이루어진 친족 집단을 형성하고 있다면, 이러한 관계는 유전적으로 유사도가 높기 때문에 협력행동이 발생할 근거가 된다. 다시 말해 유전적으로 가까운 수컷이 모여 있으면 특정 수컷이 짝짓기에 성공하지 못하더라도 집단 내 다른 수컷이 짝짓기에 성공할 가능성이 높아진다. 비록 개체 차원에서 번식에 실패하는 경우가 생기더라도, 그 개체는 자기 유전자와 가까운 유전자가 암컷의 선택을 받아 후대에 전달되는 데 기여할 수 있으며, 이러한 이타적 협력행동은 진화적으로 유리할 수 있다는 얘기다. 실제로 마나킨Pipridae과 공작의 렉 집단은 유전적으로 매우 가까운 수컷 집단이라는 사실이 보고된 바 있다.27

이렇게 동물들은 종에 따라 일부일처제는 물론 다양한 다혼제의 짝짓기 전략을 갖는다. 그런가 하면, 같은 종 내에서도 짝짓기 체계는 고정적인 것이 아니라 환경적인 요인에 따라, 세력권과 먹이의 양에 따라 변화하며, 조건에 따라 일부일처와 일부다처를 넘나드는 선택이 이뤄지기도 한다. 이러한 짝짓기 체계의 유연성은 성공적으로 더 많은 자손을 만들기 위한 진화의 결과물이다. 동물이 각자 처한 생존 환경, 사회구조, 양육 조건 등을 둘러싼 이해관계에 따라 짝짓기 전략은 계속해서 진화해왔다. 우리가 자연스럽고 규범적이라고 생각하는 일부일처제도 실은 자녀 양육의 부담이 클 때 부모가 협력해 더 많은 자손을 성공적으로 길러내기 위한 전략일 수 있으며, 그마저도 보편적인 것이 아니라 문화권에 따라 다르게 나타날 수 있다. 짝을 짓고 새끼를 키워내는 번식행동은 생명의 진화 과정에서 환경에 따라 매우 예민하게 반응하며 변화한다.

진화의 역사에서 가장 중요한 요인 두 가지를 꼽으라고 하면 번식과 생존이다. 세대를 거쳐 유전자를 후대로 전달하고, 환경과 상호작용하며 살아 있음을 유지하는 게 생명의 본질이기 때문이다. 앞 장과 이번 장에서 전자인 번식에 대해 다루었으니, 다음 장에서는 포식자와 피식자가 서로 먹고 먹히는 과정에서 벌어지는 생존을 둘러싼 다양한 전략을 알아보도록 하자.

동물의 색

4장

생태계 안에서 동물들은 서로 먹고 먹히는 관계를 형성한다. 포식자와 피식자의 관계망이 복잡하게 얽힌 먹이 그물 안에서, 동물종은 저마다 상대를 공격하는 전략과 공격으로부터 자기를 방어하는 전략을 진화시켜왔다. 포식자는 효과적인 먹이 사냥을 위해 감각기관을 발달시키거나 집단으로 사냥하는 전략을 사용하며, 피식자는 포식자를 피하기 위해 위장을 하거나 경고색을 띠어 자기를 방어하거나 재빠르게 도망치는 방법을 쓴다. 이러한 상호작용은 한쪽의 일방적인 승리로 끝나지 않고 공격 방식과 방어 방식이 끊임없이 영향을 주고받으며 진화를 추동했고, 그렇게 생태계는 균형을 유지해왔다. 포식-피식 관계는 단순하고 고정적인 먹이사슬이라기보다, 다양한 동물종 사이에서 역동적인 진화 무대를 만드는 핵심 요인이라고 할 수 있다.

남극 생태계에서 펭귄이 있는 곳에 늘 나타나는 동물이 있다. 바로 도둑갈매기와 물범이다. 갈매기아목$_{Lari}$으로 분류되는 도둑갈매기는 펭귄이 번식하는 곳이면 어디든 나타나는 특화된 포

남방코끼리물범, 도둑갈매기, 임금펭귄이 한곳에 모여 있는 풍경. 펭귄이 있는 곳에선 늘 도둑갈매기가 함께 관찰된다.

식자로, 비록 몸집은 펭귄보다 더 작지만 빠른 비행 솜씨와 날카로운 부리로 펭귄의 알과 새끼를 사냥한다. 이들은 남극 생태계의 꼭대기에 위치하는 상위 포식자 그룹에 속한다. 물범은 해양 포유류로서 물속에서 펭귄을 사냥한다. 특히 표범물범 $Hydrurga\ leptonyx$은 빠른 수영 실력으로 펭귄 성체를 쫓아가서 날카로운 치아로 공격한다. 드물게 관찰되는 일이지만 웨델물범 $Leptonychotes\ weddellii$ 역시 턱끈펭귄과 아델리펭귄을 잡아먹는 것으로 알려져 있다.

펭귄도 그저 당하고만 있을 수 없다. 둥지에 있는 동안엔 하늘에서 접근하는 도둑갈매기를 상대로 집단 방어행동을 한다. 용감하게 돌진해서 도둑갈매기를 쫓아내기도 하고, 알과 새끼가 적들의 시야에 노출되지 않도록 품 안으로 끌어안기도 한다. 도둑갈매기도 이에 맞서 빈틈을 노리고 사냥감을 효율적으로 낚아채려 부단히 애를 쓴다. 펭귄 둥지 주변을 맴돌며 여럿이 협동 공격을 펼치기도 한다. 도둑갈매기 역시 자기 둥지에서 기다리는 새끼에게 줄 먹잇감을 꼭 잡아서 돌아가야 하기 때문이다.

바닷속에도 펭귄을 노리는 동물들이 있다. 물속에서 접근하는 물범을 상대하기란 쉬운 일이 아니다. 그래서 펭귄은 여럿이 집단을 이뤄서 다닌다. 이렇게 하면 희석 효과를 통해 자기가 잡아먹힐 확률을 낮출 수 있고 경계 효과를 통해 포식자의 접근을 더 빨리 알아차릴 수도 있다. 혹은 혼동 효과confusion effect를 주어서 포식자가 헷갈리도록 불규칙한 방향으로 헤엄을 칠 수도 있다. 그럴 때 펭귄들은 마치 돌고래처럼 수면 위로 통통 튀어 오르며 헤엄치는 모습을 보이기도 하는데, 한 방향으로 일정하게 가지 않고 이동 방향을 좌우로 바꿔가며 지그재그로 헤엄침으로써 무리에 접근하는 포식자를 혼란스럽게 만드는 것이다.

이처럼 공격과 방어라는 모순된 숙제를 동시에 안고 있는 포식자와 피식자는 끊임없이 경쟁을 벌인다. 다윈은 이를 가리켜 "자연에선 적으로부터 도망치려는 자의 본능과 먹이를 확보하려는 자의 본능 사이의 끊임없는 투쟁"이라고 말했다. 미국의 진화 생물학자 리 밴 베일런은 생존을 위해 변화하는 환경은 물론 다른 종과의 관계에도 끊임없이 적응해야 하는 동물의 삶을 이른바 '붉은 여왕 가설Red Queen's hypothesis'로 설명했다. 붉은 여왕 가설은 오랜 진화의 역사에서 경쟁 관계에 있는 종이 살아남기 위해 벌이는 생존 전략의 변화를 설명하는 데 효과적이다. 실험적으로 입증하긴 어렵지만, 현존하는 종들의 투쟁 결과를 바탕으로 그간에 벌어진 경쟁의 과정을 그려볼 수 있다.

루이스 캐럴의 소설 『이상한 나라의 앨리스』의 속편인 『거울 나라의 앨리스』에서 붉은 여왕은 앨리스에게 말한다. "이곳에선 있는 힘껏 달려야 해, 그래야만 간신히 제자리에 있을 수 있지." 마치 러닝머신 위를 달리는 것과 비슷한 상태인데, 제자리에 머물기 위해선 속도를 늦추지 않고 계속 달려야만 한다는 말이다. 주위 환경이 러닝벨트처럼 빠르게 움직이기 때문에, 그에 상응하는 속도로 신속하게 환경에 적응해야만 살아남을 수 있는 것이다.

붉은 여왕이 앨리스에게 이야기한 거울 나라의 규칙은 생물 종이 살아남기 위해 쉬지 않고 경쟁하며 변화하는 환경에 적응해 진화하는 과정과 매우 닮아 있다. 베일런은 소설 속 장면을 떠올리며 서로 다른 종이 벌이는 경쟁의 진화적 관계를 설명하기 위해 붉은 여왕 가설이란 이름을 붙였다. 어떤 한 종이 번성하면 다른 종들은 그 영향으로 개체수가 감소하게 된다. 따라서 여러 종이 공존하기 위해선 모든 종이 쉼 없이 진화를 지속해야만 한다. 이렇듯 포식자는 끊임없이 새로운 공격 전략을 만들어냈고, 피식자는 공격에 대응해 자기를 방어하는 전략을 세웠다.* 우리가 보는 주변 생물들은 이렇게 치열한 진화의 역사 속에서 쉬지 않고 달려온 결과 살아남은 종들이다.

포식자의 공격을 피하는 가장 대표적인 방어법 중 하나로 위장camoulflage 전략이 있다. 말 그대로 다른 동물의 눈에 띄지 않는 것이다. 위장 전략에는 크게 두 가지 방법이 있는데, 그중 하나는 포식자가 알아보지 못하도록 보호색crypsis을 띠어서 몸 색과 무늬를 배경이 되는 사물과 최대한 비슷하게 만드는 것이다. 나방은 은폐 전략을 잘 활용하는 곤충인데, 낮에는 주로 나무에 붙어서 포식자를 피해 휴식을 취한다. 나방을 잡아 나무가 있는 곳에 놓아주면, 녀석은 일단 착지를 한 후에 날개를 움직여서 주변에 있는 나무 무늬와 유사한 생김새로 자리를 잡는 걸 볼 수 있다. 놓아준 곳과 비교하면 훨씬 더 은폐가 잘되는 곳으로 숨기 때문에 포식자가 쉽게 알아보기 어려워진다.

또 다른 방법은 역그늘색countershading을 활용하는 전략이다. 햇빛이 위에서 아래로 내리쬐기 때문에 그늘은 동물의 몸체 밑으로 어둡게 드리워진다. 덕분에 포식자는 빛이 있는 곳에서 그늘의 어두운색을 통해 먹잇감의 형태를 입체적으로 인지할 수 있다. 그

- 붉은 여왕 가설은 포식자-피식자 관계 외에 기생과 숙주의 진화적 양상을 설명하는 데도 유용하다. 붉은머리오목눈이*Sinosuthora webbiana* 둥지에 알을 낳는 뻐꾸기를 떠올려보자. 뻐꾸기는 탁란托卵(어떤 새가 다른 종류의 새 집에 알을 낳아 그 새로 하여금 알을 대신 품어 기르도록 하는 일)이라고 하는 둥지 기생 전략으로 붉은머리오목눈이를 일방적으로 속여 양육의 부담에서 벗어난다. 자기가 낳은 알을 전부 밀어내고 둥지를 독차지한 뻐꾸기 새끼에게 속아 먹이를 주며 남의 새끼를 키워내는 붉은머리오목눈이를 보노라면 두 종 간의 진화 싸움에서 승리는 오롯이 뻐꾸기에게 돌아간 것처럼 보인다. 하지만 붉은머리오목눈이도 그냥 당하고만 있진 않는다. 뻐꾸기가 둥지를 찾지 못하도록 잘 보이지 않는 곳에 숨어서 번식을 하며, 다양한 색과 점무늬를 가진 알을 낳아서 뻐꾸기 알을 골라내려 애쓴다. 물론 그에 대항해 뻐꾸기는 이들과 비슷하게 생긴 알을 낳는가 하면, 붉은머리오목눈이 부모를 둥지 밖으로 꾀어내기도 한다.

나방의 다양한 보호색과 무늬는 배경과 어우러져 위장 효과를 낸다.

런데 만약 몸통의 윗부분이 어둡다면 어떨까? 그늘 때문에 어둡게 보이는 몸 아랫부분이 어두운색을 띠는 윗부분과 합쳐지면서 입체감이 사라질 것이다. 이로 인해 포식자는 먹잇감이 있어도 이를 인지하기 어려워진다. 역그늘색은 이처럼 빛이 있는 곳에서 자연스럽게 생기기 마련인 그늘의 대비 효과를 차단시킴으로써, 입체감을 없애는 방법으로 포식자의 눈을 피하는 전략이다. 펭귄은 역그늘색을 띠는 대표적인 동물로, 등은 짙은 검은 깃털로 덮여 있고 배는 흰 깃털로 덮여 있다. 따라서 물밑에서 펭귄을 올려다보면 하얀 배가 밝은 수면과 합쳐져 눈에 띄지 않는다. 반대로 창공에서 내려다보면 검은 등은 어두운 바닷속 빛깔에 묻히는 효과가 있다. 이렇게 되면 펭귄 입장에선 포식자로서 물고기나 크릴을 사냥할 때는 자신을 최대한 숨긴 채 접근할 수 있어서 유리하고, 피식자로서 물범이나 고래를 피해 도망 다닐 때에도 눈에 덜 띄니 도움이 된다. 같은 원리로 해양동물들은 펭귄처럼 역그늘색을 띤 종이 많다. '등 푸른 생선'이라 불리는 고등어, 참치, 삼치, 정어리 등도 등면은 짙은 푸른색을, 배면은 밝은색을 띤다. 그런가 하면 범고래 같은 최상위 포식자도 검은 등면과 흰 배면이 대비를 이룬다.•

• 역그늘색 전략은 군사적인 목적으로도 응용된다. 우크라이나 공군기인 수호이 Su-25는 배색이 펭귄의 색과 유사한데, 비행기 위는 육지처럼 얼룩덜룩하고 어둡게, 아래는 하늘색으로 밝게 칠해져 있다. 적군의 눈에 띄지 않기 위해 역그늘색 전략을 이용한 예다.

수면 위로 튀어 오른 범고래. 등은 검은색, 배면은 주로 흰색을 띠는 역그늘색 전략은 바닷속에서 사냥을 하는 데 유리하다.

한참을 거슬러 올라가 전기 백악기에 살았던 소형 공룡인 프시타코사우루스*Psittacosaurus* 역시 등이 어두운색이었다는 연구가 있다. 영국 브리스톨대학의 야콥 빈터는 공룡의 깃털 색을 재구성해 과거에 어떤 색을 띠었는지 알아내는 연구를 진행했다. 수천만 년이 지나는 동안 공룡 깃털은 지상에서 거의 흔적도 없이 사라졌기 때문에, 공룡이 다양한 색의 깃털로 덮여 있었다는 사실은 비교적 최근에야 밝혀졌다. 빈터가 화석에 남겨진 구조색*의 흔적을 분석한 결과, 등은 어둡고 배는 상대적으로 밝은색을 띠었던 것으로 나타났다. 프시타코사우루스 화석은 나무를 포함한 식물 화석과 함께 발견되곤 했는데, 이를 통해 숲에 숨어 살면서 역그늘색을 이용해 포식자의 눈을 피해 다니며 살았을 것이라고 추정할 수 있다.[1]

눈에 띄더라도 다른 물체로 오인하게 만들어 적을 속이는 전략도 있는데, 이를 가리켜 '가장masquerade'이라 부른다. 물참나무저녁나방*Acronicta alni*의 애벌레는 색과 모양이 새의 분변과 비슷하다. 만약 근처를 날아서 지나던 새가 있다면 애벌레를 보더라도 '새똥이 나뭇잎에 떨어져 있구나' 하고 그냥 지나칠 것이다. 대벌레*Ramulus irregulariterdentatus* 역시 가장 전략을 적극적으로 사용하는 곤충으로, 이들은 가지 마디 부분에서 몸을 세우고 나뭇가지와

- 색조로 인한 것이 아니라 미세구조가 빛의 반사와 굴절에 반응해 나타나는 색으로, 보는 각도에 따라 색이 달라진다. 장수풍뎅이의 등껍질, 모르포나비의 날개, 수컷 공작의 꽁지깃 등에서 볼 수 있다.

가랑잎나비 *Kallima inachus*는 몸통과 날개 무늬를 낙엽과 비슷하게 위장해 포식자의 눈을 속인다.

비슷한 자세를 취한다. 몸 크기나 색도 나뭇가지와 유사하지만, 몸이 구부러진 방향이나 형태도 나뭇가지에서 흔하게 볼 수 있는 모양이라 포식자는 쉽게 속아넘어간다. 이렇게 동물들은 상대의 눈에 띌 수밖에 없다면 차라리 정교한 눈속임으로 정체를 감춤으로써 포식을 하기도 한다.

    반면, 일부러 눈에 띄어서 상대에게 경고를 하는 동물도 있다. 열대우림에 서식하는 많은 곤충이나 애벌레는 선명하고 강렬한 색을 띤다. 찰스 다윈은 그 이유를 궁금해했지만 쉽게 답을 구하지 못했다. 처음엔 성선택 때문에 수컷이 화려한 날개나 몸 빛깔로 암컷에게 구애를 한다고 생각했지만, 찾아볼수록 애벌레 단계에서도 눈에 잘 띄는 강한 신호를 가진 종이 많았고, 이는 성선택으론 설명이 불가능했다. 다윈은 이러한 고민을 당대 학자들과 공유했다. 비글호 항해로 이미 유럽 학계에선 유명 인사였던 다윈과 달리, 동남아시아와 남아메리카 대륙에서 오랜 기간 현장 조사를 하던 학자들도 있었다. 앨프리드 월리스, 헨리 월터 베이츠, 프리츠 밀러는 유럽을 떠나 주로 밀림에서 다양한 곤충을 채집하며 표본을 만들고 외형을 관찰한 학자들이었다. 세 사람은 후에 다윈의 진화론이 공격받을 때 실증적 근거를 제공하며 든든한 학문적 지원군이 되어주기도 했다. 다윈은 이들과 매일 수십 통의 편지를 주고받으며 학문적 질문을 키워나갔다. 동료이자 자연선택 이론을 함께 발표하기도 한 월리스에게 다윈이 보낸 1867년 2월 23일 자 편지를 보면 이러한 고민의 흔적이 고스란히 담겨 있다.

찾아뵙지 못한 것을 진심으로 유감스럽게 생각합니다. 월요일 이후로는 집을 나설 수조차 없었습니다. 월요일 저녁에 베이츠를 찾아가 그에게 난제를 제기했으나, 그는 대답하지 못했습니다. 지난번에도 비슷한 상황에서 그랬듯, 베이츠가 처음으로 권한 건 "월리스에게 물어보는 게 좋겠네"였습니다. 제 질문은, 애벌레들 중에 왜 그처럼 아름답고 예술적인 색을 띠는 종이 있는가였습니다. 많은 애벌레가 위험을 피하기 위해 특정 색을 띠는 것을 보면, 밝은색을 띤 다른 애벌레들의 사례도 단지 물리적 조건만 가지곤 설명이 어렵습니다. 베이츠는 아마존에서 본 가장 화려한 애벌레(박각시 *Sphingidae*의 애벌레)가 커다란 초록 잎을 먹고 있을 때, 검은색과 붉은색 때문에 몇 미터나 떨어진 거리에서도 눈에 띄었다고 하더군요. 누군가 수컷 나비들이 성선택에 의해 아름다워졌다는 설명에 이의를 제기하며 그렇다면 왜 애벌레들도 아름답게 만들어지지 않았느냐고 묻는다면, 뭐라고 대답하시겠습니까? 저는 답을 내놓지 못하더라도 제 입장을 견지해야겠습니다. 한번 생각해보시고, 편지로든 우리가 만났을 때든 의견을 말씀해주시겠습니까?[2]

다윈을 고민에 빠트렸던 화려한 색을 훗날 연구자들은 '경고색'으로 기능했을 것이라 설명했다. 제왕나비*Danaus plexippus*는 오렌지 빛깔의 날개와 흰점을 조합해 화려한 색을 만든다. 만약 포식자가 이것이 경고색임을 모르고 공격하면 어떻게 될까? 실험실에서 키운 푸른어치*Cyanocitta cristata*를 제왕나비와 함께 두면, 어치는 종종 색을 인지하지 못하고 나비를 삼켰다가 이내 구토를 한다. 제왕나비는 쓰고 독한 맛을 내는 화학 성분을 몸에 지니고 있기 때문에 지독한 쓴맛을 보고는 토해버리는 것이다. 이렇게 한번 경험을 하고 나면 포식자들은 이 나비를 기억해두었다가 다음부턴 공격하지 않는다. 이에 나비는 포식자가 좀더 쉽고 간단하게 자기들을 식별해 피할 수 있도록 강렬한 색으로 신호를 보낸다. 포식자들이 한두 번의 경험만으로도 자기를 쉽게 기억하고 다음부턴 같은 실수를 반복하지 않게끔 학습시켜야 하기 때문이다. 그래서 제왕나비는 푸른어치가 잘 기억해 실수하지 않도록 선명한 날개 색깔과 화려한 무늬를 통해 알려주는 것이다. 실제로 흔하게 볼 수 없는 강렬한 색일수록 포식자들이 더 쉽고 간단하게 학습한다고 알려져 있으며[3], 포식자가 실수할 확률도 줄어든다.[4] 중남미 밀림에 사는 과립독개구리 *Oophaga granulifera*는 몸 전체를 짙은 붉은색으로 장식한 채 포식자들에게 이런 메시지를 보낸다. '난 이렇게 선명하고 화려한 개구리야. 그런데 독이 있어서 아주 위험하니까 조심하라고. 날 공격하지 마!' 인간도 숲에서 독개구리나 독버섯을 보면 본능적으로 피한다. 어쩌다 접촉을 하더라도 경험을 통해 위험하다는 걸 학습해서 다음엔 더욱 조심하게 된다.

  그런데 여기서 한 가지 의문이 든다. 단 한 번 공격을 받았는데 죽어버리면, 포식자의 학습이 무슨 소용이 있을까? 독개구리가 뱀의 공격을 받는 장면을 상상해보자. 경험이 없는 뱀이 모르고 개구리를 삼켰고, 그런 다음에야 독한 맛 때문에 뱉어냈다. 뱀은 다음부터 절대 독개구리를 공격하지 않을 것이다. 하지만 이미 공격당한 독개구리는 죽고 말았다. 이렇게 죽어버리면 개체 입장

제왕나비(위)와 과립독개구리. 제왕나비와 과립독개구리는 '맛이 없고 독하다'는 공통점이 있다. 쓴맛을 내는 독성으로 인해 포식자는 한번 이들을 맛본 뒤론 실수를 되풀이하지 않도록 학습한다.

에선 포식자에게 경고한 효과와 이득을 누릴 수 없게 된다. 그래서 생물학자들은 경고색이 어떻게 진화될 수 있었는지를 매우 궁금해했다.

영국의 진화생물학자 폴 하비는 이를 설명하기 위해 한 가지 가설을 내놓는다. '화려한 색을 가진 맛 없는 동물들은 가족 단위로 군집을 이룰 것이다.'5 하비는 경고색의 진화가 이타성에 기반했을 것이라고 생각했다. 즉 자기는 죽더라도 자기와 유전적으로 가까운 친족을 더 많이 살릴 수 있다면 경고색으로 인한 이득이 친족에게 전달됨으로써 유전적인 이득이 있을 수 있기 때문이다.● 훗날 영국 나비 연구자들이 이를 뒷받침하는 근거를 내놓았는데, 화려한 애벌레일수록 은폐색을 가진 종에 비해 가족 단위로 모여 사는 경향이 더 강하다는 사실을 밝혀낸 것이다. 이를 통해 하비의 가설처럼 유전적인 관점에서 포괄적인 이득을 얻을 수 있기 때문에 경고색이 진화될 수 있었다는 추측이 가능하다.7

19세기 야외생물학자들이 포식자와 피식자의 관계를 연구하던 중 흥미로운 관찰을 했다. 같은 지역에 사는 종끼리 서로 생김새가 비슷했던 것이다. 심지어 계통분류학적으로 멀리 떨어진 종들도 겉으로 비슷한 외형을 갖는 동물이 많았다. 주로 나비, 벌, 파리, 딱정벌레와 같은 곤충들에서 이러한 사례가 다수 관찰되었

● 포식자의 공격으로 피식자가 죽지 않으면 위의 가설은 적용되지 않는다. 실제로 색이 화려한 곤충들은 억센 외피가 있어 쉽게 죽지 않는 종이 많다. 따라서 포식자를 다시 만날 수 있고 이때 자기를 더 잘 보호할 수 있기 때문에 학습 효과에 따른 이득을 누릴 수 있다.6

고, 이들의 공통점은 조류, 양서류, 파충류 등 포식자의 먹이가 되는 피식곤충이라는 점이었다. 하지만 이러한 현상에 대해 명쾌한 설명을 내놓는 사람이 없었다. 앨프리드 월리스가 1860년 12월 다윈에게 보냈을 것으로 추정되는 편지를 보면 이에 대한 고뇌가 엿보인다.

추신. '자연선택'은 자연계의 거의 모든 현상을 설명해주지만, 한 가지 이에 포함시킬 수 없는 유의 현상이 있습니다. 그것은 서로 다른 동물 군집에서 [같은] 형태와 색깔이 반복되는 현상인데, 이러한 두 군집은 항상 같은 지역, 대개는 정확히 같은 장소에서 발견되었습니다. 이런 현상은 곤충에게서 가장 두드러지게 나타나는데, 저는 끊임없이 새로운 사례를 접하고 있습니다. 나방은 같은 지역의 나비를 닮아서, 파필리오*Papilio*는 동양에서는 에우플로이*Euplœ*를, 아메리카에서는 헬리코니아*Heliconia*를 닮았습니다. 암보이나에서는 같은 나무에서 같은 시간에 서로 다른 속에 속한 두 긴뿔딱정벌레를 잡았는데, 색과 무늬가 너무 비슷해서 며칠이 지난 뒤에야 구분할 수 있었습니다. 이곳은 물론 마카사르에서도 금속성 푸른빛과 부드러운 주황색을 띠고 줄무늬까지 비슷한 말라코데름*Malacoderm*과 엘라테르*Elater*가 함께 발견되었는데, 둘 사이에는 어떤 친연성도 없습니다. 며칠 전에는 새롭고 신기한 작은 키킨델라*Cicindela* 한 마리를 잡았는데, 함께 나타난 테라테스*Therates*와 너무 흡사해서 그물에서 꺼내기 전엔 분간이 안 될 정도였습니다. 그러나 이 속들을 구분하는 구조적 특성에는 변화의 징후가 전혀 없습

니다. 이는 색, 무늬, 표면 질감 등이 엄격히 지역적 조건에 따라 좌우된다는 것을 보여주는 듯합니다.8

1848년 월리스와 함께 아마존 탐험을 떠났던 영국의 박물학자 헨리 월터 베이츠는 11년간 아마존에 머물며 1만4712종의 곤충을 채집해 영국으로 돌아왔다(월리스는 4년 만에 탐험에서 돌아왔지만, 배가 불에 타면서 안타깝게도 채집한 곤충을 모두 잃어버렸다9). 그는 그 많은 곤충을 관찰한 결과, 흥미롭게도 독성이 없는 곤충이 독이 있는 곤충종과 비슷한 외형을 한 사례가 많다는 걸 알게 됐다. 꽃등에는 벌과 외형이 매우 비슷하다. 사람들도 꽃등에가 나타나면 꿀벌로 오인하고 소스라치게 놀라며 피하곤 한다. 하지만 꽃등에는 파리목에 속하는 곤충으로 독침이 없다. 그래도 벌과 비슷한 생김새 덕분에 벌의 침을 기억하는 동물들이 무서워 피하는 효과를 누릴 수 있다. 그저 독 성분을 가진 벌을 흉내 냄으로써 벌침의 효과를 고스란히 누리는 것이다. 꽃등에의 이런 전략은 매우 효율적이라고 할 수 있다. 스스로 독침을 만들지 않아도 되면, 독성을 합성하고 몸에 품는 비용을 아낄 수 있기 때문이다. 이렇게 다른 동물을 흉내 내서 닮아가는 것을 우리말로 의태, 영어론 mimicry라고 한다. 이와 같은 의태행동은 처음 발견한 베이츠의 이름을 따서 '베이츠식 의태Batesian mimicry'라고 부른다.10 베이츠의 이론은 자연선택을 설명해주는 대표적인 예시가 되었고, 훗날 다윈의 저서 『종의 기원』 제4판에도 실리게 된다.

비슷한 시기에 독일 출신의 동물학자 프리츠 뮐러는 브라질

꿀벌과 물결넓적꽃등에 *Metasyrphus frequens*.
꽃등에는 꿀벌의 생김새를 흉내 내 독침 없이도 독침을 지닌 효과를 누린다.

남부에서 나비를 연구하고 있었다. 1852년 브라질로 이민한 후 여생을 브라질 나비 연구에 매진하던 뮐러는 포식자들이 싫어하는 쓴맛 나는 나비종들이 서로 매우 닮은 외형을 하고 있다는 것을 알아차린다. 이는 베이츠식 의태와는 다른 방식의 의태였다. 그 이유를 두고 고민하던 뮐러는 처음에 찰스 다윈의 성선택 이론을 떠올렸다. 만약 짝의 선택을 잘 받는 색깔이나 날개 패턴이 있다면, 여러 종에서 비슷한 경향이 나타날 수도 있지 않을까? 성선택 이론으로 설명할 수 있는 현상이라면 암컷보단 수컷들 사이에서 닮은 꼴이 더 강하게 나타나야 했다. 이에 그는 서로 다른 나비 종 개체들이 외형적으로 닮은 정도를 비교해봤지만, 성별에 따른 차이는 보이지 않았다. 뮐러가 고민 끝에 내린 결론은 '포식에 의한 자연선택의 결과'라는 가설이었다.[11] 포식자로 하여금 '앗, 저렇게 생긴 나비들은 쓰고 맛이 없었어. 저 나비는 먹으면 안 되겠군'이라 생각하고 기피하도록 만드는 것이다. 뮐러는 여러 종이 서로 비슷한 외형을 한다면 쓴맛을 경험해보지 못한 어리숙한 포식자들은 맛없는 나비를 피하는 법을 더 빨리 터득할 것이므로, 피식자의 외형이 비슷한 형태로 진화했을 것이라 생각했다. 서로 닮은 피식종이 많을수록 학습 효과도 증대될 수 있기 때문이다. 이렇게 스스로 경고색과 독성으로 방어를 하는 종들이 서로의 모습을 닮아가는 것을 가리켜 (처음 가설을 제시한 뮐러의 이름을 따서) '뮐러식 의태Mullerian mimicry'라고 부른다.[12]

포식자와 피식자 모두 뮐러식 의태로 이득을 볼 수 있다. 피식자는 포식자의 학습 효과를 증대시켜 잡아먹힐 위험을 낮출 수 있고, 포식자 역시 빠른 학습을 통해 맛이 없고 독성이 있는 위험한 먹잇감을 피할 수 있기 때문이다. 조류와 파충류 같은 상위 포식자들은 먹잇감을 고를 때 비슷하게 생긴 독성 나비나 애벌레를 거른다. 뮐러식 의태도 발표 당시 다윈이 제시한 자연선택 이론을 뒷받침해줄 강력한 증거가 되었다.* 계통적으로 멀리 떨어진 종끼리 비슷한 외형을 보인다는 사실은 수렴진화convergent evolution**의 좋은 예시가 되기 때문이다.

꽃매미와 무당개구리의 위장색과 경고색

나와 창구는 같은 대학원 연구실에서 학위 과정을 함께한 동기이자 친구다. 2007년 연구실 인턴 때부터 얼굴을 익혔고, 2008년 함께 대학원에 입학해 2014년 졸업할 때까지 7년에 가까운 시간을 아침저녁으로 붙어 있었다. 대학원생은 입학과 동시에 학위 주제를 고민한다. 어떤 질문을 던지느냐가 중요한데, 당시 내가 속한 연구실은 교수가 학생들에게 하고 싶은 일을 할 수 있게 해주었기 때문에 주제 선정이 꽤 자유로운 편이었다.

그 무렵에는 꽃매미 *Lycorma delicatula*라 불리는 노린재목 곤충

- 뮐러는 다윈의 든든한 학문적 지원자이기도 했다. 다윈의 자연선택 이론이 많은 대중으로부터 공격을 받을 때 그는 『다윈을 위하여 *For Darwin*』라는 책을 써서 다윈을 변호했고, 두 사람은 서로 응원의 편지를 주고 받기도 했다.
- 계통적으로 관련이 없는 둘 이상의 생물이 환경에 적응한 결과 형태상 유사성을 보이는 현상.

꽃매미. 회색 혹은 밝은 갈색에 가까운 어두운 겉날개에 검은색 반점이 있고, 안날개엔 붉은 무늬가 있는 게 특징이다.

이 서울을 비롯해 전국적으로 퍼지고 있었다.* 꽃매미라는 이름은 아마도 검은 반점이 있는 겉날개를 펼쳤을 때 드러나는 선명한 안 날개 때문에 붙었을 것이다. 창구의 관심은 꽃매미가 나무에 어떤 피해를 입혀 생태계를 교란하느냐가 아니었다. 창구는 꽃매미의 생김새에 의문을 품었다. 왜 겉날개는 우중충한 회색 혹은 갈색에 가까운 위장색인데, 안쪽 날개는 붉은색 흰색 검은색 등이 어우러진 눈에 띄는 색과 무늬를 보이는 걸까?

관악산엔 꽃매미가 정말 많았다. 대부분 가죽나무 *Ailanthus altissima* 줄기에 달라붙어 있었는데, 여름부터 가을까지 산책로를 따라 걷다가 가죽나무를 살피면 어김없이 꽃매미가 보였다. 꽃매미는 몸 크기가 2센티미터 정도밖에 안 되는 작은 곤충인 데다 검은 반점이 있는 몸의 겉부분은 회색과 연한 갈색이 섞여 있어서 눈에 잘 띄지 않는다. 하지만 가까이 가서 눈을 크게 뜨고 살펴보면 찾을 수 있다. 손을 뻗어 몸통을 잡으면 뛰어올라 도망가려고 하는데 이때 몸을 꽉 잡고 놓아주지 않으면, 꽃매미는 겉날개를 펼치고 안쪽 날개의 붉은색을 노출시켜 겁을 주는 듯한 행동을 한다.

이 정도 관찰을 하고 나면 꽃매미의 날개 색깔이 왜 이중으로 되어 있는지 짐작할 수 있다. 겉날개는 위장 효과를 위한 것인 반면, 안날개는 경고색으로 기능하는 것이다. 자연에서 꽃매미의 주된 포식자는 새들인데, 새가 부리로 쪼는 걸 흉내 내서 핀셋으로 찌

---

* 꽃매미는 2012년 곤충 가운데선 처음으로 환경부 지정 생태계 교란종으로 꼽히기도 했는데, 나무줄기와 잎에 여러 질병을 일으킨다고 알려져 있다.

르자 꽃매미는 인간의 손가락에 반응했던 것과 같이 처음엔 순간적으로 다리를 튕겨 달아나려 했고, 움직이지 못하게 고정시킨 다음 자극을 계속 가했을 땐 날개를 펴고 선명한 색을 드러내며 위협적인 행동을 했다. 예상대로 꽃매미의 방어 전략 중 첫 번째는 위장이었고, 공격이 있을 시엔 도망을 시도했다. 그래도 도망칠 수 없고 공격이 계속되면 경고를 함으로써 포식자를 쫓아내려 했다.13

이후 대학원을 졸업한 창구는 곤충 외에 이런저런 분류군을 다양하게 섭렵하다가 무당개구리 Bombina orientalis를 따라다니기 시작했다. 전국의 계곡을 누비며 개구리를 잡으러 다닌다는 얘길 전해 들었는데, 오랜만에 만난 창구는 꽤 들떠 있었다. "무당개구리가 참 재밌더라고. 꽃매미랑 비슷한 점이 많아. 등은 초록색이랑 검은 무늬가 섞여 있어서 잘 안 보이는데, 공격당하거나 위험한 상황이 생기면 배를 뒤집어. 무당개구리 배는 붉은색과 검은색이 뒤섞인 무늬가 선명하거든. 그래서 이름도 무당개구리겠지? 보통 땐 위장하고 있다가 위험할 때만 선명한 무늬를 보여주면서 독이 있다는 걸 경고하는 방어 전략도 꽃매미랑 닮은 것 같아."

위장과 경고는 전략이 뚜렷하다. 보이지 않도록 숨기와 잘 보이도록 스스로를 드러내기. 상반된 형태이지만, 두 행동은 포식자를 피해 생존율을 높이려는 공통된 목표를 추구한다. 두 전략 가운데 위장은 비교적 쉽게 이해가 된다. 눈에 잘 띄지 않으면 당연히 더 잘 살아남아 자손을 많이 남길 것이다. 우리가 흔히 알고 있는 청개구리 Hyla japonica가 그 대표적인 예다. 한여름이 되면 사방에서 청개구리 소리가 들린다. 하지만 막상 저수지나 못에 들어가서 청개구리를 찾아보려 하면 잘 보이지 않는다. 풀과 비슷한 색이라서 눈에 잘 띄지 않기 때문이다.

반면 경고 전략은 초기 진화를 설명하기가 어렵다. 주변에 있는 이웃들은 경고색이 없는 상태에서 경고색을 띤 개체들이 출현했다고 가정해보자. 이때 포식자는 학습이 부족해 '이런 화려한 색을 가진 녀석은 맛이 없다'라는 경고의 메시지를 잘 읽어내지 못할 것이다. 따라서 경고 전략은 생존율을 높일 만큼 충분히 효율적으로 작용하기 어려울 거라 예상할 수 있다. 이처럼 경고 전략은 포식자를 학습시키는 과정을 가정하기 때문에, 초기에 어떻게 진화가 이루어졌는지를 설명하는 데 어려움이 있다.

창구는 무당개구리나 꽃매미와 같이 위장색과 경고색을 동시에 갖고 있는 종들이 위장 전략에서 경고 전략으로 진화하는 중간 형태일 수 있다고 생각했다. 만약 경고색이 갑자기 나타난 게 아니라 위장색을 갖고 있는 종에서 시작되어, 위장과 경고 전략이 혼용되다가 그중 더 효율적인 경고 전략만을 취하는 종들이 나타났다면, 경고색의 초기 진화를 설명할 수 있다. 필요할 때만 선택적으로 경고색을 드러내다가 경고색이 충분히 학습된 후엔 경고 전략만 가진 종들이 선택적으로 진화했을 가능성이 있는 것이다.

창구는 이러한 가설을 검증하기 위해 양서류의 계통진화를 통째로 분석하기로 했다. 전 세계적으로 약 8000종이 넘는 양서류가 있는데 이 가운데 색이 잘 알려진 1400종을 대상으로 계통 분석을 시도한 것이다. 그렇게 종별로 전략을 나누어 이를 기록한 뒤 비교 분석한 결과, 처음 예상했던 것과 마찬가지로 보호색이 먼저

위부터 청개구리, 무당개구리와 독화살개구리 두 종. 청개구리는 나뭇잎이나 풀잎과 비슷한 초록색으로 몸을 감추는 위장을 하는 반면, 독화살개구리는 오히려 포식자의 눈에 잘 보이는 강렬한 경고색을 띤다. 무당개구리는 위장과 경고를 동시에 사용하는데, 평소에는 초록색에 검은 반점이 있는 등면으로 위장을 하다가 위험에 처하면 배면의 새빨간 붉은색을 보여주어 적에게 경고신호를 보낸다.

나타났고 이후에 경고색이 진화한 가운데, 보호색과 경고색을 동시에 가진 종들이 계통학적으로 중간 단계에 나타났다.

진화사에서 포식의 위험을 줄이기 위해 피식자들은 다양한 전략을 만들어왔다. 그 가운데 청개구리와 같이 배경에 묻혀 자기를 감추는 위장색이 맨 처음의 전략이었고, 이후에 무당개구리처럼 위장색과 경고색을 동시에 나타내는 종들이 출현했다. 그리고 가장 마지막 단계에 와서야 비로소 독화살개구리처럼 화려하고 뚜렷한 경고색을 띠는 종이 나타났을 것이다.14

생태계에서 포식과 피식은 동식물이 가장 오랫동안 맺어온 관계이자, 본질적인 진화의 과정이다. 생물들은 생존을 위해 위장색과 경고색이라는 상반된 전략을 진화시켰고, 포식자와 피식자 사이의 끊임없는 무기 경쟁은 생물다양성의 중요한 원동력이 되었다. 힘껏 달리지 않으면 뒤처지고 마는 거울 나라의 규칙처럼, 모든 종은 사라지지 않으려 러닝머신 위를 달리듯 생존을 위한 경쟁을 지속해왔다. 다시 말하지만, 오늘날 우리 주변에 남아 있는 생물들은 이 치열한 승부에서 이긴 승자들이다. 이들은 자연계에서 보호색이든 경고색이든 저마다 선택한 무기를 가지고 지금도 열띤 싸움을 벌이고 있다. 이 게임에서 살아남는 종은 계속 진화를 이어갈 수 있고, 그러지 못하는 종은 멸종하고 말 것이다. 여기선 인간도 예외가 아니다.

모여 사는
동물들

5장

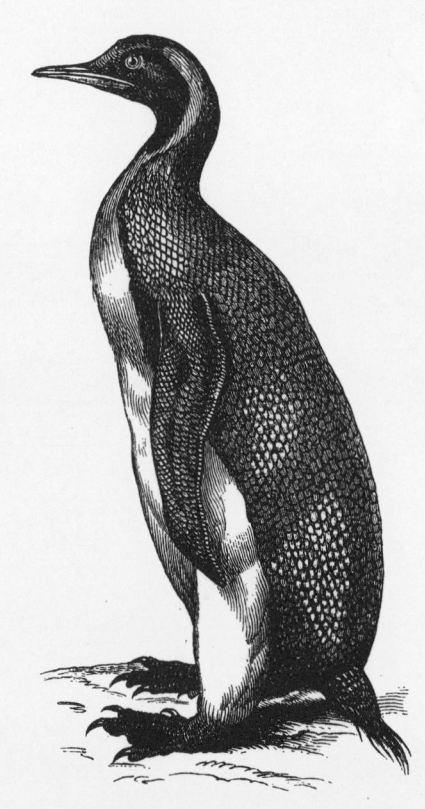

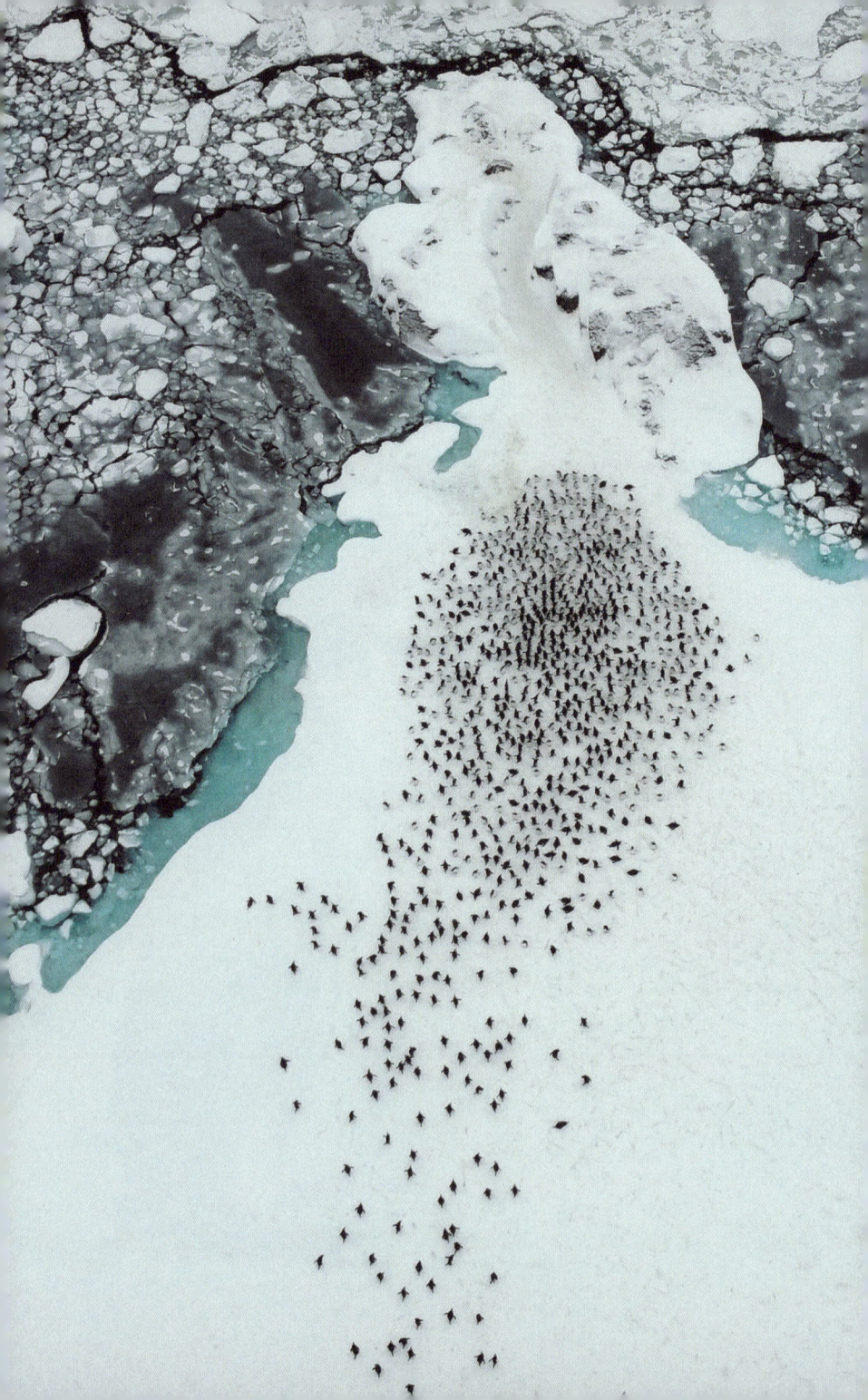

남반구에 서식하는 펭귄 18종은 모두 떼를 지어 생활한다. 남극에선 대략 2000만 쌍의 펭귄이 번식한다고 알려져 있는데[1], 남극 데인저섬 한 지역만 보더라도 아델리펭귄 약 150만 마리가 모여 산다.[2] 하늘 위에서 헬리콥터를 타고 펭귄 번식지를 바라보면 끝없이 펼쳐진 새하얀 얼음과 눈의 평원 위에 펭귄들이 검은 점이 찍힌 듯 오밀조밀 모여 거대한 군락을 이루고 있는 광경을 볼 수 있다. 적게는 수백에서 많게는 수백만 쌍이 모여 있기 때문에, 부부가 짝을 부르거나 부모와 새끼가 서로를 찾는 소리로 번식지는 귀가 떨어질 듯 시끌벅적하다. 게다가 수많은 개체가 둥지 근처에서 주기적으로 배설물을 배출하기 때문에, 번식지와 멀리 떨어진 곳에서도 분변 냄새를 맡을 수 있다. 번식지 주변의 눈이나 바위는 배설물로 뒤덮여 얼룩져 있다.

외따로 떨어져 둥지를 짓거나 혼자 돌아다니는 개체들도 관찰되지 않는 것은 아니지만, 펭귄과 같은 바닷새들은 대체로 이렇게 집단으로 생활하는 경우가 많다. 그렇다면 왜 어떤 동물은 집단

젠투펭귄이 눈 위에 모여 있는 풍경. 남극 펭귄은 보통 집단을 이루어 생활한다.

을 이루고 어떤 동물은 혼자 다닐까? 개체 입장에서 혼자 살지 아니면 같이 살지를 가르는 기준은 집단을 이뤘을 때의 득과 실을 모두 따져봤을 때 어느 쪽이 더 큰가에 따라 결정된다.

집단생활을 해서 득이 될 건 무엇일까? 작은 곤충이나 어류는 떼를 지어 다니는 모습을 흔히 볼 수 있다. 무리에 섞여 있으면 포식자에게 잡아먹힐 확률이 개체수에 비례해 줄어들기 때문이다. 앞 장에서 설명했듯, 혼자 돌아다니다가 포식자를 만나면 꼼짝없이 잡아먹히겠지만, 집단에 속해 있으면 옆에 있는 친구가 대신 사냥당할 수 있기 때문에 그만큼 내가 죽을 확률이 줄어든다. 무리의 숫자가 N이라고 한다면 무리 속에 있을 때 자기가 죽을 확률은 혼자 있을 때와 비교해 N분의 1로 준다. 이를 가리켜 '희석 효과'라고 한다. 희석 효과는 집단이 클수록 더 커진다.

영국 생물학자 윌리엄 포스터와 존 트리헌은 1980년 갈라파고스제도의 해안가에서 바다소금쟁이 *Halobates matsumurai*를 관찰하면서 희석 효과를 계산해봤다. 소금쟁이는 혼자 있을 때도 있었지만 집단을 이룰 땐 많게는 150마리까지 개체수가 늘어났다. 연구자들은 소금쟁이가 이룬 집단의 크기에 따라 소금쟁이 한 마리가 포식자인 바닷속 정어리로부터 공격받은 횟수를 세어보기로 했다. 집단의 규모에 따라 개체당 공격받은 빈도를 계산한 결과, 예상했던 대로 공격 빈도가 N분의 1로 줄어든다는 것이 확인되었다.3

희석 효과와 더불어, 동시에 모여 있다는 것 자체가 포식자의 사냥을 혼란스럽게 만드는 '혼동 효과'를 줄 수 있다. 한국에선 겨울철 서해안 바닷가에서 해질녘에 가창오리 *Anas formosa*의 거대한 군무를 볼 수 있는데, 한꺼번에 수십만 마리가 동시에 날아오르는 장관이 연출된다.* 이들은 마치 거대한 하나의 생명체처럼 비행한다. 이렇게 모여서 비행을 하면 포식자 입장에선 공격이 쉽지 않다. 사냥에 성공하기 위해선 결국 무리에 속해 있는 한 개체를 표적으로 삼고 그 개체를 낚아채야 하는데, 무리를 이뤄 움직이면 표적으로 정한 개체가 어떤 개체인지 헷갈리게 되기 때문이다. 영국 생물학자 베네딕트 호건은 가상의 3D 시뮬레이션을 이용해 혼동 효과를 입증했다.4 연구진은 프로그래밍으로 찌르레기 비행을

• 전 세계 개체군이 40~60만 마리로 추정되는데 그 가운데 90퍼센트가량이 한국에서 겨울을 보내기 때문에, 가창오리의 대규모 군무는 한국에서만 볼 수 있다.

모방한 점들의 움직임을 만들고 크기와 밀도를 달리해가며 집단 비행을 재현했다. 그리고 25명의 대학생이 화면을 보면서 가상의 사냥을 하는 테스트를 진행했다. 실제 포식자인 조류를 데려다 실험을 하면 더 좋았겠지만 현실적으로 그러긴 어렵기 때문에, 조류처럼 시각 정보를 이용해 사냥을 하는 포유류인 인간을 포식자로 투입한 것이다. 연구진은 학생들이 컴퓨터 화면을 보며 무리 속 목표물을 찾아 마우스로 클릭하는 데 걸리는 시간을 측정했다. 이렇게 인간 포식자가 가상의 찌르레기를 사냥한 결과, 예상대로 집단의 크기와 밀도가 높아질수록 사냥에 실수하는 확률이 증가했다. 화면 속 거대 찌르레기 집단의 움직임을 보면서 학생들은 혼동을 느꼈다. 인간의 눈으로 느낀 혼동이기 때문에 야생에서 포식동물이 느끼는 혼동과는 차이가 있겠지만, 사람도 새를 잡아먹는 주요 포식자 중 한 종이라는 점을 고려했을 때 찌르레기를 노리는 맹금류 포식자가 느끼는 혼란도 이와 크게 다르진 않을 것이다.

집단생활을 함으로써 발생하는 또 다른 이점은 '경계 효과'로도 설명할 수 있다. 무리에 들어가서 위험을 희석하거나 포식자에게 혼동을 줌으로써 공격당할 확률을 낮출 수도 있지만, 애초에 상대가 오는 걸 일찌감치 눈치 채고 재빨리 도망가는 게 가장 나은 방법인지도 모른다. 무리를 이루면 그만큼 눈이 많아지기 때문에 포식자의 접근을 빠르게 알아차릴 수 있다. 따라서 어디서 나타날지 알 수 없는 포식자의 위협을 피할 수 있는 시간적 여유를 벌 수 있다. 예컨대 혼자서 먹는 데 열중하고 있으면 포식자의 출현을 눈치채지 못해 자칫 공격을 당할 수 있지만 여럿이 함께 있으면

창공에서 무리를 지어 비행하는 찌르레기.

먹던 중이라도 친구가 도망가는 기척이 느껴지면 함께 몸을 피할 수 있는 것이다.

　　미어캣 *Suricata suricatta*은 집단 방어책으로서 경계 효과를 가장 잘 이용하는 대표적인 동물이다. 아프리카에 사는 미어캣은 앞발을 들고 서서 하늘을 주시하며 보초를 선다. 언뜻 보면 보초를 서는 녀석 혼자 모든 짐을 짊어진 채 다른 친구들이 먹이 활동에 전념할 수 있도록 경계를 서며 이타적인 행동을 하는 것 같아 보인다. 처음 미어캣을 관찰한 사람들은 이렇게 특정 개체들이 집단을 위해 희생한다고 생각했다. 하지만 연구자들이 오랜 기간 자세히 관찰한 결과 보초행동은 몇몇 개체의 희생에 의해 이뤄지는 게 아니었음이 밝혀졌다. 영국 생물학자 팀 클러튼브록은 아프리카에서 미어캣을 장기간 모니터링했는데, 그 과정에서 보초병을 따로 정해두지 않고 서로 돌아가며 자발적으로 보초에 나서는 행동을 관찰했다.5 실제로 보초는 가장 먼저 적을 발견하기 때문에 죽을 확률도 가장 낮다는 이점이 있다. 하지만 보초를 서는 시간은 개체별로 하루에 두 시간을 넘지 않았다. 먹이를 충분히 섭취한 배부른 녀석들이 스스로 보초를 서기 위해 나오면서 자연스럽게 경계 순번이 돌아갔고, 이렇게 해서 특정 개체의 희생 없이도 집단 경계가 유지되었다. 굳이 집단의 이득을 위한 행동이 아니라도, 개체 단위에서 이득을 누림으로써 이러한 경계 효과가 진화될 수 있었던 이유다.

경계 효과와 더불어 집단이 가져다주는 또 다른 이점은 '단열 효과thermoregulatory effect'다. 한겨울에 날이 추워지면 사람들은 자기도 모르게 움츠리고 몸을 떤다. 이때 옆에 누군가 있으면 그 온기를 얻으려 서로에게 밀착한다. 지구상에서 가장 추운 남극에서 번식하는 황제펭귄은 단열 효과를 효율적으로 이용하는 종이다. 남극 펭귄은 대부분 남극의 여름이 시작되는 11~12월경에 번식을 시작하지만, 황제펭귄은 유일하게 남극의 겨울인 5~6월에 번식을 한다. 그 시기 남극에선 황제펭귄을 제외한 다른 동물을 찾아보기 어렵다. 암컷 황제펭귄은 평균기온이 섭씨 영하 40도 아래로 내려가는 혹한의 환경에서 알을 낳아 수컷에게 맡기고, 이내 먼 바다로 먹이를 찾아 여행을 떠난다. 수컷은 홀로 약 70일간 알을 품는다. 알을 품는 동안엔 아무것도 먹지 않고 버텨야 하기 때문에 수컷은 암컷이 돌아오기까지 약 네 달 동안 굶어야 한다. 행여나 알이 깨어났는데 암컷이 돌아오지 않으면, 식도에서 단백질 덩어리를 분비해서 새끼에게 먹인다. 이 기간 수컷의 몸무게는 절반 가까이 줄어든다. 게다가 남극의 겨울은 기온이 영하 90도까지 떨어졌던 기록이 있을 정도로 추운 데다 극야 기간이라 해도 뜨지 않는다. 이런 극한의 환경에서 수컷 펭귄들은 알을 발등에 올려둔 채 모여들어 서로의 체온을 나눈다. 이렇게 모여서 몸을 맞대는 행동을 허들링huddling이라고 부른다. 허들링을 하는 동안 바깥쪽에 있는 황제펭귄은 추위를 피해 안쪽으로 파고든다. 어떤 사람들은 이렇게 말할지 모른다. "황제펭귄은 정말 착한 동물이야. 몸이 따뜻해지면 다른 친구들이 안쪽으로 들어와서 몸을 데울 수 있게 자리를 양보해주잖아. 서로 체온을 나누기 위해 돕는 모습이 참 아름다워." 하지만 이건 오해에서 비롯된 생각이다. 실제 펭귄들 사이에선 따뜻한 안쪽으로 파고 들어가려는 경쟁이 매우 치열하다. 내부로 파고 들어가려는 개체들과 자리를 지키려는 개체들이 뒤섞이며 허들링 집단은 하나의 생명체처럼 역동적으로 꿈틀거린다. 그 과정에서 안팎의 개체들이 경쟁을 하며 계속해서 자리가 바뀌는데, 이 모습을 사람의 눈으로 언뜻 보면 마치 서로 양보하고 도와주는 것처럼 보일 수 있다.

독자 여러분 안녕하세요. 『와일드: 야외생물학자의 동물 생활 탐구』를 쓴 이원영입니다. 저는 지금 새로운 동물을 만나러 뉴칼레도니아로 향하는 경유지에서 엽서를 쓰고 있어요. 산호섬에 머물면서 곰쥐*Rattus rattus*의 수면행동을 연구할 예정이에요. 이 편지를 쓰며 여러분은 어떤 동물을 좋아하실지, 그들을 만나면 어떻게 바라보실지 상상해봅니다. 동물을 잘 관찰하려면 관심을 담아 자세히 들여다보아야 합니다. 또 오랫동안 끈기를 갖고 지켜보아야 하죠. 동물이 경계를 풀고 물을 마시거나 먹이를 먹으며 자연스레 행동한다면, 비로소 여러분은 관찰자의 눈을 갖게 된 것입니다. 그때부터, 어쩌면 이제껏 세상에 한 번도 밝혀지지 않은 동물의 특별한 행동을 관찰할 수 있을지도 모릅니다. 언젠가 그 현장의 생생한 이야기를 듣게 될 날을, 이곳 야생에서 기다리겠습니다.

2025년 6월 시드니에서
이원영 드림

글항아리

무리를 지어 체온을 나누는 황제펭귄. © Frans Lanting/Corbis

허들링을 해서 얼마나 따뜻해질 수 있을까? 프랑스 연구진이 황제펭귄 허들링의 단열 효과를 계산한 연구가 있다. 이를 통해 다섯 마리에서 열 마리 정도만 느슨하게 모여 있어도 혼자 있을 때보다 대사율을 39퍼센트가량 절감할 수 있음이 확인되었다. 열 마리 이상 상당수의 개체가 모여 다닥다닥 붙어 있으면 열 마리 미만일 때보다 대사율이 추가로 21퍼센트가량 절감됐다.6 여럿이 모여 있으면 바깥쪽 개체들이 바람을 막아주기 때문에 체감온도를 낮출 수 있다. 그리고 펭귄들 사이에 따뜻한 미기후microclimate가 발생하는 효과가 생기며, 몸이 서로 밀착되어 있으면 열이 빠져

나가는 표면적이 줄어들기 때문에 체온을 유지하는 데 들어가는 에너지 소모를 줄이고 단열 효과를 극대화할 수 있다.

추운 남극에 사는 동물만 단열 효과를 얻는 건 아니다. 중위도 지역에 사는 동물들도 집단을 이뤄 열 손실을 줄이기 위해 노력한다. 영국 생물학자 앤드루 맥가윈의 관찰에 따르면 오목눈이 Aegithalos caudatus들은 밤이면 나뭇가지에 나란히 앉아 몸을 밀착시킨 채 잠을 잔다. 연구팀은 처음 잠자리가 정해지는 과정에서 오목눈이가 안쪽 자리를 차지하려 경쟁하는 것을 관찰했다. 그 결과 맨 바깥쪽에 앉은 개체는 주로 집단 내 사회적 지위가 낮은 어린 개체들이었으며, 지위가 높은 개체들은 가장 안쪽에서 따뜻한 자리를 차지했다.[7]

한국의 텃새인 까치도 겨울철이 되면 잠무리를 형성한다. 나는 한 나무에 최대 200마리까지 모여서 자는 것을 확인한 적이 있다. 서울 대학로 마로니에 공원과 선릉역에 있는 플라타너스 가로수에서 겨울철 잠무리를 조사한 적이 있는데, 까치는 오목눈이처럼 붙어서 잠을 자거나 안쪽 자리를 차지하려 싸우진 않았다. 서로 떨어져 앉아 있는 것으로 보아 단열 효과를 위해 모인 것 같진 않았다. 나무에 모여 앉은 까치들은 한 마리가 약 한 시간에 한 번씩 분변을 배출했는데, 이로 인해 아침이면 가로수 아래 길바닥은 까치 분변으로 얼룩덜룩했다. 단열 때문이 아니라면 까치들은 왜 모여 있는 걸까?

겨울철 집단 잠무리 형성에 대한 유력한 가설 중 하나는 '먹이 정보 공유 가설 information center hypothesis'이다. 겨울철은 먹이를 찾기 어려운 계절이기 때문에, 먹이 위치 정보를 공유하기 위해 집단을 형성한다는 예측이다. 주로 까마귀, 독수리, 올빼미 등의 조류에서 이러한 행동이 보고되었는데, 이는 이타적 협동을 기반으로 하기 때문에 만약 집단이 친족을 중심으로 형성되었다면 먹이 정보를 공유하는 이타적 행동이 나타날 가능성도 더 높았다.

비록 까치가 실제로 먹이 정보를 공유하는지 확인할 길은 없었지만, 다른 종에서 보고된 것과 같은 맥락에서 이타적 행동의 기반이 되는 유전적 배경 연구는 가능할 거란 생각이 들었다. 유전 정보를 얻기 위해 잠자는 까치를 포획하긴 어려우니, 나는 그 대신 나무 밑에 쿠킹 포일을 깔아놓고 분변이 떨어지는 걸 수집했다. 그리고 분변에서 까치의 DNA를 추출한 뒤 유전자 검사를 통해 집단 내 개체 간의 유전적 거리를 측정했다. 처음 예상했던 것만큼 유전적 거리가 가깝진 않았지만, 까치들 사이에선 부모-자식, 형제-자매 관계가 확인되었다. 이를 통해 까치는 가까운 가족끼리 먹이 정보를 공유하기 위해 겨울철 한 장소에 모여 집단을 형성한다고 분석할 수 있었다.

여럿이 함께 있으면 사냥 효율도 증대될 수 있다. 먹이 정보를 공유할 수도 있지만, 전략적으로 협동해 사냥을 한다면 더 많은 먹이를 손쉽게 잡을 수 있기 때문이다. 남아프리카공화국의 생물학자 앨리스터 매키니스는 케이프타운에 번식하는 아프리카펭귄 *Spheniscus demersus*의 취식행동을 관찰하기 위해 펭귄의 등 깃털에 비디오카메라를 부착했다.[8] 영상을 분석한 결과, 펭귄은 혼자 사냥할 때보다 집단으로 사냥할 때 취식 효율이 더 높았다. 아프리카

펭귄은 동시에 두 개체 이상이 물고기 떼에 접근해서 물고기들을 수면 가까이로 몰아 작고 밀집된 공 모양을 만들어서(베이트볼Bait-ball이라고 한다) 사냥하는 전략을 취했다. 이렇게 집단으로 사냥을 하면 먹이를 나누어야 하기 때문에 불리한 점도 있다. 하지만 펭귄의 주요 먹이원인 어류는 주로 떼를 지어 다니기 때문에 먹이원을 찾아서 잘 섭취할 수만 있다면 집단 사냥을 해도 한 마리당 먹을 수 있는 양이 충분하다. 따라서 사냥감을 나누는 건 크게 문제가 되는 것 같지 않았다. 개체 입장에선 자기한테 떨어지는 몫이 크기 때문에 분배를 해야 한다는 단점이 상쇄되었다고 볼 수 있다. 이에 반해 사냥은 혼자 할 때보다 더 수월하고 효율적이니 협력을 하지 않을 이유가 없다.

    사자 역시 주로 집단을 이뤄 사냥하는 것으로 알려져 있다. 하지만 앞서 소개한 펭귄과는 달리 먹이원을 한꺼번에 많이 잡을 순 없기 때문에 분배를 하다 보면 개체당 떨어지는 몫이 충분하지 않을 수 있다. 집단이 너무 크면 개체당 먹을 수 있는 양이 적다. 반면에 집단이 작으면 사냥 성공률도 떨어지고 사냥 후에 먹이를 하이에나 같은 다른 동물에게 빼앗길 수도 있다. 미국 생물학자 토머스 카라코와 래리 울프의 조사에 따르면 한 마리에게 돌아오는 먹이의 양은 집단의 크기가 작을수록 많았다. 하지만 집단이 작을 땐 커다란 먹잇감을 사냥하기 어려웠다. 따라서 사자들은 먹잇감에 따라 집단 크기를 조절했다. 톰슨가젤*Eudorcas thomsonii*과 같이 작은 먹이를 사냥할 땐 주로 두 마리가 짝을 지어 소수 정예로 사냥에 나섰고, 얼룩말이나 누처럼 큰 먹잇감을 사냥할 땐 평균 네

마리가 모였다. 이를 통해 사자는 사냥 목표에 따라 집단 크기를 최적화해 조절한다는 사실을 알 수 있다.9

이렇게 집단을 이루면 누릴 수 있는 장점도 많지만, 단점도 분명 존재한다. 가장 큰 문제는 질병이나 기생충에 대한 감염 위험이 높아진다는 점이다. 주로 절벽에 모여서 번식하는 삼색제비 *Petrochelidon pyrrhonota*는 스왈로버그*Oeciacus vicarius*라는 진드기 기생충에 시달린다. 한곳에 모여 살면 기생충이 주변 개체들에게 쉽게 옮겨갈 수 있다. 미국 생물학자 찰스 브라운과 메리 브라운의 보고에 따르면, 네브래스카주에 번식하는 삼색제비를 연구한 결과 집단 크기가 커질수록 둥지당 기생충 숫자도 이에 비례해서 증가했다. 그리고 기생충 감염률은 새끼의 성장률을 저해했다. 연구자들이 인위적으로 둥지에 있는 기생충을 제거하는 실험을 해보았더니, 새끼들의 몸무게 증가율과 생존율이 모두 증가했다. 기생충에 감염된 둥지와 비교하면 생존율이 두 배, 몸무게는 평균 3.4그램 더 높은 것으로 나타났다. 큰 서식 집단에선 예전에 사용하던 둥지를 재사용하는 비율이 낮은 것으로 관찰됐는데, 이는 기생충 감염을 피하기 위한 나름의 대응 전략으로 보였다.10

이처럼 집단생활은 동물의 생존과 번식에 이익이 되는 다층적인 전략이다. 포식자로부터 위험을 줄이거나 체온을 유지하고 먹이를 효과적으로 사냥할 수 있는 등 집단을 이뤘을 때 얻는 이점은 명확하다. 반면 먹이를 둘러싼 경쟁을 피할 수 없고, 질병이 확산할 위험이 커지는 등 그 이면에는 뚜렷한 비용도 뒤따른다. 이러한 득과 실을 따져가며, 동물들은 집단의 규모와 행동 전략을 정

힘을 합쳐 아프리카물소 *Syncerus caffer*를 사냥하는 사자 무리.

교하게 조율해왔다.

인간도 다른 동물과 다르지 않다. 작은 공동체부터 거대 도시까지 인류 역시 집단을 이루고 살아간다. 서울특별시에만 약 1000만 명이 살고 있으며, 일본 도쿄엔 약 4000만, 중국 광저우엔 약 7000만 인구가 있다.[11] 집단이란 틀 안에서 살아가는 동안 인류는 거대한 번영을 이뤘고, 현시점 지구에서 가장 성공적으로 번성한 종이 되었다. 하지만 그 안에서 발생하는 집단 내의 경쟁은 종종 분란과 전쟁으로 이어지며 극단적인 분열과 위기를 낳기도 했다. 또한 중

세 유럽에서 발생한 흑사병부터 최근 전 세계에서 유행한 코로나 19 팬데믹까지 집단 감염으로 수많은 생명이 희생되는 사례도 여러 차례 반복되었다. 집단은 개체 입장에서 볼 때 위협으로부터 보호받을 수 있는 울타리인 동시에, 다른 개체와의 상호작용이 강요되는 환경이다. 공동체 속에서 우리는 이득과 손해를 저울질하며 협동과 경쟁 사이에서 끊임없이 균형을 찾는다. 집단 속에서 살아간다는 것은 단순한 생존 기술이 아니라 공존을 통해 진화해온 복합적인 진화의 산물이다.

공생의 기술

6장

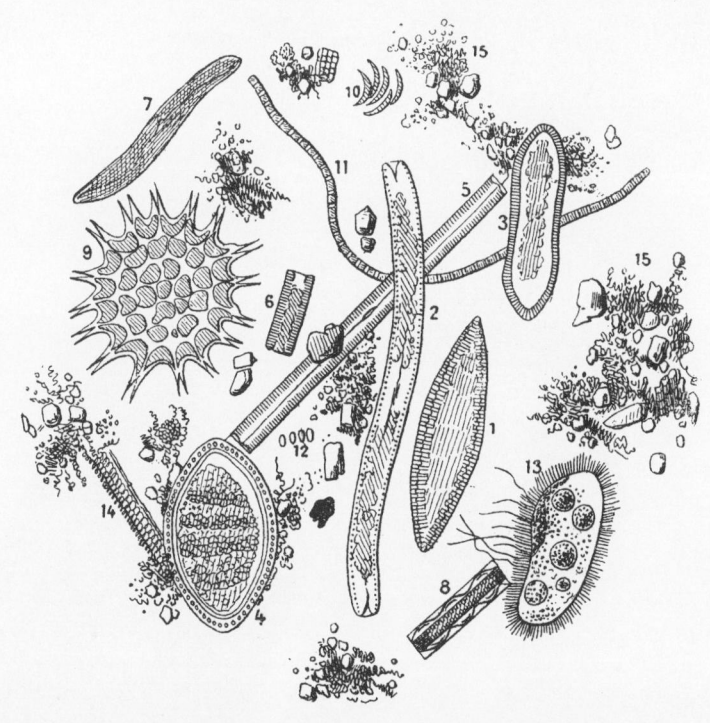

공생과 공존은 다르다. 단순히 따로 살아가며 함께 존재하는 공존共存, existence과 달리, 공생共生, symbiosis은 서로 다른 종이 오랜 시간 진화적으로 긴밀히 관계를 맺고 살아가는 현상을 말한다. 공생하는 동물들은 협력하거나 이익을 공유하며 서로의 삶을 떠받친다.

우리 주변에서 가장 흔하게 관찰할 수 있는 공생 사례는 개미와 진딧물로, 개미는 진딧물을 보호하고 진딧물은 개미에게 단맛이 나는 분비물을 제공한다. 이처럼 서로 도움을 주고받으며 이익을 공유하는 공생 관계를 가리켜 '상리공생相利共生, mutualism'이라고 부른다.[1] 개미와 진딧물처럼 반드시 양쪽이 이익을 얻지 못하더라도, 그러니까 한쪽만 이익을 얻고 다른 한쪽은 큰 영향을 받지 않더라도 관계는 유지된다. 이러한 공생 형태는 '편리공생片利共生, commensalism'이라고 부르는데, 백로와 소의 관계가 대표적이다. 미국 플로리다주에 사는 눈백로*Leucophoyx thula*는 가축 소가 풀밭을 지날 때 메뚜기 같은 곤충이 튀어 오르는 걸 기다렸다가 취식을

흰동가리Amphiprion clarkii와 말미잘은 상리공생을 하는 대표적인 동물들이다. 말미잘의 촉수 사이에 사는 흰동가리는 이곳을 보금자리 삼아 포식자로부터 보호를 받고 여기에 산란을 하기도 한다. 말미잘도 이익을 보는데, 흰동가리가 먹다 흘린 먹이 찌꺼기에서 양분을 공급받는가 하면, 이들의 청소 활동으로 다른 기생생물을 제거하기도 한다.

한다. 소의 머리나 등에 올라타 있거나 다리 주변을 따라다니며 서성이다 먹잇감을 발견하면 잡아먹는 식이다. 소는 그러거나 말거나 그저 무심히 뜯던 풀을 뜯는다. 눈백로가 조금 귀찮긴 해도, 가끔 몸에 붙어 있는 작은 곤충을 잡아먹기도 하니 내버려두는 것이다. 둘의 관계를 분류하자면 백로만 이익을 얻고 소는 그다지 이익을 얻는다고 보기 어려운 편리공생에 해당된다. 한 가지 재밌는 사실은 이런 공생 관계가 형성된 지 그리 오래되지 않았다는 점이다. 플로리다 지역에 가축 소가 들어온 건 길게 잡아도 16세기 스페인 식민지 시대 이후다. 따라서 백로가 먹이를 잡을 때 이득을 보기 위해 가축 소를 이용하는 것은 지난 500년간 인간에 의해 새롭게 만들어진 행동이라고 볼 수 있다.[2]

공생이라는 관계망은 눈에 보이지 않는 세계에서도 동물이 삶을 영위하는 데 있어 중요한 역할을 한다. 특히 인간과 동물의 생존에 깊숙이 관여하는 존재가 있으니, 바로 미생물이다. 인간은 약 30조 개의 세포로 이뤄진 동물이다. 그런데 인간의 몸 안엔 그보다 더 많은 약 38조 개의 박테리아가 산다.[3] 인간과 미생물도 서로 영향을 주고받으며 공생한다. 인체의 미생물은 숙주인 인간의 몸속에서 영양을 공급받으며 인간의 소화와 대사, 면역 등 생체 활동에 기여한다. 한편 병원균은 인간들 사이에 퍼져 수많은 생명을 앗아가기도 했지만, 인간들은 이에 맞서 곰팡이에서 항생제를 개발해 감염병 치료에 혁신을 일으켰다. 그 밖에도 인류는 발효 식품을 만들거나 오염된 물을 정화하는 데 활용하는 등 미생물을 적극 이용해왔다.

점박이하이에나는 항문샘에서 분비물을 배출해 영역 표시를 하고 사회적 소통을 하는데, 분비물 안에 들어 있는 미생물 군집이 개체별, 사회적 집단별 특징을 나타내는 냄새를 만들어내 화학적 의사소통에 관여한다.

    행동생태학에서는 오랜 기간 미생물의 존재와 역할에 주의를 기울이지 않았다. 미생물 가운데 염증이나 질환을 일으키는 병원균에 한해 병리학적 관점에서 연구가 이뤄졌을 뿐, 동물행동과의 관련성은 주된 관심사가 아니었다. 그렇다 해도 숙주동물의 몸 전체에 퍼져 오랜 기간 함께 진화해온 미생물이 그 안에서 다양한 기능을 할 것이라 예측하기란 어렵지 않다. 예를 들어 동물의 몸에서 나는 냄새 표식이나 인간의 겨드랑이 냄새도 미생물의 활동에 의한 산물이라고 할 수 있다. 만약 동물들 사이에서 냄새라는 후각 신호가 개체끼리 서로를 인식하는 데 있어 중요한 역할을 한다면,

미생물이 이를 좌지우지한다고 해도 과언이 아닐 것이다. 미국 미시건주립대학의 케빈 세이스는 2008년 복잡한 사회구조를 가진 점박이하이에나*Crocuta crocuta*가 냄새를 통해 개체 간 정보를 전달한다는 연구 결과를 발표했다.4

포유류에서 미생물이 만들어내는 화학물질이 개체 인식 등의 의사소통에 기여할 것이란 '발효 가설fermentation hypothesis은 이미 1970년대에 제기되었지만5, 이 가설을 실험적으로 검증하긴 어려운 일이었다. 세이스는 하이에나가 다른 하이에나에게 항문낭을 뒤집어 보여주고 냄새를 맡게 한다는 사실에 주목했다. 하이에나는 먼 거리에 있는 동물의 사체 냄새를 탐지할 정도로 후각이 발달해 있기 때문에 화학적 의사소통을 할 것이란 건 쉽게 예측이 가능했다. 여기서 만약 개체별, 집단별로 특이한 냄새를 생성한다는 걸 밝혀낼 수 있다면 하이에나는 발효 가설을 입증할 좋은 모델이 될 것이었다. 연구팀은 다양한 집단에 소속된 하이에나를 포획해 항문에서 분비물과 함께 박테리아를 채취했다. 이 시료를 가지고 유전자 분석 기법을 활용해 박테리아의 군집 구조를 분석해보니, 같은 집단에 있는 하이에나들은 비슷한 항문 박테리아를 공유할 가능성이 높은 것으로 나타났다. 항문에서 분비되는 분비물엔 혐기성 박테리아가 많아서 이 물질들이 발효되며 냄새를 만들어냈다. 이렇게 만들어진 집단 고유의 항문 냄새는 하이에나 개체들이 서로의 소속 집단을 알아보는 단서가 될 수 있을 것이었다. (물론 실제로 냄새를 통해 서로를 확인하는지를 증명할 직접적인 실험이 되려면 항문 분비물과 박테리아 군집을 변화시켰을 때 개체 인식에 혼동을 느끼는지를 봐야 한다. 예를 들어 항생제 처리로 항문 박테리아를 제거한 뒤 개체들이 후각신호에 영향을 받는지를 검증한다면 미생물에 의한 개체 식별 효과를 더 확실히 밝히는 실험이 될 수 있다.)

미생물은 개체 간 인지행동뿐 아니라 짝짓기행동에도 영향을 미친다. 이스라엘의 길 샤론 연구팀이 진행한 초파리 실험에 따르면 먹이 종류에 따라 초파리의 장내 미생물 군집이 바뀌는데, 초파리들은 동일 먹이를 먹고 자란 개체끼리의 짝짓기를 선호했다.6

공생은 우연히 시작되지 않는다. 하와이짧은꼬리오징어 *Euprymna scolopes*는 발광 세균인 비브리오피스케리*Vibrio fischeri*와 공생하며 방어용 빛을 낸다.7 오징어는 부화 직후 몇 초 지나지 않아 물속에 있는 수많은 미생물 가운데 비브리오피스케리를 골라 몸속의 빛을 내는 기관으로 유도해 세균의 정착을 돕고 양분을 제공한다. 세균은 정착할 공간과 양분까지 제공받으며 안정적으로 오징어의 몸속에 자리를 잡고, 이후 오징어가 필요할 때마다 발광해 포식자로부터 숙주를 보호한다.

이렇게 미생물이 개체 간 인지, 짝짓기, 방어 행동에 영향을 끼친다는 사실이 밝혀지고 최신 차세대염기서열분석next generation sequencing*과 같은 분자적 분석 기술이 발달하면서, 동물행동학자들이 미생물생태학을 연구에 접목시키는 사례는 계속해서 늘어나고 있다.8

- 유전체의 염기서열을 대량으로 해독할 수 있는 고속 분석 기술이다. 미생물의 유전 정보를 짧은 시간에 읽어낼 수 있어서 의학, 병리학 분야뿐만 아니라 미생물생태학 연구에서도 필수 도구가 되었다.

하와이짧은꼬리오징어의 몸속에 있는 빛을 내는 기관에는 발광 세균인 비브리오피스케리가 산다. 이들이 내는 빛은 바닷속에서 역조명counter-illumination으로 작용해 오징어의 그림자를 없애줌으로써 포식 위험을 낮추는 데 도움이 된다. 세균도 오징어의 몸속 기관에서 풍부한 영양을 공급받으며 안전하게 증식할 수 있으니 공생은 서로에게 이익이 된다.

까치의 포란과 알 표면의 세균총 변화

2010년대 들어 관련 연구가 증가하면서, 당시 대학원생이었던 나도 미생물에 관심을 갖게 됐다. 연구종이었던 까치의 번식기가 되면 나는 일주일에 두 번씩 둥지에 올라가 어미가 낳은 알과 새끼를 조사했다. 갓 낳은 알껍데기는 꽤 지저분했다. 조류의 알은 배설강을 통해 나오기 때문에 분변이 묻어 있는 경우가 많다. 어미의 분변은 장내 미생물이 잔뜩 들어 있는 세균 덩어리이기 때문에 알 표면도 세균으로 뒤덮여 있다. 그런데 알을 낳은 후 어미가 포란반으로 따뜻하게 품어주면 알 표면에 묻어 있던 분변이나 먼지 같은 것이 제거된다. 관찰을 이어가던 나는 알들이 부화에 임박하면 표면이 매끄러워지고 껍데기 색깔도 조금 바뀌면서, 독특한 냄새가 난다는 걸 알게 되었다. 아무래도 알껍데기를 뒤덮고 있던 미생물 군집에 변화가 일어나는 것처럼 보였다. 어미가 알을 품는 약 3주간 알 표면에선 무슨 일이 일어나는 걸까?

미국 버클리대학의 마크 쿡 연구팀은 조류의 알을 뒤덮은 미생물이 껍질을 뚫고 들어가 감염을 일으키고 부화율을 떨어뜨릴 수 있다는 것을 확인했다.9 연구팀은 이러한 미생물 감염을 막으려는 부모의 대응도 진화했을 것이라 생각했다. 이에 열대지방인 푸에르토리코의 진주눈찌르레기*Margarops fuscatus* 알에서 미생물을 배양한 결과, 역시나 처음 산란한 알 표면엔 병원균이 많았다. 미생물은 습하고 따뜻한 환경에서 더 잘 자라기 때문에 병원균의 증식 정도는 건조한 저지대 숲에 비해 열대 산악림에 있는 개체군에서 더 두드러지게 나타났다. 그런데 부모가 알을 품어주면 균의 증식이 억제되면서 미생물 군집이 무해하거나 침습성이 낮은 종 위주로 바뀌었다.[10] 아마도 포란 과정에서 부모가 배 안쪽에서 알을 따뜻하게 품고 계속 굴려주기 때문에 표면이 건조해져 미생물 군집이 물리적으로 떨어져 나가는 것으로 보였다.

쿡 팀의 연구를 본 나는 까치의 알에서도 비슷한 작용이 일어나는지 궁금했다. 한국의 까치는 보통 2월 말에서 3월 초에 알을 낳는다. 한반도의 3월 기온은 섭씨 10도 미만으로 비교적 쌀쌀한 편이고 건조하다. 푸에르토리코의 열대우림과는 다른 환경이기 때문에, 어미가 알을 품어주면 오히려 미생물이 증식하기 더 좋은 환경이 될지도 모르겠단 생각이 들었다. 나는 궁금증을 해결하기 위해 어미가 갓 알을 낳은 것으로 보이는 둥지를 찾아다니며 알 표면의 미생물을 채취해 그 수를 측정하고 군집을 분석했다. 예상했던 대로 어미가 품어준 알 표면에선 박테리아의 총량이 증가하는 것으로 나타난 반면, 산란 후 버려진 알 표면에선 시간이 지나도 박테리아 양이 크게 변하지 않았다. 그런데 흥미롭게도 어미가 알을 품어주는 동안 박테리아의 다양성은 감소했다. 이 과정에서 무해한 종으로 구성된 그람양성균인 바실루스*Bacillus*가 세균총을 우점했고, 병원균을 포함하는 그람음성균 프세우도모나스*Pseudomonas*는 유의하게 감소했다.* 무해한 균이 많아지면서 병원균의 증식을

---

* 그람양성균, 그람음성균은 덴마크의 과학자 한스 크리스티안 그람이 고안한 '그람염색법Gram staining'에 따른 세균 유형으로, 염색 반응에서 보라색을 띠면 양성균, 붉은색을 띠면 음성균으로 나뉜다. 바실루스는 그람양성균으로 조류에게 유익균으로 작용하며, 프세우도모나스는 해로운 영향을 미칠 수 있는 기회감염균이다.

까치 어미는 6~8개의 알을 낳아 약 3주간 알을 품는다. 어미의 포란 기간 동안 알 표면 박테리아는 전체적으로 증가했지만 무해한 균이 많아지면서 병원균의 증식이 상대적으로 억제되는 것으로 나타났다.

억제하는 효과가 있는 것으로 보였다. 어미가 일부러 유도한 건 아니겠지만 알을 품는 행동이 그 자체로 유해한 미생물에 의해 배아가 죽는 것을 막아주는 역할을 한단 사실을 시사하는 결과였다.[11]

펭귄의 단식기와 장내 미생물

동물의 행동이 미생물과 밀접한 관련을 맺으며 진화한다는 것을 알게 된 후 체내 미생물 중 가장 많은 수를 차지하는 장내 미생물의 작용이 궁금해진 나는, 남극에서 펭귄 분변 시료를 채취해 펭귄의 배 속에 있는 균에 대해 알아보기로 했다. 채취한 분변을 페트리 접시에 올려놓고 물을 흘려 흐트러트리자, 흥미롭게도 번식 시기에 따라 분변 색이 크게 다르게 나타났다.[12] 남극 펭귄은 번식기가 끝나면 2월경에 깃갈이를 하는데, 이 기간엔 물속에서 헤엄을 치기 어렵기 때문에 자발적으로 단식에 들어간다. 젠투펭귄과 턱끈펭귄은 주로 크릴을 먹이로 삼는 까닭에 분변이 크릴과 유사한 붉은색을 띠었는데, 깃갈이 단식에 들어가면서 이 색은 점차 초록색으로 변했다. 단식 기간 동안 장내에 크릴과 같은 먹이가 공급되지 않은 채 담즙만 섞여서 분변으로 배출되기 때문인 것으로 생각되었다. 약 3주간의 단식기를 펭귄은 체내에 축적해놓은 지방을 연소하며 버텨야 한다. 이와 비슷하게, 긴 겨울잠을 자는 땅다람쥐 연구를 보면 동면기 단식에 들어가면서 장내 미생물이 크게 바뀌는 것으로 나타났다.[13] 음식 공급이 끊기면 장내 미생물 입장에선 사용 가능한 자원이 사라지는 것이기 때문에, 숙주동물의 지

방산 대사를 활성화해 에너지 확보를 돕는 역할을 하는 것이다.[14]

숙주동물의 단식은 장내 미생물 입장에선 영양분 공급이 끊기는 힘든 기간이 될 테다. 펭귄의 자발적 단식은 영양 공급이 중단되었을 때 미생물의 반응을 볼 수 있는 자연적인 실험이 될 수 있다. 재밌는 연구가 될 거라 직감한 나는 먼저 문헌 조사를 시작했다. 혹시 다른 연구자들이 이미 비슷한 연구를 한 건 아닐까? 이런 예감은 좀처럼 틀리지 않는다. 불과 1년 전에 펭귄의 장내 미생물과 깃갈이 단식 효과를 확인한 논문이 있었다. 오스트레일리아의 미생물학자 미건 듀어는 임금펭귄과 쇠푸른펭귄 *Eudyptula minor* 의 깃갈이 단식기 장내 미생물을 조사했다. 그 결과 포유류 연구에서 나타난 것과 마찬가지로 양분 공급의 중단이 미생물 군집을 크게 변화시키는 것이 확인되었다. 특히 영양 공급이 중단되는 상태에 들어가면 숙주의 지방 축적과 면역 기능에 도움을 줄 수 있는 미생물이 늘어나는 것으로 보였다.[15]

다행스럽게도 듀어의 연구종들은 남극에 서식하는 펭귄이 아니었다. 게다가 듀어 덕분에 깃갈이 펭귄에게 장내 미생물이 중요하다는 건 확인된 셈이었기 때문에, 나는 결과에 대한 확신을 갖고 유전자 염기서열 분석을 실시했다.[16] 남극 젠투펭귄과 턱끈펭귄의 깃갈이 시작 전후 분변의 미생물 군집 변화를 분석한 결과, 예상대로 두 펭귄 모두에서 박테리아 군집 구조가 확인되었고, 종마다 특이적인 군집이 형성되어 있다는 걸 알 수 있었다. 단식 중인 펭귄의 분변에선 공통적으로 부티르산 butyric acid을 만들어내는 미생물이 늘어났는데, 이러한 변화는 펭귄이 먹이를 먹지 못하는

펭귄 종 중 가장 작은 축에 속하는 쇠푸른펭귄은 오스트레일리아와 뉴질랜드에 서식하며 크릴과 작은 어류 등을 먹이로 삼는다.

기간 동안 지방산을 만들어 면역력을 높이고, 몸에 지방을 저장해 단식으로 인한 스트레스를 줄이려는 생존 전략으로 보였다. 이로써 장내 미생물이 남극 펭귄의 단식 스트레스를 견디는 데 도움을 줄 수 있다는 걸 처음 알게 됐다.

소의 장 속 미생물이 풀을 소화하는 데 꼭 필요하다거나[17] 인간의 미생물이 비만에도 영향을 준다는 사실처럼[18], 공생 미생물은 오랜 시간에 걸쳐 동물의 대사와 생명 활동에 도움이 되는 기능을 자연선택에 의해 진화시켜왔다.[19] 행동생태학에서 오랫동안 연구되어온 장거리 이주, 짝짓기행동과 관련된 주제들은 앞으로 미생물 생태와 관련해 더 깊이 있는 연구가 진행될 것으로 보인다. 예를 들어 먼 거리를 비행하거나 이동하는 동물들은 계절에 따라 먹이 종류나 환경이 크게 바뀌기 때문에, 이들의 몸속에 살고 있는 미생물 역시 그러한 변화에 맞춰 진화했을 가능성이 높다. 한편 짝짓기는 개체 간 장내 미생물이 전파되기 쉬운 행동이다. 특히 조류는 교미 시 총배설강cloaca*이 맞닿기 때문에 미생물 교환 및 전파가 동시에 이뤄진다. 미생물 교류는 감염 위험을 높이기도 하지만 또 다른 측면에선, 면역 기능 및 생명 활동에 있어 동물의 생존과 번식에 순기능을 하고 있는지도 모른다.

    비록 우리 눈에 보이지도 않을 만큼 작지만, 미생물은 우리가 아는 것보다 훨씬 더 다채로운 방식으로 우리 자신을 포함한 동물의 삶과 죽음에 영향을 미치고 있다. 행동생태학은 오랫동안 인간의 눈에 보이는 행동만을 관찰해왔지만, 이제 보이지 않는 존재가 그 행동을 어떻게 조율하며 동물과 함께 진화해왔는지를 살펴볼 시점에 와 있다. 유전자 염기서열 분석 기술의 발전은 미생물 생태학과 동물행동 연구의 교집합을 새로운 차원으로 확장시켜준다. 냄새로 서로를 인지하고 짝을 찾고 양육을 하는 과정엔 언제나 미생물이 알게 모르게 관여해왔다. 어쩌면 미생물은 동물의 행동을 보이지 않는 곳에서 조율해온 숨은 진화 요인인지도 모른다.

---

* 배설 기관과 생식 기관을 겸하는 구멍. 양서류, 파충류, 조류 등에서 볼 수 있다.

이동하는 동물들

7장

그저 너의 몸이라는 그 순한 동물이

사랑하는 것을 사랑하게 두면 돼.

(…)

그동안에도 세상은 계속 돌아가.

그동안에도 태양과 투명한 조약돌 같은 빗방울은

풍경을 가로질러 지나가지.

초원과 나무가 우거진 숲을,

산맥과 강을 건너가지.

그동안에도 기러기들은 맑고 푸른 하늘을 높이 날아서

다시 집으로 향하고 있어.[1]

메리 올리버의 시 「야생 기러기 Wild Geese」의 한 구절이다. 자연은 시간에 순행하는 계절에 따라 변화한다. 자연 속에서 살아간다는 건, 흐르는 시간 속에서 환경의 변화를 받아들이며 그동안 터득해온 생존 전략을 가지고 그러한 변화를 버텨내는 것을 의미한다. 살아남은 것은 모두 저마다의 방식으로 자연에 순응한 존재이다.

기러기 역시 시간이 흐르고 계절이 바뀌면 먼 거리를 비행해 겨울을 보내고 날이 풀릴 때쯤이면 또다시 본디 살던 서식지로 돌아온다. 자연의 변화를 감지하지 못하고 마냥 제자리에 머물다간 추위에 몸이 얼어붙고, 먹을거리를 찾지 못해 굶주리다 죽고 말 것이다. 기러기 조상들은 나름의 방법을 찾아 살아남았다. 겨울이 오기 전엔 추위를 피해 남쪽으로 날았고, 봄이 오고 다시 숲이 우거지는 시기가 되면 북쪽 집으로 돌아왔다. 기러기는 계절에 따라 이동하며 번식지인 '집'과 월동지인 '외지'를 오가는 대표적인 철새다.

이렇듯 1년을 주기로 번식지와 월동지를 오가는 이동행동을 동물행동학에선 이주migration라고 부른다. 약 1만 종의 조류 가운데 20퍼센트에 해당되는 2000종이 이렇게 이주를 하며 살아가는 철새로 분류된다.[2] 포유류, 어류, 바다거북, 곤충 등에서도 철이 바뀌면 장거리 이주를 하는 종이 있지만, 비행이 가능한 조류는 이주 형태가 매우 다양하며, 극단적인 형태도 관찰된다. 북극제비갈매기*Sterna paradisaea*는 몸무게가 125그램밖에 나가지 않지만, 북극 그린란드에서 번식을 한 후 대서양을 가로질러 남극해까지 날아가 그곳에서 겨울을 보낸 뒤 되돌아온다. 그 거리는 무려 연 8킬로미터에 달해, 알려진 동물들의 이주 경로 가운데 최장 거리다.[3] 조류만큼은 아니지만, 포유류도 긴 거리를 이동한다. 허드슨만에 서식하는 북극곰*Ursus maritimus*은 먹이를 찾아 최대 720킬로미터까지 이동한다고 알려져 있으며[4], 귀신고래*Eschrichtius robustus*는 번식

지구상에서 가장 먼 거리를 이동하는 철새라고 알려진 북극제비갈매기는 여름이면 북극 그린란드에서 번식을 하고 추워지면 남극해로 날아가 그곳에서 겨울을 난다. 이동 시에는 바람과 해류를 타는 경로를 이용해 에너지 소비를 줄임으로써 매년 8만 킬로미터가 넘는 거리를 비행한다. 평균수명이 약 20년이라고 알려져 있으니, 사는 동안 지구에서 달까지 두 번을 왕복하는 셈이다.

귀신고래는 해마다 최대 2만 킬로미터를 이동해, 최장 거리 이주행동을 보이는 포유류 중 하나다. 여름이면 북극 바다에서 먹이 활동을 하며 체지방을 비축하고, 겨울이면 따뜻한 멕시코 연안까지 이동해 번식을 한다.

을 위해 멕시코와 알래스카를 오가며 1만5000~2만 킬로미터를 이동한다.5

 본거지를 떠나 먼 거리를 이주하려면 힘이 들고 위험이 따른다. 그럼에도 불구하고 이주를 하는 이유는 무엇일까? 언제부터 이런 전략이 진화했을까? 가장 대표적인 가설은 '혹독한 계절 회피 전략seasonal avoidance of climate extremes'이다.6 여름엔 많은 곤충과 열매가 있는 번식지에서 새끼를 키우며 지내다가, 겨울이 되면 추위를 피해 다른 곳으로 이주한다는 것이다. 어쩌면 당연하다고 생각할 수도 있는 설명이지만, 이 당연한 아이디어를 과학적으로 증명하기란 쉽지 않다. 이를 증명하기 위해 영국 케임브리지대학 메리어스 솜빌 연구팀은 전 세계 조류의 분포 및 이주 자료를 모으고 철새를 분류한 뒤, 실제 철새의 분포가 혹독한 겨울과 관련이 있는지를 통계적으로 검증했다.7 버드라이프 인터내셔널BirdLife International은 조류의 서식지 보호를 목적으로 하는 국제 생물보존 기구인데, 이 기구에서 운영하는 웹사이트(www.birdlife.org)에는 전 세계 조류의 분포도와 서식지, 비서식지가 지도상에 표기되어 있다. 연구진은 이 자료들을 통해 9783종의 조류 서식지를 확인하고, 그 가운데 번식기와 비번식기의 서식지가 명확히 구분되는 1855종을 철새로 분류했다. 또한 겨울 추위가 얼마나 혹독한지 알아보기 위해 가장 추운 시기의 기온과 그 시기의 식물 생산성을 살펴보는 한편, 새들이 이동할 때 얼마나 많은 에너지가 드는지를 추정하기 위해 번식지와 월동지 사이의 거리도 비교했다. 연구진은 이런 자료들을 바탕으로 조류의 이주에 어떤 요인이 중요한지를 살펴보았다. 그 결과, 예상했던 대로 철새는 계절마다 풍부한 먹이가 있는 곳을 찾아 움직이며, 특히 겨울의 매서운 추위를 피해 이동한다는 점이 뚜렷하게 드러났다. 너무 먼 거리를 이동하면 에너지 소모가 크기 때문에, 가능한 한 가까운 곳을 선택해 겨울을 나는 경향도 함께 확인됐다.

펭귄 역시 철새에 속한다. 남극에서 펭귄을 관찰하던 연구원들은 극지방의 여름이 지나고 겨울이 오기 전 펭귄들이 사라진다는 것을 알게 됐다. 미국 맥머도기지 주변엔 아델리펭귄 번식지가 있는데, 해마다 4월 25일경이 되면 펭귄들이 바닷가 방향으로 이주하는 모습이 보였다. 5월이 되면 극야가 시작되고 바다가 얼기 때문에 그 전에 서둘러 따뜻한 북쪽으로 이동하는 것이다. 미국 펭귄 연구자들에게 4월 25일은 아델리펭귄이 줄지어 이동하는 장관을 연출하는 날로서 특별히 기억되었고, 이후 연구자들은 이 날짜를 비공식적으로 기념하기 시작했다. 이것이 널리 알려지면서 환경 단체들은 이날을 '세계 펭귄의 날World Penguin Day'로 정하고 펭귄을 보호하기 위한 행사를 열고 있다.

세종기지 인근 남극특별보호구역 171번 나레브스키포인트(일명 '펭귄 마을')엔 턱끈펭귄 약 2000쌍이 번식하고 있다. 턱끈펭귄 역시 미국 맥머도기지 앞 아델리펭귄처럼 겨울이 오기 전이면 번식지에서 사라져 어디론가 떠났다가 여름이 되기 전에 나타난다. 하지만 이들이 정확히 어디에서 겨울을 나는지에 대해서는 알려진 바가 없었다.

동물의 장기간 이주행동을 관찰하는 건 꽤 어려운 일이다. 예

남극 킹조지섬 세종기지 인근 펭귄 마을에 사는 젠투펭귄 무리가 어디론가 이동하고 있다(사진 제공: 극지연구소).

전엔 동물에게 가락지를 달거나 이름표를 부착한 뒤 전 세계에서 관찰자들이 쌍안경으로 포착하거나 카메라로 촬영하면서 얻은 정보에 의존해 이동 경로를 파악했다. 하지만 이런 방법으로는 정기적으로 자료를 모으기도 어려울뿐더러 사람이 찾아가 눈으로 좇기 어려운 대양이나 고지대에선 자료를 수집할 수 없다는 한계가 있었다. 그래서 최근엔 바이오로거를 이용해 동물의 몸에 소형 저장 기록장치를 달아준다.

 이제는 동물을 안정적으로 포획하는 게 최우선이다. 포획에 성공하면 이주행동을 관찰하기 위한 장치를 부착해야 하는데, 너무 무거우면 날거나 헤엄을 치는 데 방해가 된다. 따라서 장치는 몸무게의 약 1~3퍼센트 미만으로 가벼워야 한다. 하지만 수개월에 걸친 이주 기간에 획득된 위치정보, 비행 고도, 잠수 깊이 등을 저장하고 유지하려면 대용량 배터리가 필요하다. 특히 GPS 위성을 활용한 위치정보 수집은 전력 소모가 많다. 이러한 장치를 몸집이 큰 동물에게 부착하긴 쉽지만 소형 조류나 곤충에게 부착할 땐 아무래도 기술적 한계가 있다. 다행히 최근 0.2그램 무게의 초단파 라디오 수신기를 활용해 곤충이나 소형 양서·파충류에게도 장치를 부착할 수 있는 기술이 개발되었다.[8] 이에 조사원들이 북미 대륙의 제왕나비를 채집해 송신기를 부착한 다음 안테나를 들고 다니며 위치 자료를 수신한 결과, 나비가 최대 250미터 떨어진 곳까지 이동하며, 75~213미터 이상의 높은 비행을 한다는 것이 확인되기도 했다(하지만 이는 닷새간의 단기 자료에 기반한 것이며, 위치 외에 다른 자료는 얻을 수 없었다).[9] 일반적으로 바이오로거에 저장된 기록 정보를 회수하려면 위성 혹은 통신기지와 교신해서 저장된 자료를 받아야 한다. 하지만 위성 교신을 위해선 안테나가 필요하고 전력 사용이 늘어나는 만큼 배터리도 추가되어야 해서 무게가 늘어난다는 단점이 있다. 휴대전화 사용이 가능한 지역에선 통신 시설을 활용해 자료를 수신하기도 하지만, 이것도 남극과 같이 인간이 살지 않는 외딴곳에선 사용하기 어려운 기술이다. 따라서 남은 방법은 하나. 연구동물을 포획해 바이오로거를 단 다음, 이듬해에 해당 개체를 다시 포획해 장치를 회수한 뒤, 그 안에 담긴 정보를 직접 내려받는 것이다. 이렇게 복잡한 조건을 고려할 때 펭귄의 이주 경로를 알기란 쉬운 일이 아니다. 게다가 펭귄은 바다를 헤엄치며 이동하기 때문에 바이오로거가 크면 부착이 까다롭고, 물속에 있을 땐 위성과의 교신도 이뤄지지 않는다.

어떻게 하면 펭귄의 이주를 측정할 수 있을까? 이는 펭귄 연구자들의 공통된 고심거리였다. 그러던 중 지난 2009년 프랑스 국립과학연구원CNRS 소속 샤를 보스트 연구팀이 비로소 대안을 찾아냈다.[10] 연구자들은 인도양 아남극권 케르겔렌섬에 번식하는 마카로니펭귄 *Eudyptes chrysolophus*이 겨울철에 어디로 가는지 알아내기 위해 6그램 무게의 초소형 지오로케이터를 부착한다. 지오로케이터는 1분에 한 번 빛을 감지하는 센서가 있어서 일몰·일출 시간을 측정해 밤과 낮의 길이를 계산한 뒤 이를 바탕으로 하루에 한 번씩 위도와 경도를 산출하는 장치다. 위성 교신을 통한 위치추적 방식에 비하면 오차 범위가 더 클 수밖에 없는 방법이지만[11], 배터리 소모가 적어 장치 크기를 초소형으로 줄일 수 있는 까닭에

마카로니펭귄은 무게 4킬로그램, 몸길이 70센티미터 정도의 중형 펭귄이다.

소형 비행 조류의 이주를 관찰하는 데 많이 쓰인다. 보스트는 이주가 시작되기 전인 2006년 3월 부드럽게 휘어지는 플라스틱 케이블을 이용해 마카로니펭귄 스물한 마리의 발목에 지오로케이터를 달았다. 그리고 같은 해 10월 번식기를 맞아 펭귄들이 돌아올 때까지 기다렸다가 그중 열네 마리를 다시 만나 장치를 수거했다. 펭귄 발목에 염증이나 부상의 흔적은 발견되지 않은 것으로 보아, 다행히 장치가 펭귄의 움직임에 부정적인 영향을 준 것 같진 않았다. 연구진이 열네 마리 가운데 자료가 잘 수집된 열두 마리의 이동 경로를 집중적으로 분석한 결과, 마카로니펭귄은 약 6개월 동안 번식지를 떠나 동쪽 바다로 헤엄쳐 갔고, 최대 이동 범위가 평균

2416킬로미터에 이를 정도로 장거리 이주를 하는 것으로 나타났다. 하늘을 날지 못하는 펭귄이 수천 킬로미터에 달하는 거리를 이동한다는 사실을 확인한 연구자들은 크게 놀랐다.

뒤이어 다른 연구자들도 보스트 연구팀이 사용한 것과 비슷한 발찌를 발목에 채우는 방식으로 바이오로거를 활용해 겨울철 이주 경로를 알아내고자 했다.12 미국의 그랜트 밸러드 연구팀은 이 방식으로 마카로니펭귄과 몸집이 비슷한 아델리펭귄을 추적했다. 2010년 발표된 연구 결과에 따르면 남극 로스해에서 번식하는 아델리펭귄은 한 해 평균 1만3000킬로미터를 이동하며, 최장 이동 거리는 1만7600킬로미터에 달하는 것으로 나타났다.13

턱끈펭귄의 이동 경로 연구

펭귄의 이주행동이 무척 궁금했던 나는 2015년부터 함께 일한 박성섭 연구원과 보스트의 부착 방법을 사용해 턱끈펭귄의 이주 경로를 추적했다.14 세종기지 인근에 있는 턱끈펭귄 번식지에선 해마다 11월이 되면 약 2000쌍의 턱끈펭귄이 둥지를 짓고 새끼를 키운다. 겨울 내내 떠들썩하던 번식지는 3월 말이 지나면 펭귄들이 자취를 감추면서 고요해진다. 3월부터 11월까지 약 8개월을, 펭귄들은 어디에서 지내는 걸까? 조금 더 따뜻하고 먹이가 많은 곳을 찾아 떠났다가 돌아오는 것일 거라고 짐작은 됐지만, 정확한 이동 경로는 알려져 있지 않았다.

우린 2015년, 2016년, 2018년 총 세 번의 번식기를 거치며 총

60마리의 턱끈펭귄에게 바이오로거를 달고 이주 경로를 추적했다. 펭귄 연구자들이 출판한 논문들을 읽고 발찌도 만들었다. 발찌 제작은 그리 어렵지 않았다. 적당한 두께의 피복 전선을 사서 그 안에 있는 전선은 빼내고 겉을 둘러싸고 있는 플라스틱 튜브만 남겼다. 그리고 약 10센티미터 길이의 케이블 타이에 플라스틱 튜브를 넣으면 발찌는 완성이다. 이 튜브 바깥쪽에 낮과 밤의 길이를 측정할 수 있는 지오로케이터와 수심기록계를 달아주면 된다.

바이오로거를 만드는 것까진 쉽지만, 부착할 개체를 고르는 일은 매우 어렵다. 이주를 하는 동안 표범물범 같은 포식자에게 잡아 먹히지 않아야 하고, 다시 번식지로 돌아왔을 때 자리를 옮기지 않고 같은 짝에게 되돌아가 자기 자리를 되찾을 개체들을 골라야 했다. 하지만 겉모습만 보고 어떻게 8개월 뒤 제자리로 돌아올 펭귄을 알아볼 수 있을까? 게다가 수거율을 높이기 위해선 괜찮아 보이는 펭귄들을 나름대로 선별해야 했다. 우리는 다른 개체들과 비교해 번식 시기가 빠르며, 새끼 두 마리를 모두 잘 키워낸 개체들을 골랐다. 번식 시기가 빠르고 새끼들을 잘 키워냈다는 것은 '좋은 부모'라는 뜻이니까. 이를 뒷받침할 학술적 근거는 없었지만, 상식적으로 부지런히 움직이며 먹이도 잘 잡고 성실한 개체들은 생존율과 회귀율이 높을 거란 생각이 들었다.

그렇게 1년을 기다려서 다시 턱끈펭귄 번식지에 돌아간 우리에겐 어려운 작업이 남아 있었다. 번식지에 널리고 널린 수천 개의 펭귄 둥지에서 기기를 부착한 펭귄의 둥지 자리를 기억해내 녀석들을 다시 만나야 했다. 우리는 미리 찍어둔 사진을 여러 장

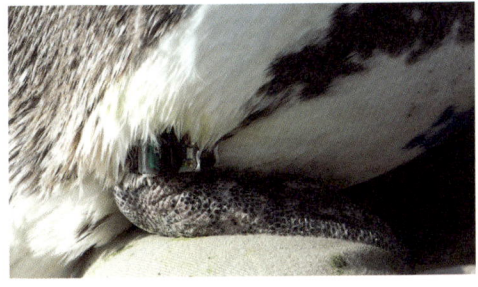

턱끈펭귄 번식지(위)는 수많은 펭귄으로 붐빈다. 아래는 펭귄 발목에 부착해 위치추적에 활용하는 지오로케이터(마젤란펭귄 발목에 부착한 것으로, 내가 사용한 장치와 동일하다. 사진 © Melina Barrionuevo). 지오로케이터엔 빛을 감지하는 센서가 달려 있어서 밤과 낮의 길이를 측정한 뒤 이를 바탕으로 대략적인 위치를 계산할 수 있다.

비교해가며 주변 바위나 지형을 토대로 간신히 기기를 부착했던 60마리의 둥지를 찾아낼 수 있었다. 그리고 기기를 부착한 60마리 가운데 30마리와 재회할 수 있었다. 다시 말해, 장치 수거율은 50퍼센트였다. 펭귄들은 사진도 표지판도 없이 어떻게 자기 자리를 기억해 되돌아올 수 있었을까? 직접 관찰해 고르고 포획해 기기를 부착했던 펭귄 개체를 찾아내 발목에 달아준 기기를 수거하는 일은 놀라운 경험이었다. 로거를 달고 있는 펭귄을 만나면 반가움을 넘어선 감동이 밀려 왔다. 마치 유학 보낸 자식을 다시 만난 기러기 아빠의 심정이랄까. 물론 녀석들은 다시 만난 인간을 보곤 몸서리를 치며 질색했지만 말이다. 어쩌면 그들은 1년 동안 나를 기억하고 있었는지도 모르겠다. 펭귄의 기억과 인지에 대한 연구는 거의 없지만, 제 둥지 자리를 찾아오는 걸로 미뤄보아 이전의 경험이나 서식지 주변 지형을 잘 기억해두었다가 떠올려내는 것으로 보였다.

 펭귄 마을에 사는 턱끈펭귄의 생존율과 회귀율에 대한 자료는 아직 없지만, 처음 시도한 연구라는 점을 고려할 때 30마리에서 얻어진 자료도 의미가 있었다. 우리는 확보한 일출·일몰 시간 자료를 계산해 대략적인 위도와 경도를 추정했고, 수심기록계에 찍힌 잠수 깊이를 통해 언제 번식지를 떠나 얼마나 깊이 잠수를 하며 이동했는지 확인했다. 해마다 조금씩 차이는 있었지만 펭귄들은 3월 21일에서 25일 사이에 번식지를 떠나 10월 23일에서 11월 2일 사이에 돌아왔다. 어느 정도 예상했던바, 펭귄은 대양을 따라 수천 킬로미터를 이동했다. 그런데 어떤 이유에선지 펭귄의 이주 방향은 두 갈래로 나뉘었다. 재회한 서른 마리 중 스물한 마리는 서쪽으로, 아홉 마리는 동쪽으로 이주한 것이다. 서쪽으로 이동한 개체들은 평균 7426킬로미터, 동쪽으로 간 개체들은 6482킬로미터를 이동했다. 번식지에서 직선거리로 따지면 서쪽으로는 평균 2856킬로미터, 동쪽으로는 2478킬로미터 떨어진 곳까지 갔다가 돌아오는 여정이었다.

놀라운 결과였던 것과 별개로, 이 양상은 해석하기가 매우 어려웠다. 왜 펭귄은 동쪽과 서쪽으로 나뉘어서 이주했다 돌아온 걸까? 성별이나 해年에 따라 뚜렷한 차이가 있는 것도 아니었다. 실험을 수행하기 전엔 펭귄들이 대부분 동쪽으로 이주할 거라 예상했다. 남극 대륙을 따라 흐르는 남극순환류Antarctic Circumpolar Current를 이용하면 헤엄치기가 쉬워 에너지를 아낄 수 있기 때문이다. 이렇게 동쪽으로 수영해 가면 스코샤해에 도달하는데, 이 해역은 턱끈펭귄의 최대 밀집 지역인 사우스오크니제도와 사우스조지아제도가 있는 곳이다. 아마도 이곳엔 턱끈펭귄이 좋아하는 크릴이나 물고기가 많을 것이고, 여기에 닿으면 다른 개체들과 함께 모여서 겨울을 날 수 있을 것이다. 반면에 서쪽으로 가면 남극순환류를 거슬러 헤엄쳐야 해서 힘이 많이 든다. 그럼에도 불구하고 절반 이상의 개체가 서쪽으로 이주해 태평양으로 갔다는 사실은 많은 에너지 소모를 감수할 만큼 얻는 이득이 크다는 걸 의미한다. 동쪽으로 가면 많은 개체가 있기 때문에 한정적인 자원을 둘러싼 경쟁이 벌어질 텐데, 반대로 가면 그만큼 경쟁을 피할 수 있으니 누릴 수 있는 장점이 있었을 거란 예측이 가능했다.

최대 서식지인 사우스오크니제도에 모여 있는 턱끈펭귄.

수천 쌍이 번식하는 지역에서 연간 평균 열 마리의 바이오로깅 자료를 확보해 이주 경로를 확인하는 작업은 그 자체로 한계점을 지닌다. 통계적으로 충분한 숫자가 아니라서 연구 결과의 해석이 매우 조심스러울 수밖에 없기 때문이다. 그럼에도 불구하고 우리가 연구하는 개체군에선 턱끈펭귄의 이주 경로를 확인한 첫 연구였기에, 개인적으로 느낀 보람은 컸다.

펭귄의 이주 경로를 추적하는 일은 단순히 과학적 호기심을 해결하는 차원을 넘어 동물생태학적으로 매우 중요하다. 지구온난화가 심화되면서 최근 남극반도에서 턱끈펭귄 개체군은 크게 감소하는 경향을 보이고 있다. 이 점을 고려하면 턱끈펭귄의 이동 경로를 알아낸 것은 생태학적·보전학적으로 큰 의미가 있는 발견이었다. 철새의 이동은 생존과 번식에 유리한 환경을 찾아가는 적응 전략이며 이를 정량적으로 분석하고 이해하는 일은 기후변화에 대한 동물의 행동 반응을 연구하기 위한 기초 작업이 된다. 이렇게 생산된 자료는 앞으로 펭귄을 지키기 위해 번식지만이 아니라 이들이 더 오랜 시간을 보내는 월동지를 아끼고 보호할 근거로 쓰일 수 있다. 특정 지역을 보호하는 것에 국한하지 않고 개체군 전반의 연중 생태를 고려해 더 광범위한 보호 전략을 짜는 것이다.

동물을 관찰하는
새로운 방법

8장

동물을 관찰하는 일은 늘 재미있다.[1] 출근길 참새들이 가로수에 모여 지저귀는 걸 보고만 있어도 즐겁다. 이렇게 멀리서 동물들이 사는 모습을 보는 것도 마음이 흐뭇해지는 일이지만, 그 모습을 자세히 보기 시작하면, 다시 말해 관찰자가 되어 유심히 들여다보기 시작하면 흐뭇함을 넘어 경이로움을 선사하는 또 하나의 세계가 펼쳐진다.

관찰자의 눈으로 보면 참새도 그저 다 같은 참새가 아니다. 눈을 크게 뜨면 우리나라엔 두 종의 참새가 있다는 걸 알 수 있다. 언뜻 보면 비슷하게 생겼지만, 우리 주변에서 흔히 볼 수 있는 텃새인 참새*Passer montanus*와 정수리·등쪽 깃털색이 더 붉고 진하며 뺨에 검은 점이 없는 종인 섬참새*Russet sparrow*가 그것이다. 섬참새는 참새와 달리 텃새가 아니라 철에 따라 이동하는 여름 철새로 알려져 있다. 울릉도를 비롯해 강원도 고성군에서 번식 기록이 있으며, 비번식기엔 포항, 울진, 삼척 등 동해안 해안 지역에서 주로 월동을 하고 간혹 경상북도 내륙 지역에서도 관찰된다.[2] 늘 지나

수컷 섬참새와 참새. 비슷하게 생겼지만 울음소리가 상이해서
눈으로 보는 것보다 귀로 듣고 동정하는 게 더 정확할 때가 있다.

는 길에서 자주 보여 참새라고 생각했던 녀석의 깃털 색이 진하고 뺨에 점이 없다면, 계절에 따라 보였다 안 보였다 했다면, 그 새는 참새와 전혀 다른 종일 수도 있다. 물론 외형만으로 참새와 섬참새를 구분하는 일은 쉽지 않다. 조류 관찰자들끼리 흔히 말하는 '내공'이 필요하다. 참새와 몸길이가 1~2센티미터밖에 차이 나지 않지만 섬참새가 조금 더 작은 편이고, 지저귈 때도 '히~ 히이~~ 쵸~ 초오~~' 하고 부드러운 소리를 낸다. 이런 미세한 차이를 구분하려면 관심을 갖고 관찰하는 수밖에 없다. 두 종을 동시에 사진으로 기록해서 비교하고, 녹음기를 들고 다니며 소리를 들어보는 것도 도움이 된다. 생태 연구자로서 진지하게 참새의 이동행동을 관찰해보고 싶다면, 두 종을 포획해 위치를 기록하고 전송해주는 작은 장치를 부착하는 것도 좋은 방법이다.

    선사시대 우리 조상은 고래를 오랜 시간 관찰했다. 먼바다에 나가 흔들리는 배 위에서 고래를 쫓으며 물을 내뿜는 모습을 기록하고, 종마다 특징적인 무늬와 지느러미 형태를 보며 그 모습을 바위에 새겼다. 1장에서도 언급한 울주 대곡리 기암절벽에 새겨진 암각화(반구대암각화)엔 복부에 다섯 개의 짧은 줄이 그려진 귀신고래, 세로줄 무늬가 길게 표현된 혹등고래 등의 고래 그림이 자세히 그려져 있다. 하지만 인간의 눈으로 바닷속에 사는 야생동물의 움직임을 관찰하는 데는 한계가 있다. 아마도 우리 선조들은 고래가 얼마나 깊이 오랫동안 잠수하며, 얼마나 멀리 헤엄치는지까진 알지 못했을 것이다. 그저 먼발치에서 귀신처럼 머리를 드러냈다가 순식간에 자취를 감추는 장면을 물끄러미 바라보며 '귀신고래'

라는 이름을 붙여주었을 뿐. 조선시대 『세종실록지리지』, 『신증동국여지승람』, 『대동지지』 등의 고문헌에도 스물네 종의 포유동물이 묘사되어 있는데, 물개, 호랑이, 곰 등을 포획하여 가죽, 뼈, 고기를 조정에 공물로 진상한 기록이 남아 있다. 이를 통해 우리 선조들은 한반도 동물의 분포와 행동에 관한 지식과 경험을 바탕으로 오랫동안 야생동물을 사냥해왔음을 짐작할 수 있다.3 조선시대 후기에 쓰인 정약전의 『자산어보』는 흑산도 주변에 서식하는 동식물 200여 종에 대한 형태학적, 생태적, 수산학적 지식을 현장 관찰에 기초한 세밀한 형태로 기술하고 있으며, 특히 유사한 종끼리 묶는 계층적 분류를 시도해 "현대적 형식을 갖춘 생물 분류 문헌"으로 평가받는다.4 『자산어보』는 정약전이 홀로 썼지만 오랜 세월 흑산도 주민들이 어업 활동을 하며 습득한 생물학적 지식과 관찰 결과를 두루 참조하고 망라해 비로소 한 권의 책으로 편찬되었을 것이다.

해양동물을 따라 물속으로

이렇게 인간의 눈으로 관찰하는 한계를 넘어서게 해준 기술이 바로 '바이오로깅bio-logging'이다. 바이오로깅은 동물의 몸에 기록장치를 부착하고 거기서 얻은 정보를 해석해 행동을 추측하는 방법이다. 연구자들은 바이오로깅의 시작을 1964년으로 본다. 미국의 제럴드 쿠이먼이라는 생리학자가 처음 웨델물범*Leptonychotes weddellii*의 잠수를 기록한 해다. 그는 당시 애리조나대학에서 생리

전 세계 대양에 분포하는 긴수염고래는 바다 중상층에서 주로 활동하며 크릴과 작은 어류 등을 먹이로 삼는다.

학을 공부하는 대학원생이었는데, 동물의 생리학적 한계치를 측정하는 일에 관심이 많았다. 사실 그보다 앞서 노르웨이 오슬로대학의 페르 숄란데르가 1939년 동물의 잠수를 기록하기 위해 모세관에 연결된 수압계를 이용한 적이 있다. 수압이 최대치에 이르면 이 수치가 잉크 자국으로 남아, 동물이 한 번 잠수했을 때 최저 수심이 표시되는 식이다. 그는 이 방법으로, 포획된 긴수염고래 *Balaenoptera physalus*의 잠수를 측정했다. 이후 이 실험은 한동안 학계에서 잊혔지만, 쿠이먼은 숄란데르의 잠수 측정 연구에 관심이 있었다. 하지만 그가 그랬듯 동물을 억지로 가둔 채 실험하고 싶진 않았다. 대신 살아 있는 동물이 어떻게 움직이는지를 자연에서 확인해보고 싶었다.

쿠이먼은 1961년 겨울을 남극 기지에서 보내며 웨델물범을 관찰했다. 웨델물범은 미국에 있는 다른 야생동물처럼 사람을 겁내지 않았다. 남극엔 육상 포식자가 없기 때문에 사람에 대한 두려움이 없는 것 같았다. 그는 곧장 잠수 측정 연구에 대한 아이디어를 떠올렸다. 웨델물범에게 기록장치를 부착하는 일은 그리 어려워 보이지 않았다. 하지만 기록계를 부착한 뒤엔 회수하는 일이 남아 있다. 장치를 달고 물속으로 들어간 녀석이 다시 같은 장소에 나타날까? 다행스럽게도 미국 기지 앞엔 작은 얼음 구멍이 있어, 웨델물범은 항상 숨을 쉬러 이곳으로 나왔다. 이 구멍 앞에서 기다리고 있으면 기계를 부착한 녀석을 찾아 다시 포획하는 일도 가능할 것 같았다.

그는 미국으로 돌아와 애리조나에 있는 공학자를 찾아다녔지만, 사람들은 대학원생이 원하는 작고 저렴한 기계장치를 만드는 데 큰 관심을 보이지 않았다. 그러던 중 누군가 시계수리공을 찾아가보라고 소개해줬다. 그는 수압측정계와 부엌에서 쓰는 키친 타이머를 들고 시계수리공을 찾아갔다. 수리공은 타이머가 조금씩 풀리면서 수압이 표시되는 장치를 만들어주었다. 쿠이먼은 준비한 기계를 들고 다시 남극으로 날아가 웨델물범에게 이를 부착했고, 결과는 대성공이었다. 그는 총 381번의 잠수를 측정했는데, 최대 깊이는 600미터, 최장 잠수 시간은 43분 20초로 기록됐

웨델물범은 해빙이 가득한 남극해 연안 바다에서 서식한다. 600미터 이상 잠수하며 수중에서 40분 넘게 숨을 참을 수 있다.

다. 이로 인해 남극에 사는 물범이 우리 예상을 한참 뛰어넘는 수준의 잠수 실력을 갖고 있다는 사실이 밝혀지게 되었다.[5]

웨델물범의 잠수를 측정하는 데 성공한 뒤, 그는 자연스레 다른 동물한테로 눈을 돌렸다. 이번엔 포유류가 아닌 조류, 펭귄의 잠수행동을 측정해보고 싶었다. 미국 기지 앞엔 다행히 황제펭귄이 있었다. 그는 단순히 깊이를 측정한 것이 아니라 시간에 따른 수심의 변화를 순차적으로 기록하는 데 성공했다. 쿠이먼이 1971년 발표한 논문에 따르면 펭귄은 물속 500미터까지 잠수하는 것으로 나타났다.[6]

바이오로깅 기술의 발전

1980년대에 케이프타운대학에서 아프리카펭귄의 행동을 연구하던 로리 윌슨 역시 기록장치를 개발했다. 그는 수영 속도와 깊이를 측정하는 센서를 엑스레이 필름에 기록하는 방식을 고안해냈다. 쿠이먼이 만들었던 장치보다 크기가 더 작았기 때문에, 이 장치는 아프리카펭귄과 같은 소형 펭귄에게도 부착할 수 있었다. 1990년대에 남극으로 무대를 옮긴 윌슨은 수영 속도와 방향을 측정하는 다양한 기계를 개발했다. 그는 이 기계들로 실험을 시도하는 과정에서 방수 테이프를 펭귄 등 부위 깃털에 엉겨 붙이는 방법을 개발하기도 했는데, 이는 장치를 부착해 동물의 행동을 장기간 모니터링하기에 매우 유용한 기술이었다. 바이오로깅 초기엔 어깨끈이나 안전벨트 같은 형태로 허리를 감쌌는데, 이런 방법은 동물에게 스트레스를 주었을뿐더러 도중에 떨어지기 쉬웠다. 그 다음으로는 에폭시 접착제를 이용해 장치를 몸에 붙이는 방식을 썼는데, 이 역시 접착력에 한계가 있었다. 하지만 방수 테이프를 이용하면 동물에게 주는 영향을 최소화하면서 강한 접착력을 유지할 수 있었다. 윌슨이 젠투펭귄에게 테스트한 결과, 몇 주간 바닷물에 노출되어도 기계가 쉽게 떨어지지 않았다. 이 방법은 지금까지도 가장 널리 쓰이고 있다.

1981년엔 일본 극지연구소 나이토 야스히코는 동물의 잠수 행동을 3개월 이상 기록할 수 있는 기록계를 만들었다. 번식을 마친 물범이 바다로 나가서 활동을 하다가 털갈이를 위해 육지로 돌아오기까지 전 기간의 행동을 모니터링할 수 있게 된 것이다. 1983년엔 물범뿐 아니라 바다거북에게 수심기록계를 부착하는 데도 성공했다. 뒤이어 1992년엔 디지털 방식으로 저장되는 방식이 처음 도입되었다. 단순히 기록 시간만 늘어난 것이 아니라 기록계 크기도 작아졌다. 이에 따라 포유류뿐만 아니라 조류나 파충류에게도 기기를 부착할 수 있게 되었다.

1980년대 미국에선 수심을 기록하면서 이와 함께 동물의 생리적인 변화를 연구하려는 학자들이 등장했다. 하버드대학의 로저 힐은 혈액 샘플과 함께 심장박동을 측정할 수 있는 장치를 개발했다. 잠수 깊이에 따라 심박수가 어떻게 변하는지를 살피는 생리적 메커니즘에 대한 연구가 시작된 것이다. 1985년 미국 해양대기청NOAA의 존 뱅스턴은 로저 힐과 함께 위성신호를 이용한 위치 추적을 시작했다. 지구 주위를 도는 인공위성을 이용해 위치를 기록할 수 있는 플랫폼 송신 터미널Platform Transmitter Terminals, PTT이었다. PTT는 이동성 동물에게 모두 적용할 수 있는 혁명적인 장치였다. 이로써 이제 지구 어디에서나 동물의 위치를 알 수 있게 되었다.

동물의 위치와 물속 생활을 파악할 수 있게 되자, 사람들은 실제 동물의 눈으로 본 세상을 궁금해했다. 그레그 마셜은 1987년에 수족관에 있는 바다거북의 등에 비디오카메라를 달아 수중을 촬영하는 데 성공했으며, 1992년엔 야생에 사는 물개에게 카메라를 붙여 바닷속을 촬영하는 데 성공했다. 일명 '크리터캠crittercam'으로 불리는 이 촬영 기법은 다큐멘터리 촬영에도 응용되었다. 일본 와타나베 유키와 다카하시 아키노리는 2010년 아델리펭귄에게 가속도계와 비디오카메라를 함께 달았다. 펭귄은 크릴이나 물고기를 잡을 때 순간적으로 머리를 빠르게 움직이는데, 이 점을 이용해서 가속도계에 찍힌 신호를 확인하면 어떤 먹이를 몇 마리나 먹었는지 정확하게 계산할 수 있었다.

동물의 행동을 측정하는 바이오로거 장비로는 수심기록계, 가속도계, GPS, PTT, 비디오카메라 외에 태양의 일출·일몰 시간을 계산해 위치를 추정하는 지오로케이터나 뇌파Electroencephalogram, EEG 측정기 등도 사용된다.

바이오로깅으로 밝혀낸 해양 환경과 인간의 어업 활동

바이오로거는 동물의 행동을 측정하고 기록하는 역할을 하

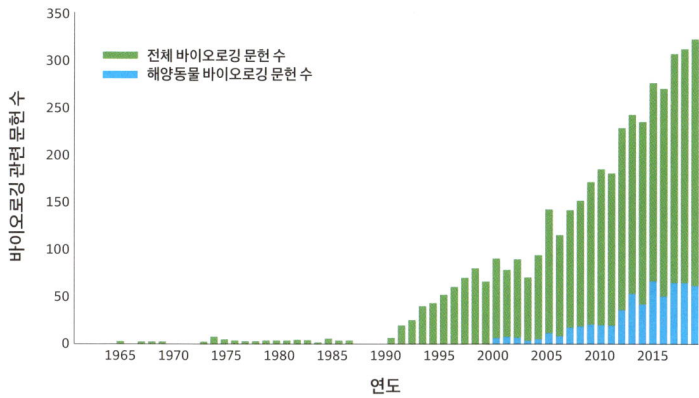

과학 논문 검색 사이트인 '웹 오브 사이언스Web of Science'에서 바이오로깅 관련 연구가 그동안 얼마나 많이 이뤄졌는지 살펴본 결과, 1960년부터 2019년까지 총 1만9641건이 검색됐다. 그래프는 바이오로깅 관련 문헌을 검색한 결과(초록색)와 해양 바이오로깅 관련 문헌을 검색한 결과(파란색)를 나타낸 것으로, 1990년을 기점으로 바이오로깅 연구가 가파르게 증가하고 있음을 알 수 있다.7

지만, 동시에 동물을 둘러싼 주변 환경 신호를 관측하기 위해 사용되기도 한다.* 특히 물리해양 연구 분야에서 다뤄지는 전기전도도

- 최근 온난화로 인해 바닷속 환경이 빠르게 변화함에 따라, 과학자들은 그 양상을 정확히 이해하기 위해 수온과 염도를 측정하고 있다. 이를 위해 여러 장비를 사용하는데, 연구선이 얼음을 깨고 들어가서 커다란 그물을 내리기도 하고 바구니로 물을 길어 올려 시료를 채취하기도 한다. 장기간에 걸친 관측을 위해선 '무어링mooring'이라고 하는 계류 장치를 이용한다. 장치를 바닥에 단단히 고정시키고 장비를 원하는 수심대에 부착한 뒤 바다 환경을 측정하는 것이다. 연구선으로는 빙하 아래까지 접근하기 어렵기 때문에 무인 탐사 잠수정을 이용해 원하는 곳을 항해하며 물속을 관측하기도 한다. 잠수정은 자체 추진력을 이용해 움직이는데, 연구진은 이를 조종해 물속을 탐사하며 필요한 정보를 얻는다.

와 수온을 측정하는 데 중요한 역할을 한다. 일반적으로 전기전도도와 수온을 측정하기 위해선 연구선을 이용해 해저면까지 장비를 내리는 작업이 필요하다. 따라서 남극처럼 바다가 쉽게 어는 극한 환경에선 빙하 부근의 깊은 바닷속을 관측하기 어렵다. 하지만 펭귄이나 물범에게 바이오로거를 부착해 이를 이용하면 이들이 대신 깊은 바닷속을 헤엄치는 과정에서 데이터를 확보할 수 있다.* 이렇게 해서 위성을 통해 자료를 송신하면 굳이 장비를 회수하지 않고도 해양 환경을 관측할 수 있다.

지난 2013년 일본 오시마 게이 연구팀은 남방코끼리물범의 머리에 수온와 염도를 측정할 수 있는 기기를 달아 진행한 흥미로운 연구 결과를 발표했다.8 연구팀은 남극 케이프단리에서 그동안 알려지지 않았던 남극저층수Antarctic bottom water, AABW가 형성되는 과정을 보고했다. 남극저층수는 남극 대륙 주변에서 바다 얼음이 생기면서 염분이 높아진 물이 가라앉은 층을 뜻한다. 이렇게 생성된 저층수는 전 세계 해양 밑바닥을 흐르면서 지구 기후에 영향을 미친다. 연구팀은 물범의 잠수행동을 이용해 남극저층수 생성이 약화되면 해양 심층의 순환이 변하면서 지구 기후가 따뜻해지는 데 영향을 끼칠 수도 있음을 밝혀냈다.

2021년 세계적으로 떠오른 생물 보호 이슈 중 하나는 '해양

- 현재까지 알려진 남방코끼리물범의 잠수 기록은 2388미터인데, 생태 연구자들은 물범의 심해 잠수행동을 극지 얼음 밑 깊은 바닷속 환경을 관측하는 데 이용하기 시작했다.

조류를 활용한 원거리 어선 위치 확인Use of Seabirds to Locate Fishing Vessels Remotely'이다.9 프랑스 앙리 바이메르스키르히는 인도양에서 앨버트로스처럼 장거리를 비행할 수 있는 조류에게 달아놓은 장치를 통해 어선에서 발생되는 레이더 신호를 측정했다. 바다를 항해하는 배들은 충돌을 피하기 위해 레이더를 켜고 다닌다. 하지만 불법 조업을 위해 암암리에 레이더를 끈 채로 다니는 배들이 있다는 이야기가 들려 왔다. 먼바다를 떠도는 배들을 일일이 확인하고 점검하긴 어렵다는 점을 악용하는 것이다. 그는 2018년 11월부터 2019년 3월까지 앨버트로스 두 종(나그네앨버트로스와 암스테르담앨버트로스*Diomedea amsterdamensis*) 169마리의 등 깃털에 테이프와 강력 접착제로 장비를 달아주고, 위성을 통해 기록을 확인했다. 앨버트로스는 성체로 자라기 전에 다년간 육지로 돌아오지 않고 대양을 떠돌며 비행한다. 인간이 어업 활동을 하는 곳엔 먹을 게 많기 때문에 새들은 어선을 따라다니기도 한다. 배 안에 있는 사람들은 앨버트로스의 몸에 달린 작은 트랜스미터를 볼 수 없다. 장비를 부착한 새들은 의도치 않게 배에서 발생하는 신호를 모아들인다. 새들은 인도양 섬에서 마치 특수 임무를 받고 하늘을 나는 정찰기처럼 정기적으로 연구진들에게 신호를 보내 왔다. 그렇게 들어온 위성신호를 분석한 결과, 실제 조업 신고를 하지 않은 채 활동 중인 어선의 비율이 매우 높은 것으로 나타났다. 배타적 경제수역EEZ 내에 머물던 약 3분의 1 이상의 어선이 선박자동식별시스템Automatic Identification System, AIS을 켜지 않고 있었다.

사우스조지아섬 하늘을 나는 나그네앨버트로스. 앨버트로스는 먼 거리를 날 수 있도록 날개폭이 좁고 넓게 진화했다. 해양을 가로질러 수천 킬로미터를 비행하며, 수면에서 먹이를 찾는다.

내가 사용하는 바이오로깅 기술

2014년 겨울, 나는 남극 세종기지 인근에 있는 젠투펭귄을 연구하는 데 바이오로깅 기술을 적용했다. 그때 들고 간 장비는 수심기록계, 비디오카메라, 가속도계, GPS 추적장치였다. 수심기록계는 1992년 나이토 야스히코가 만들었던 디지털 수심기록계의 후속 모델이었으며, 비디오카메라는 와타나베 유키가 사용했던 것과 거의 같은 제품이었다. GPS는 남극에서도 위성신호가 잘 수신되며, 위치와 함께 수심과 가속도까지 기록할 수 있는 신제품이었다. 나는 약 서른 마리의 젠투펭귄에게 이들 장치를 부착한 뒤 회수해 결과를 분석했다. 그 결과 젠투펭귄이 먼바다에 나가서 큰 그룹을 형성한다는 것을 알아낼 수 있었다. 또 펭귄들이 함께 소리를 내며 의사소통을 하는 듯한 행동도 처음으로 포착되었다. 펭귄들은 이따금 수면에서 '왁— 왁—' 하는 단순한 구조의 소리를 냈는데, 이런 소리를 낸 후 1분 이내에 다른 개체들과 그룹을 형성하곤 했다. 아마도 근거리에 있는 동료들과 무리를 짓기 위해 음성신호를 보내는 것으로 생각됐다. 펭귄들은 소리 내서 운 뒤엔 수면 가까이서 특정 방향으로 이동하며 얕고 짧은 잠수를 했는데, 이는 함께 먹이를 찾으러 가는 과정으로 보였다.[10]

바이오로깅 기술을 이용해 턱끈펭귄이 알을 낳고 품는 기간(포란기), 알에서 깨어나 부모로부터 먹이를 받아먹는 기간(육추기 育雛期) 잠수행동이 변화하는 과정을 기록하기도 했다. 2015년부터 2016년까지 남극 펭귄 번식지에서 시기별로 GPS와 수심기록계를 부착해 관찰한 결과, 펭귄들이 알을 품는 기간엔 번식지에

턱끈펭귄은 번식기에 둥지에서 최대 65킬로미터 떨어진 곳까지 이동하며,
104시간 동안 연속적으로 헤엄을 친다.

서 최대 65킬로미터 떨어진 곳으로 이동하며 3~4일에 걸쳐 취식을 하는 반면, 새끼에게 먹이를 주는 기간엔 번식지에서 가까운 20킬로미터 이내 인근 해역에서 평균 9~10시간에 걸쳐 먹이를 찾고 다시 둥지로 돌아온다는 것을 알게 됐다.**11**

지난 2021년부턴 남극 로스해와 아문젠해에서 해양포유류인 웨델물범에게 염분수온잠수기록계conductivity-temperature-depth, CTD를 이용해서 해양물리환경을 연구하고 있다.**12** CTD엔 전도도, 온도, 수압 센서가 들어 있어서, 바닷물 속 염분 농도, 수온, 수심을 정밀하게 측정할 수 있다. CTD로 확보한 데이터는 물범의 진화적 배경 및 생태와 밀접한 관련이 있어, 나와 같은 동물행동학자에겐 여러 궁금증을 샘솟게 하는 매우 흥미로운 자료가 된다. (물범은 심해 잠수를 하며 어떻게 수압을 견딜 수 있을까? 왜 얼음이 얼지 않는 곳으로 이동하지 않고 남극해에서 힘들게 살아갈까? 아직 답을 구하지 못한 질문이 많지만 계속해서 새로운 질문들이 떠오른다.) 물범이 잠수하면서 측정한 자료는 물범이 어떤 물속 환경을 선호하는지를 반영한다. 따라서 계절에 따라 환경이 어떻게 바뀌는지를 분석하면, 물범이 추운 남극의 겨울을 어떻게 버티는지 알 수 있다. 반면 해양학자는 그보다 물범을 이용해서 자료를 얻고자 하는 마음이 더 크다. 물범이 수집해 오는 겨울철 자료는 남극해의 물속 변화를 알아내는 데 쓸 수 있는 몇 안 되는 귀한 자료이기 때문이다. 여름철엔 쇄빙선이 얼음을 깨고 들어가 관측을 할 수 있지만, 겨울이 되면 바다가 모두 해빙으로 뒤덮이고 극야가 지속되기 때문에 인간이 독자적으로 관측을 하기 어렵다. 하지만 남극에 서식하는 물범은 최

CTD를 달고 있는 웨델물범. 웨델물범은 남극 대륙 연안에서 1년 내내 서식하며 바닷속 깊이 잠수하기 때문에, 웨델물범의 체표면에 센서를 부착하면 남극 해저 환경을 장기간 측정하는 데 큰 도움을 받을 수 있다.

대 2000미터까지 잠수할 수 있고 바다가 얼어붙어도 얼음을 치아로 깨드려 숨구멍을 만들 수 있다. 그래서 웨델물범은 극한 환경에 대한 적응행동을 연구하는 동물학자들과 남극의 해저 환경 변화를 연구하는 해양학자가 모두 연구하고 싶어하는 생물종이다.

하늘에서 바라본 동물의 삶

물속에서 '바이오로깅' 기술로 동물의 행동을 관찰한다면, 하늘에선 '드론'을 활용한 관찰이 가능하다. 드론drone이란 말은 무인 조종 항공기를 의미하는 명사로 널리 쓰이지만, 동물행동을 연구하는 사람들에겐 수컷 벌이란 뜻으로 통용된다. 무인 항공기는 제1차 세계대전 당시 영국이 군사적인 목적으로 사용하기 위해 처음 개발했는데, 그때 만들어진 모델 중 하나의 이름이 바로 'DH.82B Queen Bee(여왕벌)'였다.13 이후 미국에서 유사한 무인기를 만들면서 붙인 이름이 'Drone(수벌)'이었는데, 훗날 이 이름이 무인 항공기 자체를 뜻하는 말로 널리 쓰이면서 뜻도 굳어지게 되었다.

어렸을 때 나는 조종기로 움직이는 장난감 자동차를 좋아했다. 손바닥 정도 크기의 조종 스틱을 들고 엄지손가락만 까딱까딱 움직여도 자동차는 이리저리 방향을 바꾸며 달려갔다. 선이 연결되어 있는 것도 아닌데 눈에 보이지 않는 무선신호를 통해 조종이 가능하다는 게 그저 신기했다. 2010년대 중반 처음 드론을 봤을 땐 어릴 적 느낀 신기함을 넘어 경이로웠다. 비행 물체를 조종해서 카메라로 촬영을 할 수 있을 뿐 아니라 하늘을 날아다니기까지 할

상어가 접근하자 물고기가 거대한 무리를 이루며 방어 태세를 갖추고 도망친다. 드론을 활용하면 하늘에서 내려다보며 동물을 관찰할 수 있다.

수 있다니!

　무선으로 장난감을 조종하듯이 드론을 이리저리 움직이며 노는 사람도 많지만, 직업이 직업이니만큼 내가 드론을 보고 처음 한 생각은 '저걸 동물 관찰에 쓰면 좋겠다'였다. 극지를 포함한 야생에서 동물을 쫓다 보면 인간이 두 발로 갈 수 없는 곳이 많고 동물처럼 빠르게 움직일 수도 없어서 관찰하던 동물을 놓치고 좌절할 때가 잦다. 한참을 쫓은 새가 얼음 위를 날아 바다로 멀찌감치 사라져가는 모습을 바라볼 때면 말 그대로 '닭 쫓던 개'가 된 듯이 허탈감이 몰려 왔다. 드론이 있다면 동물이 내가 따라가지 못하는 곳까지 이동해도, 추적을 계속하며 관찰을 이어갈 수 있을 것이었다.

사회에서 기술 발전이 이뤄지면 학문 분야에서 이를 활용한 연구 부문이 생겨나기도 하는데, 드론과 생태 모니터링 분야가 그 좋은 예시다. 나는 2017년 처음 북극 그린란드에서 생태 조사를 하며 드론을 쓰기 시작했는데, 그때 이미 드론을 활용한 생태 연구 논문이 출판되면서 이 분야에 혁신적인 변화가 일어나고 있었다.[14] 기술 발전으로 드론이 상용화되는 걸 보면서 나와 같은 생각을 한 연구자가 많았던 것 같다. 연구자들은 대규모 식생 변화와 동물 분포를 수치화하기 위해 드론을 쓰기 시작했다. 사람이 발로 다니며 연구하는 것에 비하면 드론 연구는 효율성 면에서 월등한 이점이 있다. 인간이 직접 눈으로 관찰하는 것에 비해 편향을 줄일 수 있으며, 정확도를 높일 수 있고, 무엇보다 같은 노력을 투자했을 때 얻을 수 있는 자료의 양이 많기 때문에 경제적이다. 또 드론에 일반 카메라 외에 다양한 센서를 부착할 수도 있다. 드론은 위험한 환경에도 접근이 가능해서 인간이 직접 찾아가기 어려운 지역의 변화를 모니터링하는 데도 효과적이다.

학문에 새로운 기술을 도입할 때는 기존 방법과 비교해 구체적으로 무엇이 얼마나 나아졌는지를 검증하는 작업이 필요하다. 오스트레일리아의 제러드 호지슨 연구팀은 드론의 모니터링 능력이 기존에 숙련된 연구자가 쌍안경이나 맨눈으로 관찰한 결과보

차코독수리. 남아메리카에 서식하는 멸종위기 맹금류로, 인간이 접근하면 매우 예민하게 반응한다.

다 얼마나 더 정확한지를 확인했다. 연구진은 모형으로 만든 수천 개의 가짜 바닷새를 해안가에 늘어놓은 뒤, 드론 촬영으로 얻은 이미지 분석 결과와 인간이 눈으로 센 결과를 비교했다. 그 결과 드론으로 얻은 바닷새 모형 모니터링 결과가 인간이 헤아린 것에 비해 43~96퍼센트가량 더 정확한 것으로 나타났다.[15] 드론을 사용하면 인간의 접근으로 인한 교란도 막고, 소요 시간도 줄일 수 있다. 아르헨티나 출신 연구원 디에고 갈레고는 멸종위기종 차코독수리 *Buteogallus coronatus*의 둥지 상태를 조사하는 데 드론이 얼마나 유용한지, 또 드론을 이용했을 때 교란 정도는 얼마나 감소되는지를 평가했다. 연구를 위해 인간이 접근할 때는 모든 부모새가 날아올라 접근하는 연구자를 공격하며 매우 강하게 반응했다. 하지만 드론을 사용했을 때는 총 76회의 비행에서 한 마리만 반응해 날아올랐으며, 나머지는 대부분 둥지에 앉아서 경계행동을 하거나 경고음을 냈다. 또 드론을 사용할 때엔 조사에 걸리는 시간이 전통적인 방식에 비해 세 배가량 짧았고, 번식 성공에도 부정적인 영향을 주지 않았다.16

하지만 신기술에 늘 장점만 있는 건 아니다. 드론이란 용어가 수벌에서 나온 것과는 전혀 무관한 맥락이지만, 실제로 드론을 날리면 벌이 날 때 내는 윙윙 소리가 난다. 연료 종류나 기체 크기에 따라 차이가 있지만, 반복적인 고음을 내며 비행하기 때문에 야생에 있는 동물들은 여기에 예민하게 반응하기도 한다. 번식을 하거나 작은 무리를 이룰 때에는 비교적 반응이 덜하지만, 비번식기 큰 무리를 이루었을 때는 드론에 반응할 가능성이 높았으며, 조류는 포유류나 파충류 등에 비해 반응성이 더 강한 것으로 나타났다.17

야생동물 교란 문제에 대해 유의하고 영향을 최소화한다면, 위에서 언급한 효율성과 효과성을 고려할 때 극지는 드론을 활용하기에 더없이 적합한 연구 지역이라고 할 수 있다. 극지는 보통 바람이 강하게 불기 때문에, 소음이 멀리 전파될 가능성도 상대적으로 낮은 편이다. 또한 바다 얼음이나 빙하로 인해 인간의 접근 자체가 제한된 곳이 많기 때문에 무인기를 조종해서 관찰할 수 있다면 여러 이점을 누릴 수 있다. 게다가 극지 동물들, 특히 바닷새들은 여러 종이 한곳에 대규모로 모여 있는 경향이 있어서 정확한 숫자를 파악하고 종을 구분하기 위해선 영상으로 촬영해 그 수를

자신을 촬영하는 드론에 경계 반응을 보이는 매.

헤아리는 게 눈으로 보는 것보다 더 정확하다.

    조류의 번식을 조사할 때 가장 큰 난관은 둥지를 찾는 일이다. 조류는 알을 낳은 뒤에 알속 배아가 발달하는 동안 알을 따뜻하게 품어준다. 새끼가 알을 깨고 나왔을 때 이미 몸에 깃털이 있고 걷는 게 가능해서 곧바로 둥지가 있던 자리를 떠나는 오리와 같은 조숙성precocial 종도 있지만, 깃털 없이 부화해 눈도 뜨지 못한 채 한동안 부모가 가져다주는 먹이에 의존하면서 성장을 하는 박새와 같은 만숙성altricial 종도 있다. 만숙성 조류에게 번식 기간 전반에 걸쳐 둥지는 특히 중요한 보금자리가 된다. 둥지가 포식자에게 노출되면 새끼나 부모 모두 잡아먹힐 위험이 있기 때문에, 보통 조류의 둥지는 주변 환경과 비슷하게 만들어져 잘 은폐되어 있다.[18]

북극 조류의 번식을 조사하면서 가장 어려웠던 점 역시 둥지를 찾는 일이었다. 나는 2016년부터 그린란드 북부 지역에 있는 시리우스파셋에서 조류와 홀로 포유류 모니터링을 수행하면서, 연구 기간이면 매일 20킬로미터 이상을 걸었다. 평소 걷는 걸 좋아하지만, 여름철 얼음이 녹은 툰드라 지대를 도보로 이동하는 건 그런 내게도 고역이었다. 조류 둥지는 위장이 되어 있어서 숙련된 연구자라 할지라도 못 보고 지나칠 때가 많다. 게다가 인간은 북극 생태계에서도 잠재적 포식자이기 때문에 연구자가 접근하려 들면 조류는 소스라치게 놀라며 금세 달아나버린다.

  이런 환경에서 북극 조류를 관찰할 방법을 궁리하다 문득, 주변 색이나 패턴에 어우러져 눈에 잘 띄지 않더라도, 항온동물은 일정하게 체온을 유지한다는 점에 착안해 적외선카메라를 쓰면 둥지를 포착할 수 있을 거란 생각이 들었다. 자료를 찾아보니 독일에서 댕기물떼새 *Vanellus vanellus* 둥지를 드론 촬영으로 확인했다고 보고한 사례가 있었다.[19] 독일항공우주센터DLR의 마르틴 이즈라엘 연구팀은 둥지가 잘 은폐되어 있어 연구자들이 둥지 찾기에 애를 먹는 댕기물떼새 조사를 위해 드론에 적외선카메라를 달고 번식지를 촬영했다. 연구진은 2015년과 2016년 두 해에 걸쳐 열다섯 개의 둥지를 확인했다. 그 결과 부모새가 품고 있던 네 개의 따뜻한 알이 있는 둥지 자리는 온도가 섭씨 16.5~37.5도로 높게 나타난 반면, 주변 온도는 9.9~34.2도로 그보다 조금 더 낮게 나타났다. 주변과 확연히 구분되는 차이는 아니지만, (부모가 잠시 자리를 비워도) 둥지 온도는 주변 온도에 비해 2.8~17.4도 높아서 적

도요목 물떼새과에 속하는 댕기물떼새는 우리나라에서도 볼 수 있는 겨울 철새로, 유럽과 아시아 전역에서 번식하고 유럽 남부, 아프리카 북부와 동아시아 등지에서 월동한다.

외선 이미지를 활용할 수 있는 가능성이 확인된 셈이었다.

사실 새로운 아이디어가 떠올라서 해당 연구가 보고되어 있는지 확인했는데, 이미 유사한 연구가 있는 걸 발견하면 낙담하게 된다. 나 역시 처음엔 이 논문을 보고서 낙심이 컸다. 적외선카메라를 드론에 달아서 둥지의 존재를 확인한 연구로서는 최초가 아닐 것이었기에, 연구의 우수성이나 참신성이 줄어들까 걱정됐다. 하지만 한편으론 이런 생각도 들었다. '이미 적외선카메라의 가능성이 검증됐다는 건 북극에서 이 방법을 쓰는 데 큰 문제가 없다는 뜻이 아닐까? 북극은 더 추운 환경이니까 적외선카메라를 쓰면 둥지도 더 잘 보이지 않을까?' 선행 연구사례가 있다는 건 오히려 확신을 가지고 기존 아이디어를 더 발전시킬 근거가 되기도 한다.

드론을 이용한 흰죽지꼬마물떼새와 분홍발기러기 관찰

 2018년 여름, 그린란드 현장조사 때 기존의 가시광선카메라 드론에 적외선카메라를 추가로 덧붙여 만든 기기를 들고 갔다. 그리고 7월 16일, 육지 계곡에서 한 마리의 흰죽지꼬마물떼새 Charadrius hiaticula를 포착하는 데 성공했다. 흰죽지꼬마물떼새는 어깨부터 등쪽 깃털이 주변 흙과 비슷한 어두운 보호색을 띠고 있어서 가만히 둥지에 앉아 알을 품고 있으면 육안으론 알아보기가 어렵다. 드론에 달린 일반 가시광선 영역의 카메라 촬영 이미지로도 둥지를 확인할 순 없었다. 하지만 열화상 이미지에 담긴 사진을 보면 확연히 구분이 됐다. 둥지가 있는 곳은 17.1~19.9도의 분포로 나타났지만, 그 주변의 풀이나 바위는 9.8~14.6도로 확인됐다. 댕기물떼새 논문과 비교하면 둥지와 주변부의 온도 분포에 겹침이 없고 그 차이가 더 뚜렷해 적외선 이미지만 보고도 둥지를 식별할 수 있었다. 흰죽지꼬마물떼새의 위장 기술을 무력화할 수 있는 탐지 기술을 확인한 셈이다. 여기에 더해, 드론에 열화상카메라를 조합하면 넓은 지역을 빠르게 조사할 수 있다는 것도 알게 되었다. 이 연구는 향후 극지에서 드론을 이용한 열화상카메라 촬영이 새로운 생태 조사 방법으로 활용될 수 있다는 걸 보여준 성공적인 사례였다.

 이틀 뒤인 7월 18일, 분홍발기러기 Anser brachyrhynchus 촬영을 시도했다. 바닷가로부터 멀리 떨어진 곳에서 깃갈이를 하는 기러기를 발견했는데 몇 마리가 있는지 숫자를 세기도 어려웠고, 내가 본 게 정말 분홍발기러기가 맞는지 확인할 길도 없었다. 녀석들은 여름철 번식이 끝나면 함께 모여서 깃털을 가는데, 깃갈이 기간엔 비행을 하지 못하기 때문에 늘 신경을 곤두세우고 있다. 그래서 포식자의 접근이 어려운 바다 얼음 한가운데 모여서 지낼 때가 많다. 녀석들은 잠재적 포식자인 인간이 가까이 접근하는 걸 매우 경계해서, 드론을 꺼내 촬영을 하려고 하면 삽시간에 사라져버리는 바람에 관찰 중 허탕을 치는 일이 많았다. 이날도 큰 기대 없이 조사를 하던 중, 해안가 멀리에 검은 점들이 모여 있는 게 쌍안경으로 확인되었다. 흰죽지꼬마물떼새 촬영 성공에 자신감이 붙은 나는 드론을 지상 100미터 높이로 띄웠다. 최대한 높이 띄워 기러기를 불안하게 하지 않으려고 애쓰면서, 기체를 천천히 기러기가 있는 곳으로 이동시켰다. 드론은 저 멀리 날아가며 점점 작아지다가 어느 순간 시야에서 사라졌다. 이제 손가락 감각과 감에 의존해 조종을 해야 했다. 그렇게 약 20분간 드론을 운행해 해안가 바다 얼음에 모여 있는 스물한 마리의 분홍발기러기를 일반 카메라와 적외선 열화상 카메라로 포착하는 데 성공했다. 영하의 온도에 차갑게 식어버린 지상에 체온이 높은 새가 자리해 있었고, 그 모습이 붉은색 새 모양으로 감지됐다. 이들 카메라는 110미터 상공에서도 지상에서 4.19센티미터 떨어져 있는 두 물체를 구분할 수 있을 만큼 정밀했고, 덕분에 새들의 형상을 구분할 수 있었다. 최초로 극지 기러기의 깃갈이 행동을 적외선으로 관측한 순간이었다.

촬영에는 성공했지만 안타깝게도 육지로 복귀시키는 동안 배터리가 소모돼버린 드론은 비행 중 별안간 추락해 바다에 빠져버리고 말았다. 망가진 드론이야 어쩔 수 없었지만, 그 안에는 귀

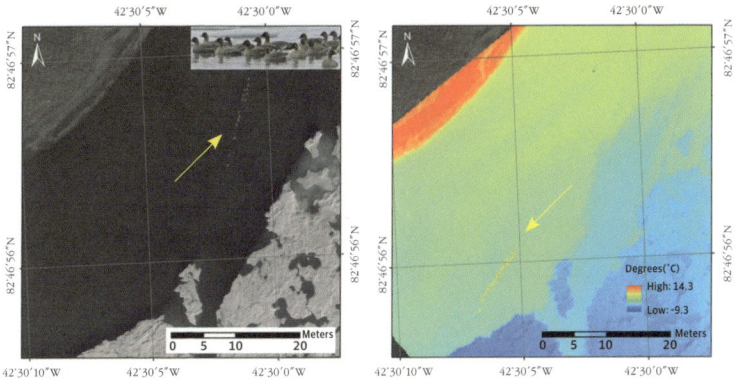

언덕에서 휴식을 취하는 분홍발기러기(위). 북극 그린란드 해안가에서 촬영된 분홍발기러기의 일반 가시광선 영상(왼쪽)과 적외선 영상. 두 영상에서 모두 분홍발기러기 16개체(화살표)가 식별되었다.

중한 자료가 담겨 있었다. 나는 바다 얼음 위를 껑충껑충 뛰어다니며 드론을 찾아 헤맸다. 몇 시간을 서성인 끝에 간신히 바닷속에 있는 드론을 발견했고, 그 즉시 가지고 있던 낚싯대를 이용해 드론을 건져 올렸다(생태 조사 기간 혹시나 어류를 채집할 수도 있겠단 생각에 준비해 간 낚싯대였는데, 정작 물고기는 한 마리도 잡지 못하고 생각지 못하게 드론을 낚아 올리는 데 쓰였다). 이날 드론은 비록 숨을 거두고 말았지만 흰죽지꼬마물떼새와 분홍발기러기를 추적하는 뜻밖의 성취를 거두는 동시에, 새로운 기술을 낚아 올렸다는 생각에 뿌듯했다.

드론이라는 도구는 단순히 항공 촬영 장비나 취미생활을 넘어서, 기존의 관찰 방식으로는 접근이 어려웠던 극한 환경에서 동물의 행동을 정밀히 기록할 수 있는 새로운 관찰의 눈이 되고 있다. 특히 적외선카메라와 결합하면 체온을 이용해 보호색으로 위장한 조류의 번식 둥지를 식별할 수 있는가 하면, 넓은 바다 위에 흩어져 분포하는 여러 개체의 수를 정확히 헤아릴 수도 있다. 오랜 기간에 걸쳐 축적돼온 위장과 은폐라는 동물의 생존 전략을 뛰어넘는 감지 기술이 등장한 것이다.

바이오로거와 드론을 이용한 연구에서 보듯, 동물의 행동을 관찰하는 일에도 신기술의 도입이 필요하다. 최근 들어 연구자들은 중력자기장을 이용한 3차원적 움직임을 측정하거나, 뇌파에 연결된 신호를 통해 조류의 비행 중 수면행동을 연구하기도 한다. 앞으론 초소형 기기를 활용해 동물의 행동을 좀더 자세히 측정하면서 거추장스러움으로 인한 불편감과 스트레스를 줄여줄 수도 있

하와이 카팔루아 해안을 유영하는 혹등고래와 돌고래. 상공을 비행하는 무인기로 촬영된 영상은 먼바다에서 헤엄치는 해양동물을 관찰하는 데 요긴하게 활용될 수 있다. 최근 드론으로 촬영된 영상을 보면 예상치 못하게 여러 종이 함께 무리를 지어 헤엄치는 모습이 관찰되기도 하며, 서로 다른 종이 협력해 먹이를 찾는 광경도 종종 목격된다.

을 것이다. 또한 인공지능에 기반해 영상 속 동물의 행동을 대량으로 정밀 분석하는 것이 가능해지면 우리가 이해하지 못하는 동물의 울음소리를 새롭게 해석할 수도 있지 않을까? 그 과정에서 많은 실패가 뒤따르기도 하겠지만 과학적 탐사 방식은 끊임없이 발전하기 때문에 늘 새로운 방법론에 촉각을 곤두세워야 한다. 그동안 불가능하다고 생각했던 측정이 가능해지는 순간, 생물학적 질문은 무궁무진하게 확장될 수 있다. 새롭게 발전하는 기술들을 이용해 앞으로 또 어떤 방식으로 동물의 행동과 환경을 연구할 수 있을지 기대된다.

추위와 더위

9장

아메리카 대륙의 최북단 캐나다 북극 머친슨프로몬토리(북위 72도)에서 최남단 칠레 카보프로와르드(남위 54도)까지 두 발로 걸어갈 수 있는 대부분의 지역에선, 인간을 포함한 조류와 포유류가 함께 살아가고 있다. 하지만 지역마다 기후는 제각각이다. 북미 대륙을 따라 이어진 그린란드는 1991년 12월 기온이 섭씨 영하 69.6도까지 기록된 적이 있을 정도로 춥고[1], 미국 캘리포니아 퍼네이스크릭은 1913년 7월 영상 57도를 기록했을 정도로 지구상에서 가장 더운 곳으로 손꼽힌다.[2] 이처럼 지구는 곳에 따라 극단적인 기후로 인해 도저히 생명체가 존재하지 않을 것처럼 보이지만, 그런 극한 환경에서도 동물들은 살아간다. 온화한 곳에서만 살면 될 것 같은데 어떻게든 틈새를 노리고 들어가 극지역에서 적응해 살아가는 동물들이 있다. 인간이 탐험한 바다 중 가장 깊은 심해인 서태평양 마리아나 해구는 최대 수심이 1만1035미터로 수압이 1000기압 이상으로 높고 빛이 전혀 들지 않지만 이곳에도 꼼치과Liparidae 어류인 마리아나스네일피시 $Pseudoliparis\ swirei$ 가 산다.

물론 극한 환경에서 살아가기란 어려운 일이다. 특히 항온동물인 포유류는 분류군에 따라 차이는 있지만 대부분 서식지와 관계없이 체온을 30도에서 40도 사이로 유지해야 한다.3 대체 동물들은 그렇게 춥고 더운 곳에서 어떻게 적응해 살아왔을까?

19세기 중반 독일 생물학자인 카를 베르크만은 위도에 따라 동물들이 체형을 변화시키며 적응해왔다는 연구 결과를 발표한다.4 괴팅겐대학에서 의학 박사학위를 받은 뒤 동물생리학과 비교해부 연구에 전념한 그는, 동물의 서식지와 해부학적 구조 차이를 분석하면서 체내 열 보존과 몸 크기에 깊은 상관관계가 있다는 것을 깨닫는다. 그리고 연구 끝에 몸집이 큰 종일 수록 추운 지역(고위도), 작은 종은 따뜻한 지역(저위도)에 분포한다는 분석을 내놓았다. 180여 년 전에 나온 이론이라 어떠한 기작機作과 관계없이 경험적으로 관찰된 패턴을 통해 도출된 결론이었지만, 이는 동물의 몸 크기가 서식지 환경에 적응해온 진화적 산물이라는 점을 명쾌히 설명한 이론이었다. 훗날 연구자들은 그의 이론에 큰 관심을 가지게 되었고, 이 이론은 창시자의 이름을 따서 '베르그만(베르크만)의 법칙Bergmann's rule'이라고 불리게 된다.5

가장 대표적인 예는 북극곰과 불곰Ursus arctos이다. 두 종은 같은 곰속Ursus에 속하며 유전적으로 매우 가깝다. 심지어 두 종이 만나 그리즐리북극곰Ursus arctos × Ursus maritimus이라는 혼종hybrid이 생길 정도다. 하지만 두 종의 몸집은 꽤 차이가 난다. 북극권 해빙에 사는 북극곰 수컷은 최대 몸길이 2.5미터, 무게가 300~800킬로그램에 달할 정도로 크다.6 반면 북극권보다 따뜻한 유라시아,

불곰과 북극곰-불곰의 혼종인 그리즐리북극곰. 기후변화로 인해 불곰과 북금곰의 서식지가 겹치는 일이 늘어나면서 야생에서 그리즐리북극곰이 발생하는 사례가 심심치 않게 보고되고 있다.

북미 대륙에 사는 불곰은 상대적으로 크기가 더 작고 무게는 개체 군마다 변이가 심하지만, 수컷 기준 시베리아 개체군은 140~320 킬로그램가량 나간다.[7]

베르그만의 법칙은 기본적으로 표면적과 부피의 기하학적 관계에 기반한다. 큰 동물일수록 체표면적 대비 부피의 비율이 작아 열 보존에 유리하다는 가정이다. 생물은 세포의 집합으로 이뤄져 있는데, 몸집이 큰 종은 세포가 큰 게 아니라 세포 수가 많은 것이다. 몸집이 커질수록 몸을 이루는 세포 수가 증가하지만, 반대로 단위부피당 체표면적은 작아진다. 섭씨 37도로 발열하는 작은 돌멩이와 큰 바위를 냉장고에 넣었을 때 어느 쪽이 더 오래 열을 간직할 수 있을까? 직관적으로 생각해봐도 큰 바위의 열기가 더 오래간다. 열이 빠져나가는 정도가 줄어들기 때문이다. 동물의 몸이 일정한 온도를 유지하는 따뜻한 덩어리라고 할 때, 몸속에 머금고 있는 열은 공기와 닿는 바깥 면으로 빠져나간다. 따라서 체구가 큰 동물은 열 손실이 적어 추운 지역에서 더 유리하다.

베르그만의 법칙이 나온 후 이와 유사한 방식으로 동물이 서식 환경의 추위나 더위에 적응한 기작을 설명하는 후속 이론이 등장한다. 이 이론은 1877년 미국의 생물학자 조엘 앨런에 의해 제안된 이론으로, 그는 추운 곳에 사는 동물은 팔이나 다리가 짧은 반면 더운 곳에선 팔다리가 상대적으로 길다는 사실에 주목했다.[8] 이 역시 훗날 창시자의 이름을 따 '앨런의 법칙Allen's rule'이라 불리게 된다.

베르그만의 법칙이 서식지 기온에 따른 몸 크기 적응을 기술

했다면, 앨런의 법칙은 서식지 기온에 따른 팔다리 등 말단 기관의 두께나 길이 적응을 설명한다. 두 법칙은 공통적으로 동물 체표면적이 증가할수록 열 손실이 커진다는 가정하에 위도에 따른 근연종의 몸집 차이를 설명한다. 앨런의 법칙은 베르그만의 법칙의 연장으로서, 항온동물이 열을 방출하거나 보존하는 데 유리하도록 진화한 증거들을 제시했다. 앨런이 제시한 대표적인 동물은 북미에 서식하는 멧토끼속*Lepus*이다. 기온이 낮은 캐나다 동북부에 있는 종은 귀가 작고 둥글지만 그보다 훨씬 더 남쪽에 위치해 따뜻한 미국 애리조나 사막 지역의 멧토끼들은 귀가 크다.

여우들 사이에서도 비슷한 경향이 나타나는데 남부에 사는 여우들은 귀가 크고 얇은 반면 북부 여우들은 귀가 작고 두꺼운 편이다. 소의 뿔도 따뜻한 텍사스, 남미에선 크고 길지만 추운 지역에선 짧고 두꺼우며, 조류의 부리와 꼬리 등 말단 부위 길이도 남쪽 개체들이 더 크거나 긴 편이다. 앨런은 이러한 현상이 서식 환경에 대한 적응의 결과라고 생각했다.

쿠웨이트대학의 베이더 알하제리 연구팀은 앨런의 법칙이 설치류에도 적용되는지 확인하기 위해 전 세계 2212종을 대상으로 꼬리, 뒷발, 귀의 길이가 기후(온도, 강수량)와 어떤 관련이 있는지를 대규모로 분석했다. 여러 변수를 함께 고려해 통계적 분석을 실행한 결과, 설치류의 꼬리 길이는 위도가 높아질수록 짧은 것으로 확인되었다. 특히 이러한 경향은 건조한 사막에 사는 종에게서 더 뚜렷하게 나타났다. 또한 몸크기가 작은 종일수록 꼬리 길이는 온도의 영향을 더 크게 받았다. 이를 종합해보면 연구진의 예측처

앨런의 법칙에 따르면 항온동물은 말단 기관의 크기를 서식지 온도 환경에 맞춰 적응해왔다. 추운 지역에 사는 멧토끼(*lepus arcticus*)는 귀가 작고 둥글어서 귀를 통해 열이 빠져나가는 것을 막을 수 있다. 반면에, 따뜻한 지역에 사는 멧토끼(*lepus californicus*)는 귀가 매우 커서 열을 방출해 체온을 조절하기 용이하다. 북미 대륙에 서식하는 멧토끼속 종들을 비교해보면 캐나다 북극에서 멕시코 열대 지방으로 내려갈수록 서식지 온도에 따라서 팔, 다리, 귀가 길어진다는 것을 알 수 있다.

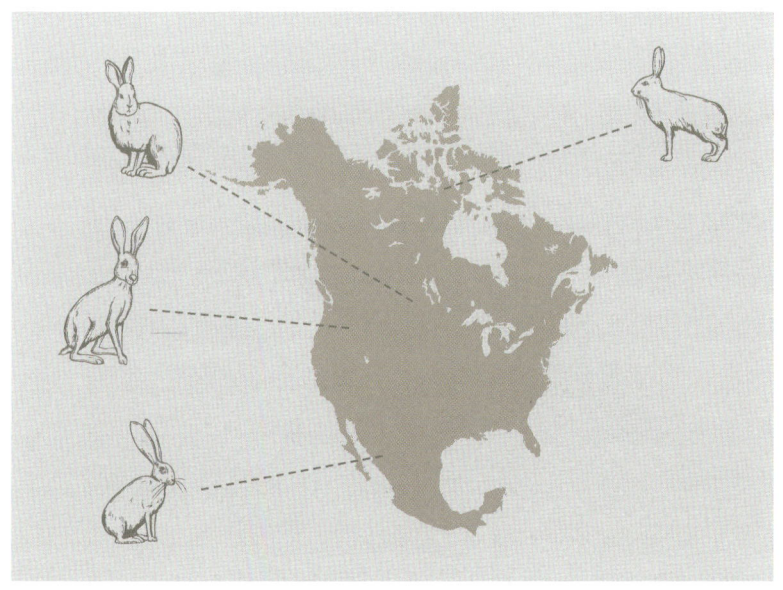

북극권에 서식하는 북극여우*Vulpes lagopus*는 귀가 작고 두꺼워 열 손실이 적다. 반면에 아프리카에 사바나 초원지역에 서식하는 박쥐귀여우*Otocyon megalotis*는 이름이 보여주듯 귀가 박쥐처럼 양옆으로 크게 솟아 있어서 열을 발산하기에 좋다.

럼 설치류의 꼬리는 앨런의 법칙이 잘 적용되는 특성을 보였다. 이는 서식지의 기후가 진화적 압력으로 작용해 추운 곳에서 열 손실을 줄이기 위해 적응한 결과로 보였다.9

베르그만의 법칙과 앨런의 법칙은 주로 체내에서 열을 발생시켜 일정한 온도를 유지하는 항온동물의 열 보존을 위한 진화적 적응을 설명하지만, 이를 파충류와 같이 외부 온도에 따라 체온이 바뀌는 변온동물에 적용하는 데는 한계가 있다.

미국 자연사박물관에서 도마뱀을 연구하던 찰스 보거트는 습하고 서늘한 지역에 사는 파충류 종이 더 어두운 색조를 띠는 경향이 있다는 것을 발견했다. 반면에 건조하고 따뜻한 사막에 사는 종은 밝은색이 많은 것으로 보였다. 보거트는 1949년 파충류의 체색體色과 서식지 기후의 관계에 따른 경향성을 분석한 논문을 발표했고, 훗날 사람들은 이를 '보거트의 법칙Bogert's rule' 혹은 '열 멜라닌 가설thermal melanism hypothesis'이라고 일컬었다.10 보거트는 습윤하고 따뜻한 기후의 플로리다와 건조하고 더운 기후의 애리조나에 사는 도마뱀들을 비교했는데, 기후가 달라도 이들이 선호하는 온도 범위는 평균 섭씨 36~41도로 유사했다. 도마뱀은 체온을 조절하기 위해 태양 방향으로 몸 방향을 조절하며 햇볕을 쬐거나 그늘이나 땅속으로 피하는데, 이때 몸의 겉면을 덮고 있는 색소는 열 조절 능력을 높이거나 보완할 수 있다. 어두운 색은 열 흡수를 도와서 체온을 빠르게 높여줄 수 있기 때문이다. 이처럼 파충류는 체색을 활용한 행동을 통해 체온을 꽤 효율적으로 조절할 수 있다. 이 때문에 보거트는 파충류가 냉혈동물cold-blooded animal 혹은 변온

동물poikilothermic이라고 불리는 것을 못마땅해했다.**11**

미국 예일대학의 워드 와트는 미 전역에 서식하는 노랑나비 속*Colias* 개체들을 채집해 종마다 색깔이 다른 정도를 비교했다. 그 결과 흥미롭게도 북쪽이나 높은 고도에 서식하는 나비일수록 멜라닌 색소가 많아 더 짙은 색을 띤다는 것을 알게 됐다. 와트는 1968년 논문에서 나비의 부위별 멜라닌 색소와 체온을 측정해 이를 정량적으로 분석했다.**12** 동일한 크기의 나비를 비교했을 때 어두운 개체는 햇빛을 더 잘 흡수해서 체온을 높이는 속도가 빨랐다. 나비는 체온이 섭씨 약 28도 이상이 되어야 자발적으로 비행할 수 있고 최적 활동 온도는 35~38도인 것으로 관찰되었는데, 어두운 개체들은 최적 활동 온도에 도달하는 시간이 짧기 때문에 밝은 개체들과 비교해 더 자주, 더 오랫동안 활동이 가능했다. 실제로 고위도, 고산지대에 사는 개체군은 전체적으로 몸 색깔이 어두운 것으로 관찰되었고, 저위도의 낮은 고도에 사는 개체군은 밝은색을 띠었다. 추운 지역에선 어두운색을 띠는 나비가 활동 시간이 길고 번식 기회를 늘릴 수 있지만, 따뜻한 지역에선 체온이 급격히 올라갈 수 있기 때문에 오히려 생존과 번식에 불리할 수 있다. 이 연구를 통해 멜라닌 색소는 체온 조절을 돕는 열 흡수 메커니즘에 중요한 적응적 형질로서 진화한 산물이라는 것이 밝혀졌다. 보거트의 도마뱀 연구는 동물의 색이 어둡고 진한 정도를 측정하지 못한 채 연구자의 눈에 보이는 정도로 색을 구분하고 그 영향을 예측하는 수준에 머물렀지만, 와트는 본격적으로 생리적 적응을 과학적으로 보여줄 수 있는 근거를 제공했다.

위도에 따른 유럽 나비의 체색 연구

나는 2016년부터 북극 그린란드 북위 82도 난센란에서 생태 조사를 했다. 처음엔 고위도 북극에도 나비와 벌, 각다귀 등 많은 곤충이 있다는 사실에 놀랐다. 그린란드 중북부 지역은 연간 평균 기온이 영하 31도에 달할 정도로 춥지만, 여름이 되면 기온이 영상으로 올라 낮엔 영상 10도까지 나올 정도로 포근해진다. 북극의 여름은 6월에서 8월까지 두 달 남짓한 기간 동안 이어지는데, 이 기간엔 하루 종일 빛이 드는 백야가 지속되어 낮이 길다. 이 시기에 맞춰 식물들은 급속히 성장해서 꽃을 피우고 씨앗을 만든다. 북극버들처럼 키가 작은 관목성 초본이 대표적인데, 개화 시기가 되면 그 주변엔 나비와 벌이 날아와 수분을 매개한다. 식물에 모여든 곤충들은 대부분 어두운색을 띤 개체가 많았다. 야외에서 관찰을 하며 속으로 생각했다. '북극에 사는 나비나 벌에게도 보거트의 법칙이 적용되겠군!'

그런데 보다 보니 가끔 화려하고 밝은색을 띤 종들도 눈에 띄었다. 화려하고 밝은 날개는 짝을 찾는 데 유리할 지도 모른다. 하지만 체온 조절에는 불리하다. 여름에 기온이 영상으로 올라간다고 하지만 활발하게 움직이기 위해선 태양 빛을 받아 체온을 높여야 하는데, 밝은 체색은 가시광선을 반사하기 때문에 열 흡수율이 떨어진다. 그럼에도 왜 이 종들은 보거트의 법칙에 맞지 않게 밝은색을 띠는 걸까? 어쩌면 우리 눈에 보이는 가시광선 영역(300~700나노미터 파장)을 벗어난 빛의 파장, 즉 자외선이나 적외선 영역에서 벌어지는 작용이 있을지도 모른다는 생각이 들었다.

오스트레일리아에서 동물의 체색에 관해 연구하던 데비 스튜어트폭스는 2017년 근적외선 영역(700~1400나노미터)이 태양에너지 전체의 55퍼센트에 달하며 열 흡수에 매우 중요할 거라는 연구 결과를 내놓았다.13 근적외선 영역은 대부분의 동물에게 시각적으로 보이지 않기 때문에 위장색이나 의사소통과는 관계없이 오로지 체온 조절에 있어 중요한 역할을 할 것이란 추측이 가능하다. 이후 연구팀은 야생에서 동물의 열 흡수와 체온조절에 있어 근적외선 영역의 중요성을 검증하기 위해, 오스트레일리아 전역의 조류 및 나비의 체색과 기후의 연관 관계를 분석했다. 오스트레일리아는 워낙 큰 대륙이기 때문에 덥고 건조한 곳에서 비교적 온화하고 습한 환경까지 다양한 기후를 비교할 수 있다. 연구팀은 우선 대륙 전역에 서식하는 90종의 조류 616개체의 머리, 등, 가슴, 배 깃털에서 근적외선 영역 반사율을 측정하고 기후 변수(기온, 습도, 일사량)를 고려해 통계 모델로 분석했다. 그 결과 연구팀의 예측대로 춥고 습한 지역에선 머리와 등 부위에서 근적외선 영역에서 열 흡수가 높게 나타났다. 체구가 작을수록 그 효과는 더 컸는데, 소형 조류는 근적외선 영역의 반사율을 높여 열 흡수를 낮춤으로써 수분 손실을 크게 줄일 수 있었다.[14] 이어서 스튜어트폭스 연구팀은 대륙 전역에서 49종의 나비 372개체의 표본을 대상으로 자외선, 가시광선, 근적외선을 측정하고 기후와의 연관성을 파악했다. 조류 깃털과 마찬가지로 나비의 날개 기저부와 몸통 부위는 습하고 흐린 지역일수록 근적외선 영역의 열 에너지 흡수율이 높았다.[15]

    동물의 체온조절을 위해 근적외선 영역의 빛 흡수와 반사가 중요하다는 사실이 위의 두 연구를 통해 검증되었지만, 이는 오스트레일리아 대륙에 한정해서 수행된 연구였다. 이에 나는 좀더 다양한 지역에서 비교 연구를 해보면 어떨까 생각했다. 그래서 저위도에서 고위도 북극까지 기온 차이를 폭넓게 검증할 수 있고, 더 많은 표본이 갖춰져 있는 유럽 대륙을 대상으로 연구를 진행하기

오스트레일리아 대륙에 서식하는 수컷 붉은머리울새 Petroica goodenovii(위)와 쇠검은가마우지 Phalacrocorax sulcirostris. 스튜어트폭스 연구진이 대륙 전역에 서식하는 조류 깃털 색을 분석한 결과, 덥고 건조한 환경일수록 깃털의 근적외선 영역 반사율이 높았고, 반대로 춥고 습한 곳에선 반사율이 낮았다. 열 흡수는 근적외선 영역의 반사율이 높으면 감소하고 낮으면 증가하는데, 새들은 이 원리를 이용해 깃털이 빛 에너지를 반사하는 정도를 근적외선 영역에서 조절해 체온을 유지하도록 진화했다.

로 했다. 영국 자연사박물관에는 오스트레일리아보다 여덟 배가량 다양한 343종의 나비 표본이 소장돼 있어서 연구의 신뢰성을 높일 수 있었다. 게다가 유럽 최북단에 속하는 핀란드 북부는 위도가 북위 70도에 달해서, 보거트의 법칙을 검증하기에 알맞았다.

나는 오스트레일리아 연구팀과 마찬가지로 나비의 주요 체온조절 부위인 몸통(흉부)과 날개 기저부를 중심으로 가시광선과 근적외선의 열 흡수 정도를 측정했고, 기온·강수량 등의 기후 변수를 고려해 이를 분석했다. 유럽 나비들도 예상했던 것처럼 추운 지역 나비는 전체적으로 색이 어두웠고, 이러한 경향은 몸통과 날개 안쪽에서 좀더 분명하게 나타났다. 또한 추운 곳일수록 근적외선 영역에서 열 흡수가 많이 일어났으며, 몸집이 작을수록 이런 경향은 더 뚜렷했다.[16]

그린란드에서 관찰했던 밝은색 날개의 나비는 어떻게 열을 조절할 수 있을까? 두 가지 추측이 가능했다. 첫 번째는 어둡고 진한 몸통에서의 열 흡수로 날개 부위의 반사를 상쇄했을 가능성이다. 날개 전체는 밝게 보이지만 체온조절을 담당하고 열 흡수가 주로 이뤄지는 몸통과 날개 안쪽이 어두운색을 띠었다면 몸을 따듯하게 유지하는 데 큰 문제가 없었을 것이다. 두 번째는 처음 예측했던 것처럼 근적외선 영역에서 흡수한 열로 인해 가시광선 영역에서 흡수하지 못한 게 충분히 보상되었을 가능성이다. 비록 가시광선 영역에서 손해가 있더라도 체온조절에 중요한 근적외선 영역에서 빛을 많이 흡수했다면 체온조절을 원활히 할 수 있었을 것이다.

고위도 북극 지역에서 서식하는 네발나비과 볼로리아폴라리스 *Boloria polaris*. *Boloria*라는 속명은 그리스어로 그물을 뜻하는 Bolo에서 유래했는데, 날개 무늬가 그물을 닮았다고 해서 붙은 이름이다. 북극성을 뜻하는 종명 *polaris*가 말해주듯, 볼로리아폴라리스는 북극점을 중심으로 고위도 지역에 넓게 분포하며 위도 82도가 넘는 북그린란드에서도 발견된다.

    동물들은 드넓은 지구의 구석구석을 비집고 들어가서 서식지 환경에 적응해가며 살아왔다. 추운 곳에선 몸집을 크게, 팔다리나 귀는 짧게 함으로써 열이 빠져나가는 걸 막고 체온을 유지했다. 또한 몸을 어둡게 하거나 근적외선 영역에서 많은 에너지를 흡수할 수 있게 해 추위에 적응했다. 반면에 더운 곳에선 열을 잘 배출할 수 있도록 몸집이 줄어들고 말단 기관은 더욱 돌출되어 체온을 조절했으며, 가시광선과 근적외선 영역에서 빛을 더 많이 반사해 에너지 흡수를 줄였다.

    이처럼 곰도, 나비도 저마다의 방식으로 기후에 맞게 체온을 유지하는 방법을 익히며 진화를 거듭해왔다. 동물의 몸크기나 형태, 몸 색깔은 그냥 어쩌다 생겨난 게 아니라, 몸집이며 귀의 모양, 털 색깔 하나까지도 모두 추위와 더위에 대응해 체온을 조절하기 위한 계산된 생존 전략이다. 얼핏 우연처럼 보이는 모습 속에도 수백만 년에 걸친 진화의 시간이 숨어 있다. 동물의 다양한 생김새는, 그토록 다양한 방식으로 춥고 더운 곳에서 살아남는 법을 몸으로 익혀왔음을 보여주는 증거이기도 하다.

동물의 잠

10장

"내 숨소리를 들어요. 내 숨에 당신 숨을 맞춰요. (…) 이제 바다로 가요. 물로 가요. 당신은 해파리예요. 눈도, 코도 없어요. 생각도 없어요. 不喜也不悲, 没有任何情感. 一下一下划水, 把今天发生的事都划出去, 推给我(기쁘지도 슬프지도 않아요. 아무 감정도 없어요. 물을 밀어내면서 오늘 있었던 일을 밀어내요, 나한테)."

영화 「헤어질 결심」에서 서래는 불면증에 시달리는 사랑하는 해준을 위해 그가 잠들 수 있도록, 해파리가 될 수 있도록 도와준다. 해파리는 물속을 흐느적흐느적 부유하며 유영하는 해양동물이다. 서래는 비유적인 의미에서 연인을 재워주려고 해파리 이야기를 꺼낸다. 온몸을 해파리처럼 느슨하게 이완시키고, 깊이 호흡하면서, 머릿속을 비우면 잠에 들 수 있다. 해준이 수면 클리닉을 찾아 의사와 상담하는 장면에서도 의사의 등 뒤로 해파리가 떠다니는 장면이 나온다. 영화관을 나서면서 나는 생각했다. '각본가는 해파리가 잠을 잔다는 사실을 아는 게 틀림없어.'

해파리는 실제로 잠을 잔다. 미국 캘리포니아공과대학의 리아 고렌토로 연구팀은 해파리처럼 중추신경 없이 신경세포만 있는 동물도 잠을 자는지를 관찰했다. 연구진이 송장해파리Cassiopea xamachana 스물세 마리를 엿새 동안 밤낮으로 지켜봤더니, 밤엔 활동성이 떨어졌고 자극에 반응하는 속도 역시 감소했다. 12시간 주기로 광주기 조절된 환경에서 6일 이상 연속적으로 해파리를 관찰했는데, 조명이 꺼진 밤 동안에 20분 간격으로 물에 파동을 일으켜 주기적인 기계적 자극을 주었을 때는 낮에도 활동성이 떨어졌다. 하루 중 특정 시간대에 반응성이 저하되고, 이 시간에 휴식에 방해를 받으면 보상반응이 나타난 결과를 종합해보면, 일반적으로 동물이 수면에 빠졌을 때의 행동반응과 매우 유사했다. 따라서 해파리 역시 다른 동물과 마찬가지로 수면 상태에 빠지는 것으로 보였다.[1]

　잠을 잔다는 건 무엇일까? 누군가는 앞의 연구에서 수면을 정의한 방법에 의구심을 품을지도 모르겠다. 연구자들은 어떤 근거로 이런 행동을 수면이라고 판단했을까? 인간을 포함한 척추동물은 신경세포가 모여 중추신경계를 이루고 있으며, 중추신경계의 핵심이라 할 수 있는 뇌는 신경계가 응축된 기관이다. 우리는 그래서 뇌에서 발생하는 신호를 분석해 수면 상태를 정의한다. 하지만 영화 속 대사처럼 눈도 코도 없이 지극히 단순한 신경세포만 가지고 살아가는 해파리의 뇌파를 측정하는 건 불가능하다. 그래서 해파리와 같은 무척추동물의 수면을 정의할 때 과학적으로 크게 세 가지 행동 특성을 기준으로 삼는다.[2] 첫 번째는 주기적으로 행동이 멈추거나 활동성이 떨어지는 현상이다. 몸이 마비되거나 혼수상태에 빠지면 활동성이 다시 증가한 상태로 쉽게 돌아올 수 없지만, 수면에 빠졌을 땐 비수면 상태로 금세 돌아올 수 있어야 한다. 두 번째는 가만히 있을 때 자극에 덜 반응하는 것이다. 깨어 있을 때는 자극에 바로 반응하지만, 잠든 상태에서는 반응을 유도하기 위해 더 강한 자극이 필요하며 반응 속도도 느려진다. 세 번째는 주기적인 휴식 상태를 통해 몸의 상태를 일정하게 유지하려는 성질이다. 잠을 제대로 못 자면 그만큼 더 오래 자려는 반응이 나타나는데, 이런 보상 행동이 뒤따르는 것이다. 위의 세 가지 특징이 모두 나타나면 비로소 '진짜 잠'이라고 판단할 수 있는 근거가 된다.

오스트레일리아의 존 레스큐 연구팀은 담수 플라나리아의 한 종인 지라르디아티그리나 *Girardia tigrina*를 멜버른에서 채집해 실험실에서 키우며 이들의 행동을 관찰했다. 지라르디아티그리나는 납작한 몸을 가지고 물속을 유영하는 작은 벌레같이 생긴 동물로서, 매우 단순한 구조의 중추신경계를 갖추고 있다. 연구팀은 알루미늄으로 된 수조에 녀석들을 넣어두고 LED 조명을 켜준 채 카메라로 촬영하고 영상을 돌려보면서 움직임을 기록했는데, 기록된 움직임은 대부분 활발하게 움직이거나 가만히 정지해 있는 두 가지 상태로 구분됐다. 활동성이 있을 때 몸이 길쭉하게 늘어나 약 1센티미터 길이로 측정됐으나, 활동성이 없을 땐 몸이 수축되어 절반 정도 길이가 되면서 움직이지 않았다. 이러한 활동 주기는 일주기성을 나타냈는데, 빛 조건과 관계없이 주로 밤에 활동적이었고 낮엔 비활동적이었다. 빛이 없어도 일주기성을 나타낸다는 점으로 미뤄볼 때, 이러한 패턴은 이미 유전적으로 내재된 행동임을 알 수 있다. 연구팀은 많은 동물을 대상으로 수면을 유도하는 호르몬 중 하나인 멜라토닌을 넣어주고 이에 대한 반응도 함께 살펴봤다. 멜라토닌에 노출된 플라나리아는 비활동성이 뚜렷하게 증가했다. 해파리와 마찬가지로 편형동물인 지라르디아티그리나는 인간과 같이 복잡한 신경계가 집약된 뇌를 갖고 있지 않으므로 수면을 정의할 때 필요한 뇌파 전기신호를 측정할 순 없다. 하지만 이들이 보여준 활동-비활동이 반복되는 일주기성 리듬은 분명 고등동물의 수면과 밀접한 관련이 있어 보였다. 이를 근거로 연구진은 플라나리아의 비활동성이 수면의 원시적인 형태라고 판단했다.[3]

　수면은 인간만 하는 특징적인 행동이 아니다. 잠은 해파리나 플라나리아부터 인간에 이르기까지 동물계 대부분 분류군에서 관찰되는 매우 보편적인 행동 유형이다. 초파리, 바퀴벌레, 꿀벌, 전갈은 신경 구조의 차이로 인해 인간과 동일한 수면 형태를 띠진 않지만 행동적 기준으로 볼 때 수면을 취한다고 보고되었으며,[4] 특히 꿀벌은 머리를 옆으로 기울이고 더듬이를 떨며 자는 듯한 모습을 보인다.[5] 그런가 하면 산호초에 사는 몇몇 어류는 수면 중에도 지속적으로 헤엄을 친다.[6] 군함조*Fregata ariel*를 비롯한 여러 조류는 비행 중 잠이 들기도 하고 펭귄은 바다를 헤엄치다가 수면에 올라와 잠시 잠을 자며 북방코끼리물범*Mirounga angustirostris*은 잠수를 하다가 물속에서 잠이 들기도 한다.[7] 박쥐는 천장에 거꾸로 매달려 잠을 자고, 표범은 나뭇가지에 늘어져 자며, 침팬지나 오랑

나무 위에 올라 잠을 자는 아프리카표범 *Panthera pardus pardus*.

고양이는 하루 열두 시간을 자며, 렘수면에 빠져 있는 동안 꿈을 꾸는 것으로 알려져 있다.

우탄은 높은 나무 위에 둥지처럼 잠자리를 만들어 수면을 취한다. 청둥오리, 물개, 돌고래는 포식자의 공격에 대비해 뇌 한쪽은 깨어 있는 상태로 양쪽 뇌를 번갈아 가며 잠을 청한다. 주머니쥐는 하루 열여덟 시간, 고양이는 하루 열두 시간 잠을 자는 반면 몸집이 큰 아프리카코끼리*Loxodonta Africana*는 고작 두 시간가량을 잔다고 알려져 있다.[8]

이렇게 동물계에는 다양한 형태의 수면이 있지만, 행동학에서 수면 연구는 여전히 연구실에서 키우는 동물이나 동물원·수족관에 가두고 사육하는 동물을 대상으로 이뤄져왔다. 실험용 쥐나 수족관 돌고래는 야생에 있는 개체들과 같이 먹이를 찾을 필요도 없고 포식자를 걱정하지 않아도 된다. 온도와 빛이 일정하게 유지되는 조건하에서 나타나는 수면 형태는 야생의 것과는 차이가 클

것이다. 특정 종의 수면 행동을 계통진화적으로 분석하고 이해하려면 수면을 정확히 측정할 수 있어야 하는데, 이처럼 야생과는 다른 왜곡된 환경에서 관찰된 결과는 실제와 다를 수 있다.[9] 일례로 독일 막스플랑크연구소의 닐스 라텐보르크 연구팀이 관찰한 야생 갈색목세발가락나무늘보 *Bradypus variegatus*는 동물원에서 기록된 것보다 훨씬 더 적은 잠을 자는 것으로 나타났다. 기존에 알려진 바에 따르면 하루 열여섯 시간 정도 잠을 잔다고 기록되었지만, 야생에서 관찰해보니 실제 수면 시간은 그보다 훨씬 더 적은 하루 평균 약 9.63시간에 불과했다.[10] 독일 브리존 포이린 연구팀의 후속 연구에 따르면 파나마에 사는 나무늘보 가운데 포식압이 높은 내륙 열대우림의 갈색목세발가락나무늘보는 포식자가 없는 섬에 사는 피그미세발가락나무늘보 *Bradypus pygmaeus*와 비교했을 때 주로 밤에 집중적으로 잠을 잤다. 두 종 모두 하루에 9~10시간을 잤지만 고양잇과 포식자 등 다른 동물의 위협에 노출된 내륙 나무늘보는 밤에 사냥하는 포식자를 피해 낮에 활동하고 밤엔 조심히 나무에서 잠드는 것으로 보였다.[11] 이처럼 동물이 잠을 자는 행동은 오랜 진화의 역사 속에서 나름의 방식으로 환경에 적응한 결과다.

펭귄은 어떻게 잠을 잘까?

남극에서 펭귄을 관찰하는 동안, 나는 펭귄이 길게 잠드는 모습을 한 번도 본 적이 없었다. 매일같이 바다에 나가 먹이를 사냥하고 다시 둥지로 돌아와 새끼에게 먹이를 뱉어주는 일과를 반복

나무늘보는 포식 위험이 없는 동물원에선 하루 열여섯 시간을 자기도 하지만, 야생에서는 그보다 적은 9~10시간을 자는 것으로 보고되었다.

하는 동안 펭귄은 바다에서 호시탐탐 자신을 노리는 표범물범을 경계해야 하고, 알과 새끼를 노리며 둥지 주변을 맴도는 도둑갈매기도 방어해야 한다. 그래선지 가끔 꾸벅꾸벅 조는 모습만 보일 뿐 마음 놓고 푹 자는 걸 볼 수가 없었다. 그렇게 잠을 안 자고 버티는 게 가능할까? 펭귄은 어떻게 수면 욕구를 채우는 것일까?

전자 기술 발전과 함께 수면파를 측정할 수 있는 작은 센서가 개발되면서 야생동물의 수면 연구가 활발해졌다. 평소 극지 동물의 수면행동에 관심은 많았지만 뇌파를 측정하는 센서에 대해선 문외한이었던 나는, 펭귄의 수면에 대해 막연한 궁금증만 갖고 있었다. 그러다 2018년 2월 멕시코 라파스에서 열린 태평양 해양조류 학회 Pacific Searbid Group Conference에 참석해 우연히 닐스 라텐보르크 박사의 강연을 듣게 됐다. 갈라파고스제도에 사는 큰군함조 Fregata minor 의 수면 행동에 대한 발표였다. 찰스 다윈도 비글호 항해 당시 갈라파고스 큰군함조의 수면에 대한 메모를 남긴 적이 있다. "나는 이 새들이 비행을 하다 바다에 내려와 잠시라도 쉬는 걸 봤다는 얘길 정말이지 들어본 적이 없다."[12] 최근 군함조에 위치추적기를 부착한 연구 결과를 보면, 다윈의 관찰 기록처럼 이들은 수개월에 걸쳐 쉬지 않고 끊임없이 비행을 하는 것으로 나타났다. 먹이를 잡을 때도 수면에 내려오지 않은 채, 고래나 육식성 어류가 물속에서 사냥을 하면 수면으로 튀어 오르는 먹이를 낚아채면서 배를 채웠다.[13] 그렇다면 하루 종일 비행을 한다는 얘긴데, 잠들지 않고 버티는 게 가능할까? 연구팀은 갈라파고스제도 북쪽 헤노베사섬에서 번식하는 암컷 큰군함조에 뇌파 측정장치를 달았다. 가속도계와 GPS도 함께 부착해서 살펴본 결과, 이들은 둥지에서 최대 3000킬로미터 떨어진 곳까지 날아가며 열흘간 연속 비행을 하고 돌아왔다. 큰군함조는 비행을 하면서 잠을 잤다. 날개를 움직이지 않고 펼친 채 글라이딩을 하는 동안 좌뇌와 우뇌가 따로 잠들거나 동시에 잠드는 서파 수면(느린파형 수면)slow wave sleep*이 하루 평균 40분 정도 나타났다. 또한 드물긴 하지만 렘수면REM sleep**도 확인됐다.[14]

나는 학회 발표가 끝나자마자 라텐보르크 박사를 찾아갔다. "펭귄도 번식기엔 먼바다로 헤엄쳐 나가는데, 헤엄치면서도 잠을 자는지 궁금했어요. 사용하신 장

큰군함조의 비행. 비행 중에 좌뇌와 우뇌를 번갈아 사용하며 잠드는 반구수면을 취하며, 종종 렘수면에도 빠지는 것으로 관찰되었다.

---

* 뇌파도에 서파가 기록되는 수면 형식. 보통 수면이 점점 깊어질 때 주파수가 감소하며 진폭은 커지는데, 이때 생체에서 뇌의 활동 수준 저하, 근육 긴장 저하, 심박수나 호흡수의 감소, 혈압 저하, 대사 저하 등이 관찰된다.
** 잠을 자는 듯이 보이나 뇌파는 깨어 있을 때의 알파파를 보이는 수면 상태. 보통 안구가 신속하게 움직이고 꿈을 꾸기도 한다.

비로 남극 펭귄의 수면행동도 측정해볼 수 있을까요?" 라텐보르크 박사는 흥미를 보였지만, 큰군함조 수면 연구에 사용한 기기를 펭귄에게 쓰긴 어려울 거라며 고개를 저었다. "펭귄한테 쓸 수 있는 기기를 새로 개발해야 돼요. 물속에서도 작동할 수 있는 방수 기능이 필요하고요." 그는 이미 진행 중인 연구 계획이 너무 많아서 새로운 프로젝트에 착수하긴 어렵다면서 프랑스 리옹 뉴로사이언스 연구센터Lyon Neuroscience Research Center에서 파충류 수면을 연구하는 폴앙투앙 리부렐 박사를 소개시켜줬다. 그렇게 펭귄 수면 연구가 시작됐다.

나는 세종기지 인근에서 번식하는 턱끈펭귄을 연구하기로 정하고, 머리와 목을 비롯한 몸 크기를 정밀하게 측정한 뒤 펭귄에게 꼭 맞는 뇌파 측정기를 개발하기 시작했다. 최대 200미터까지 잠수하는 펭귄의 수중행동 특성에 맞게 수압 테스트도 병행했다. 그리고 뇌파 측정기를 부착하는 동안 움직이지 않도록 안정적으로 마취를 도와줄 청주동물원 김정호 수의사를 모셨다. 그리고 2019년 12월, 우리는 남극에서 현장 연구를 시작했다.

꼬박 2년 가까이 열심히 준비했지만, 실제 현장에서 어떤 일이 생길지는 아무도 모른다. 우린 번식지 인근에 있는 컨테이너에 간이 실험실을 차려놓고 첫 실험을 시작했다. 마취는 꽤나 안정적으로 진행됐고 뇌파 측정기, 가속도계, 수심기록계, GPS 부착이 끝난 펭귄들은 무사히 깨어나 금세 둥지로 돌아가서 알을 품었다. 우린 이튿날 다시 같은 자리로 가서 기기를 수거했다. 두근거리는 마음으로 그 안에 담긴 저장 신호를 확인하니 그제야 마음이 놓였

다. "와, 신호가 정말 잘 잡혔네! 펭귄이 이렇게 잠을 자는구나."

예상보다 뇌파신호 품질이 깨끗해서 수면행동을 분석하는 데 큰 문제가 없었다. 장치는 물속 깊이 들어가도 방수가 잘됐고 펭귄도 등에 달린 장치를 크게 개의치 않는 것 같았다. 애초 생각은 열 마리 정도 부착하면 성공이라고 생각했지만, 우린 스무 마리까지 해보기로 목표치를 높였다. 그렇게 낮이고 밤이고 현장 조사를 이어갔다. 우리가 잠을 줄이면 펭귄의 잠을 좀더 잘 이해할 수 있을 것 같았다. 기기에 오작동이 생기거나 신호 품질이 떨어져서 해석이 어려운 경우도 생겼지만, 약 두 달간의 현장 조사를 마쳤을 땐 펭귄의 수면 패턴을 해석할 만한 자료가 확보되어 있었다.

이후 약 2년간 뇌파신호를 해석하고 논문을 작성했다. 턱끈

턱끈펭귄은 해안가에서 엎드리거나 선 채 눈을 깜빡이며 짧은 휴식을 취한다. 인간처럼 눈을 감고 길게 잠드는 모습이 관찰된 적이 한 번도 없었기 때문에, 학자들은 펭귄이 아마도 쪽잠을 자며 수면을 보충할 것이라고 예상했다. 이에 실제로 수면로거를 부착해 턱끈펭귄의 수면 시간을 측정해본 결과, 평균 4초씩 하루 11시간 정도를 자는 것으로 나타났다.

펭귄의 수면 시간은 처음 예상했던 것보다도 훨씬 더 짧았는데, 한 번 잠들 때마다 평균 수면 시간은 4초에 불과했다. 그런데 이런 수면이 하루 1만 번 가까이 반복되었고, 이를 모두 합치면 일일 수면 시간은 총 11시간에 달했다. 잠깐씩 조는 것 같아 보였던 펭귄은, 사실 하루 절반 가까이 잠을 자고 있었던 것이다. 또한 먼바다에 나가서 헤엄을 치는 동안에도 짧게나마 잠을 자며 수면을 보충하는 것으로 나타났다.

펭귄은 왜 이렇게 짧게 잠을 자는 걸까? 이는 포식자나 가까운 이웃으로부터 알과 새끼를 지키려 적응한 진화의 결과일 수 있다. 번식지 하늘엔 호시탐탐 알이나 새끼를 노리는 도둑갈매기가 있다. 게다가 많은 펭귄이 좁은 구역에 한데 모여 둥지를 짓고 번식을 하다 보니 이웃들이 매일 지나다니며 방해를 해서 깊이 잠들지 못하는 것으로 보였다.15 턱끈펭귄의 일상은 하루 종일 자다 깨다를 반복하는 것이었다. 어떻게 쪽잠만 자면서 먹이 활동에 양육까지 하며 버틸 수 있을까? 언뜻 생각하면 펭귄의 삶이 너무 피곤할 것 같지만, 그건 인간의 수면을 기준으로 놓고 봤을 때 생기는 편견일 수도 있다. 펭귄 입장에선 짧게 자고 깨어나서 활동하는 걸 반복하는 게 보통이라서 오랜 시간 깨어 있는 게 더 피곤할 수도 있다.

최근엔 갑작스런 기후변화로 인해 기온이 상승하고 인간의 만들어낸 불빛이 밤을 환히 밝히면서 제대로 잠들지 못하는 동물들이 늘고 있다. 왈베르그견장박쥐*Epomophorus wahlbergi*는 아프리카 남부 지역에 사는 큰박쥐과에 속하는 박쥐인데, 과일을 주로 먹고 나무에 거꾸로 매달려서 잔다. 남아프리카공화국 콜린 다운스 연구팀은 기온에 따른 박쥐의 수면 행동을 관찰했는데, 여름에 기온이 섭씨 35도 이상으로 올라가면 수면을 거의 취하지 않고 체온 조절을 위해 몸을 핥거나 날개를 펼쳐 체온을 낮추려고 애를 썼다. 계절별 수면 시간을 비교해보면 여름보단 겨울에 더 오랜 시간 수면을 취했는데, 이는 여름철 열 스트레스로 인해 수면을 적게 취하고 있다는 것을 보여주는 사례였다.16

밤 최저기온이 25도 이상이면 열대야로 정의하는데, 기후변화로 인해 최근 10년 사이 한국의 열대야는 연간 6일 이상 증가했다. 한국뿐 아니라 전 세계적으로도 열대야는 느는 추세다.[17] 온난화로 인해 심화한 열대야 현상이 인간을 괴롭히는 것을 넘어 야생동물의 수면까지 방해해서 장기적으로 이들의 생존을 위협하는 수준에 이른 것이다.

우리는 잠자는 일을 당연한 일상처럼 받아들인다. 하지만 수면은 생존을 위한 기본적인 생리 조건이자, 오랜 진화의 산물이다. 내가 동물의 수면을 연구하면서 가장 확실하게 깨달은 점은 우리가 수면에 대해 잘 이해하지 못하고 있다는 것이다. 과학은 왜 우리가 잠을 자야 하는지, 잠을 통해서 어떤 회복 기능을 얻는지에 대해 아직 명쾌한 설명을 내놓지 못했다. 수면에 대한 과학적 이해를 위해선 우선 수면이 어떻게 진화되었는지 그 과정을 알아야 하고, 서식 환경에 따라 어떤 적응 과정을 거쳐왔는지 그 맥락을 알아야 한다. 지금 인간을 포함한 동물들의 수면에 가장 커다란 영향을 미치는 요인 중 하나는 기후변화다. 온난화에 의해 변화될 수 있는 동물의 수면행동을 연구하고, 수면 부족이 가져올 생태적인 변화에 대해 진지하게 고민해야 할 때다.

동물의 지혜

11장

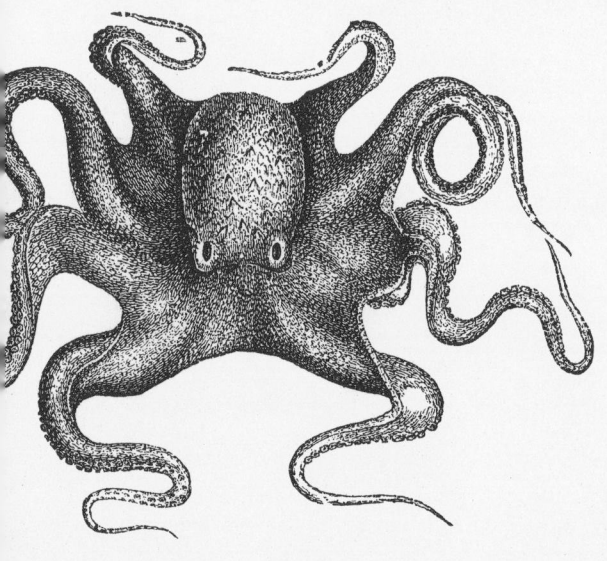

침팬지는 인간과의 유전적 유사성이 높아서 뇌인지 분야에서 연구 대상으로 삼는 대표적인 비교종이다. 하지만 인간의 시선으로 동물의 인지를 가늠한다는 건 그리 단순한 문제가 아니다. 동물종마다 걸어온 진화적 배경이 다르기 때문에 인간과의 직접적인 비교는 불공평한 경우가 많아서, 비교 연구를 할 때에는 언제나 종의 특성을 고려한 별도의 기준이 필요하다.

『침팬지 폴리틱스』의 저자로 널리 알려진 미국의 동물행동학자 프란스 드 발은 2016년 동물의 지능에 관한 책을 펴냈다. 『동물의 생각에 관한 생각』이란 제목으로 번역 소개된 이 책의 원제는 *Are We Smart Enough to Know How Smart Animals Are?*, 그러니까 '우리는 동물이 얼마나 똑똑한지 알 만큼 충분히 똑똑한가?'다(한국어판에는 이 제목이 부제로 쓰였다). 번역서의 제목도 재미있지만, 원제가 워낙 도발적이고 흥미로운 질문이었기 때문에 번역본을 읽는 동안 몇 번이나 떠올리곤 했다.

동물의 지능에 관해선 수많은 과학적 발견이 축적되고 있는데, 사실 이러한 학문적 성과엔 인간이 다른 동물을 평가할 수 있다는 전제가 깔려 있다. 이 책은 제목에서부터 이러한 전제에 의문을 제기한다. 과연 인간은, 인간이 아닌 다른 동물의 지능을 평가할 수 있는 존재인가? 동물의 행동과 인지를 연구하는 사람으로서 솔직히 말하자면, 영장류 유인원으로서 다른 동물과 구분될 만큼 큰 뇌 용량을 지닌 인간은 추상적 사고 능력과 고도의 문제해결력을 갖추고 있다. 이 점을 생각하면 인간의 지능은 다른 동물의 지능을 평가할 수 있는 수준이라고도 말할 수 있다. 물론 인간만이 고도의 지적 능력을 갖춘 존재인가라는 질문엔 쉽게 답하기 어렵지만, 인간은 객관적·주관적으로 스스로에 대해 고민하며 다른 종과의 공통점과 차이점에 대해서도 과학적·철학적인 질문을 던져왔다. 발 역시 이에 대해 잘 알고 있었을 것이다. 그렇더라도 조금은 도발적인 질문을 던짐으로써, 동물을 이해하는 데 가장 큰 방해 요소가 된다고 그가 생각하는 '인간 중심적 사고와 판단'에 의문을 제기하고, 우리가 안다고 여겼으나 실은 제대로 알지 못했던 동물의 생각과 마음을 그들의 입장에서 생각해보자는 제안을 하고 있는 것이다. 저자는 책 서문에서 이렇게 말한다. "('우리는 동물이 얼마나 똑똑한지 알 만큼 충분히 똑똑한가?'라는 질문에 답을 하자면) 그렇다. 하지만 여러분은 동물이 얼마나 똑똑한지 상상도 하지 못했을 것이다."[1]

인간을 제외한 가장 똑똑한 동물을 고르라고 한다면 인간과 유전적으로 99퍼센트 일치하는 침팬지와 보노보를 들 수 있다. 제인 구달이 발견했듯, 침팬지는 도구 사용에 능하다. 침팬지는 가끔 별식으로 곤충을 먹기도 한다. 구달의 발견에 따르면 그들은 나뭇가지를 적당히 다듬은 뒤 흙더미처럼 보이는 흰개미집 구멍에 쑤셔 넣어 거기 딸려 나오는 흰개미를 '낚아 올렸다'.[2] 흰개미 '낚시'를 하기 위해 나름대로 낚싯대를 만든 것이다. 침팬지들은 또 '음료수'를 만들어 마시기도 했다. 나뭇잎을 씹어서 스펀지처럼 만든 뒤 이걸 웅덩이에 있는 물에 담가 적신 다음 짜서 마시는 것이다.[3]

침팬지는 나뭇가지를 다듬어 낚시대처럼 만든 뒤 흰개미 집에 넣어서 가지에 달라붙어 나오는 흰개미를 잡아 먹는다. 제인 구달은 이런 도구 사용 행동을 처음으로 관찰했고, 이를 통해 인간만이 도구를 사용한다는 통념이 바뀌었다.

 이들은 특정 행동을 가족들로부터 보고 배우거나 다른 친구들이 하는 행동을 관찰했다가 따라 하기도 했다. 좀더 적극적인 도구 사용 사례도 보고되었는데, 단단한 돌멩이나 나무를 망치처럼 이용해 견과류를 깨서 그 안에 있는 열매를 먹기도 했다. 우리는 일상적으로 도구를 사용하기 때문에 별것 아닌 것처럼 보일지 모르지만, 무거운 물체를 이용해 두꺼운 껍질로 된 견과를 깨어 그 안에 들어 있는 과육을 먹는 건 꽤 복잡한 형태의 도구 사용 예시

맹그로브나무 위 침팬지 무리.

로 꼽힌다.4 우선 견과를 올려둘 평평한 받침돌을 찾은 뒤, 그 위에 견과를 올려두고서, 돌멩이를 손에 들고, 돌멩이의 넓은 면으로 정확히 힘을 가해야 한다. 그런데 아무 침팬지나 이렇게 할 수 있는 건 아니다. 이 행동은 주로 아프리카 서부 지역인 기니, 라이베리아, 시에라리온에 사는 야생 침팬지들에게서만 발견된다.5 구달이 관찰했던 아프리카 중부 및 동부 지역에선 거의 보고된 바가 없는 행동이다. 또 하나 재밌는 사실은 도구 사용에 개체별 차이가 있다는 점인데, 돌멩이로 견과류를 깨어 먹는 무리가 있어도 거기 속한 몇몇 개체는 그런 도구를 전혀 사용하지 않았다.6 이는 침팬지들이 도구 사용에 있어 개체마다 조금씩 다른 수준을 나타내며, 모방을 통해 학습이 이뤄지고, 이러한 학습이 세대를 거쳐 도구를 쓰는 문화로 전승되기도 함을 보여주는 증거라 할 수 있다.

침팬지는 얼마나 똑똑하다고 말할 수 있을까? 야생에 있는 유인원의 지능을 실제로 측정하기는 어렵다. 인간을 포함해 동물의 지능을 어림잡는 일 자체가 측정자에 의한 자의적이고 주관적인 기준이 반영되기 쉬운 일이고, 주변 환경에 따라 행동이 달라지기 때문에 일관적으로 통제된 환경에서 측정하기도 어렵다. 그런 까닭에 침팬지나 보노보의 지능 연구는 대부분 동물원이나 연구실 같은 사육 공간에서 이뤄져왔다. 앞서 소개한 프란스 드 발의 『침팬지 폴리틱스』에는 네덜란드 동물원에서 관찰한 침팬지들의 사회성이 상세히 묘사되어 있다. 그들은 인간처럼 복잡한 사회구조를 이루었고, 때에 따라 서로 동맹을 맺거나 협력을 했는가 하면 심지어 상대를 배신하는 행동을 보이기도 했다. 인간의 정치politics와 크게 다를 바 없는 이런 행동을 통해 침팬지도 정치적인 역학관계를 맺는다는 게 알려졌다.

연구자들은 인지 능력을 좀더 자세히 테스트하기 위해, 통제된 실내 공간에서 침팬지들을 사육하며 숙제를 내주고 문제를 해결했을 때 적절한 보상을 주면서 이들의 행동을 관찰했다. 침팬지는 간단한 퍼즐을 풀거나 논리 순서를 이해했고, 인간보다 시각적 기억력이 뛰어난 경우도 관찰됐다. 침팬지 인지 연구에서 가장 유명한 사례는 교토대학 영장류연구소 마쓰자와 데쓰로가 인간 마음의 진화적 기원을 밝힐 목적으로 기른 침팬지 '아이アイ'인데, 아이는 사진 기억photographic memory이 매우 뛰어났던 것으로 알려져 있다.

녀석은 짧은 시간 동안 모니터에 여러 개의 아라비아 숫자를 보여준 뒤 숫자를 감추었을 때 모니터 화면을 캡처하기라도 한 듯, 그러니까 '사진을 찍듯이' 숫자의 위치를 정확히 기억하고 그 위치에 적힌 숫자를 순서대로 맞추었다.

침팬지들은 단기기억뿐만 아니라 장기기억 능력도 매우 높은 것으로 알려져 있다. 동물 사육시설에 보호 중인 침팬지들은 어린 시절을 함께 보내다가 다른 시설로 보내져 오랜 기간 떨어져 지내게 되는 경우가 있다. 이들에게 예전에 같은 무리에 속해 있던 동료의 얼굴 사진을 보여주자 낯선 얼굴을 보여줬을 때와 비교해 더 오래 시선을 집중하는 경향을 보였다. 테스트에 참여한 침팬지들은 무리에서 떨어져 다른 시설로 이주한 지 몇 년이 지났음에도 불구하고 친구들 사진에 반응했다. 특히 침팬지 브람Bram은 8년 전에 함께 지냈던 개체들의 얼굴을 기억하는 것으로 보였다. (보노보 로레타Loretta와 에린Erin은 26년 전에 헤어진 가족 루이스Louise의 얼굴에도 예민하게 반응했다.) 이는 인간을 제외한 동물 중 가장 기간이 긴 사회적 기억 사례로 기록되었다.7

아프리카 중부 콩고에 사는 보노보는 침팬지와 닮았지만 몸집이 더 작아 피그미침팬지pygmy chimpanzee라고도 불리며 상대적으로 긴 팔다리와 붉은 입술, 어두운 얼굴색, 긴 머리카락이 특징이다. 보노보 '캔지Kanzi'는 인간과 의사소통을 했던 개체로 유명하다. 평생 보노보 연구에 헌신한 수전 새비지럼보는 캔지의 언어와 지적 능력을 세상에 알렸다.8 캔지는 조지아주립대학 언어연구센터Language Research Center에서 태어나 평생 사육 공간에서 살았다. 연구자들은 언어적 상징이나 수화를 이용해 캔지와 대화를 시도했다. 캔지 이전에도 고릴라 코코Koko와 침팬지 워슈Washoe가 수화를 배운 적이 있었지만, 캔지는 특별했다. 녀석은 생후 6개월 때부터 야생에서 잡혀 온 마타타Matata라는 이름의 암컷 보노보와 함께 자랐다. 연구진의 애초 계획은 상징 기호를 사용하도록 마타타를 훈련시켜 키보드를 이용해 자기 생각을 표현케 하는 것이었다. 그런데 옆에서 훈련 과정을 보던 캔지가 두 살 무렵부터 스스로 키보드의 상징 기호를 사용하기 시작했고, 마타타에게 가르치지 못한 작업까지 알아서 해내는 모습을 보였다. 또한 인간이 말로 하는 음성 언어를 이해하는 학습을 해 새비지럼보를 놀라게 하기도 했다. 인류의 석기 제작 수준까진 아니었지만, 캔지는 돌을 내려쳐 끄트머리를 날카롭게 만드는 간단한 수준의 도구 제작 능력을 보이기도 했다.[9]

　영장류의 뛰어난 지적 능력은 진화적으로 인간과 매우 가까운 유전적 관계를 고려했을 때 그리 놀라운 일이 아닐 수 있다. 영장류는 인간과 마찬가지로 몸집에 비해 큰 두뇌를 가지고 있을 뿐 아니라 전두엽이 특히 발달했으며, 뇌의 부피당 신경세포(뉴런) 수가 많고 시냅스의 연결이 복잡하기 때문에 고도의 지적 능력을 바탕으로 복잡한 사회 체계와 인지 기술을 활용해왔다. 이들의 뛰어난 문제해결력은 생존과 번식에 큰 도움이 되었을 것이다.

　그런데 영장류 외에도 도구를 사용하는 동물의 예가 있다. 1996년 뉴질랜드 메시대학 개빈 헌트는 오스트레일리아 북동쪽 뉴칼레도니아섬에 사는 까마귀가 나뭇잎과 가지를 이용해 도구를 만들어 먹이를 잡는다는 관찰 결과를 발표했다. 헌트는 박사과정생으로 뉴칼레도니아의 멸종위기종 조류인 카구*Rhynochetos jubatus*의 생태를 연구하고 있었다.**10** 1991년부터 5년간 뉴칼레도니아섬에서 관찰을 이어가는 동안 그는 뉴칼레도니아까마귀*Corvus moneduloides*가 부리로 복잡한 도구를 만들어 사용한다는 사실을 밝혔다. 이후 뉴질랜드 오클랜드대학으로 자리를 옮긴 그는 같은 학교의 러셀 그레이와 함께 섬을 따라 스물한 개 지역에서 5500개 이상의 도구 흔적을 수집했다.**11** 뉴칼레도니아엔 판다누스*Pandanus* 속의 가시 달린 열대 식물이 있다. 까마귀는 주로 판다누스의 잎 한쪽 가장자리를 잘라서 길쭉한 톱과 같은 모양을 만들었는데, 지역마다 다른 표준화된 방법으로 폭이 넓거나 좁은 도구를 제작했다. 도구 모양과 제작 방식은 지역별로 일정하게 유지되었으며, 특정 지역에서 10년 이상 같은 모양의 도구가 만들어지는 것으로 미뤄보아 사회적 학습 가능성이 높은 것으로 보였다. 까마귀들은 나뭇잎 외에 구부러진 나뭇가지의 잎을 제거해서 만든 갈고리 형태의 막대 도구도 만들었는데, 이것은 판다누스 잎으로 만든 도구보다 더 단단하고 길어서 구멍 깊숙한 곳에 있는 애벌레를 잡아먹는 데 매우 유용했다. 예전부터 까치나 까마귀 같은 조류들의 지능이 꽤 높을 거라는 추측은 많았지만 실제로 까마귀가 도구를 사용한다는 건 헌트의 관찰을 통해 처음으로 학계에 발표되었으며, 이 발견으로 인해 고도의 도구 기술 진화가 영장류만의 전유물이 아니라는 것이 밝혀졌다.

    조류의 영리함에 대해선 수긍이 가능하지만, 여기서 한 가지

카구(왼쪽)와 뉴칼레도니아까마귀.
뉴칼레도니아까마귀는 나뭇잎과 나뭇가지 등으로 도구를 만들어 먹이 활동에 이용한다.

질문이 떠오른다. 1만 여종이 넘는 조류 가운데 왜 하필 뉴칼레도니아까마귀한테서만 이처럼 높은 수준의 도구 제작 능력이 관찰되는 걸까? 신경생물학적인 관점에서 분석한 결과를 살펴보면 이들은 다른 종들과 비교해 상대적으로 뇌가 큰 편이었다.12 대뇌화 encephalisation 지수로 나타낸 비율을 살펴보면 몸무게 대비 뇌가 차지하는 비율을 나타낼 수 있는데, 까마귀속 Corvidae 조류는 상대적으로 큰 뇌를 가진 편이지만 그 가운데서도 뉴칼레도니아까마귀는 다른 까마귀, 까치, 어치에 비해 대뇌화 지수가 특히 더 높았다. 비록 사회적인 체계를 이루며 살아가는 동물은 아니지만 어린 개체들은 특별한 학습 없이도 도구를 만들어냈다.13 따라서 이 종은 기본적인 도구 사용 및 제작에 유리한 유전적 소질을 지니고 있음을 알 수 있다. 해부학적으로 보면 뉴칼레도니아까마귀는 시야가 앞쪽으로 겹쳐져 있고 부리가 직선형이기 때문에 입체적인 작업을 하기에 좋은 신체적 구조를 지녔다. 게다가 도구를 사용하지 못하는 다른 까마귀속을 포함해 여느 조류와 비교했을 때 쌍안 시야 겹침 binocular overlap 폭이 매우 넓다. 또 곧게 뻗은 부리 덕분에 시야 안에서 안정적으로 잎과 가지를 잡을 수 있어 도구를 정밀하게 조작하는 데 있어서도 유리하다.14 비록 까마귀는 손이 없이 부리만을 이용하지만, 인간을 포함한 영장류가 쌍안 시야를 바탕으로 정밀한 시각적 조절을 통해 능숙한 손놀림으로 도구를 만드는 것과 유사하다.

생태학적 관점에서 볼 때 뉴칼레도니아까마귀는 새끼에게 최대 10개월 동안 먹이를 공급하며 오랜 시간 양육에 힘쓴다. 이는 다른 조류에선 드문 행동인데 부모는 이 기간 복잡한 기술을 새끼들에게 가르칠 수 있는 시간적 여유를 갖게 된다.15 야생에서 어린 개체들은 부화 후 2~3개월 만에 도구 제작 능력을 보이는데, 성체 수준의 복잡한 도구 사용이 가능해지려면 대략 1년이 걸린다.16 따라서 부모의 양육을 받는 동안 앞선 세대로부터 수직적인 학습이 이뤄질 가능성이 매우 높다는 걸 짐작할 수 있다. 또한 환경적으로 매우 고립되어 있지만 그만큼 포식 위험이 낮고 경쟁자가 없기 때문에 뉴칼레도니아까마귀의 조상들은 주변 잎이나 나뭇가지와 오랜 기간 상호작용하거나 이를 탐색하는 데 더 많은 시간과 에너지를 쓰면서 복잡한 행동을 습득할 수 있는 느린 생애사*를 진화시키는 데 알맞은 조건에 있었을지도 모른다.17

나를 포함해 까마귀, 까치, 어치 같은 까마귀속 조류를 연구하는 학자들이 학회에서 만나면 꼭 나오는 얘기가 있다. 바로 이들이 얼마나 똑똑한지에 관한 이야기다. 우리는 신난 얼굴로 각자의 연구종을 칭찬하며 저마다 연구를 하며 겪은 일화를 늘어놓곤 한다. 오랜 기간 야외에서 이 새들을 관찰하다 보면 비록 연구 논문으로 발표하진 않았지만 놀라운 행동을 보여주는 일이 흔하기

• 뉴칼레도니아까마귀는 부모와 함께 생활하는 기간이 약 2년 이상으로 매우 긴 편이고, 사육 상태에선 20년 이상 살 정도로 수명이 길다. 이는 부모나 다른 나이 든 개체로부터 사회적 학습이 이뤄질 유리한 환경이 된다. 특히 복잡한 기술은 장기적인 학습을 통해 전수되기 때문에 성장 기간이 길어야 배울 수 있는 기회가 많이 생긴다. 따라서 뉴칼레도니아까마귀의 느린 생활사 전략은 정교한 도구 제작 기술을 갖추는 데 있어 중요한 진화적 배경이 되었을 것으로 추측된다.

까마귀속 종들은 조류 가운데 인지 능력이 특히 뛰어나다고 알려져 있다. 영장류 수준의 거울 인지나 뛰어난 문제 해결력을 보여주는 사례들이 보고되면서 까마귓과 연구자들은 이들을 '깃털 달린 유인원feathered apes'이란 애칭으로 부른다.

때문이다.

까마귀속 조류들은 공과 같은 물체를 굴리거나 눈 비탈에서 몸을 굴리기도 하고 미끄럼을 타는 듯한 행동도 보인다. 나는 연구 중에 까치가 고양이 주변을 맴돌며 잡기와 도망가기를 반복하는 장면을 본 적이 있다. 관악산에 있던 그 까치는 나무 근처 잔디밭에서 무심한 척 다른 곳을 보고 있었다. 근처를 지나던 고양이가 까치를 노리고 달려들었는데, 녀석은 그럴 걸 이미 알고 있었다는 듯이 푸드덕 날아올라 높은 가지 위로 올라갔다. 낙담한 고양이가 몸을 돌리면, 녀석은 잠시 후 같은 자리로 돌아와서 고양이를 자극했다. 그리고 고양이가 달려들면 다시 도망가기를 반복했다. 고양이는 까치의 주요 천적이기 때문에 다치거나 죽을 수도 있는 상황이었지만, 내가 관찰한 까치는 이런 위험한 장난을 즐기는 것처럼 보였다(물론 까치가 실제로 어떤 생각을 했는지는 알 수 없지만 말이다).

이제껏 인간을 제외한 동물의 지능에 대한 논의는 주로 원숭이와 유인원을 중심으로 이뤄져왔지만, 앞서 뉴칼레도니아까마귀의 예에서 알 수 있듯이 까마귀속 조류는 몸집에 비해 상대적으로 큰 뇌를 바탕으로 매우 뛰어난 인지 능력을 진화시켜왔다. 비록 계통적으론 유인원과 멀리 떨어져 있지만 까마귀는 단순히 도구 제작 능력 하나만 갖춘 게 아니다. 이들은 인과적 추론과 상상력을 바탕으로 문제를 해결하며, 유연한 사고와 미래 예측 능력으로 먹이를 저장하고 기억해내기도 한다. 이러한 인지 요소들은 서로 다양한 방식으로 상호작용하며 복잡한 인지력을 만들어낸다.[18] 영국 케임브리지대학의 네이선 에머리 까마귓과 동물의 지능을 연

『문어의 영혼』을 쓴 사이 몽고메리는 보스턴 아쿠아리움에서 2년간 문어를 관찰하며 개체마다 고유한 성격이 있다는 것을 알게 됐다. 문어 '아테나'는 주의 깊은 반면, '칼리'는 물을 뿜거나 손을 당기며 장난치는 걸 좋아했고, '카르마'는 예민하고 기복이 있는 행동을 보였고, '옥타비아'는 신중하고 조용하지만 신뢰를 쌓은 뒤엔 깊은 교감을 표했다.[19] 문어는 육상 척추동물과 달리 해양 환경에서 독립적으로 진화한 분산형 신경계를 가졌으며, 까마귀나 침팬지한테서 관찰된 놀이 행동을 비롯해 복잡한 감정 표현과 뛰어난 학습 능력을 보이는 것으로 보고되고 있다.

앵무목*Psittaciformes* 조류는 까마귓과 조류와 함께 인지 능력이 매우 높다고 알려져 있다. 포유류의 전전두엽 피질prefrontal cortex에 해당되는 대뇌피질 영역이 고도로 발달되어 있어서 시각정보 처리, 감각정보 해석, 의사 결정 등의 고차원적 기능을 뒷받침한다.[20] 잘 알려진 것처럼 이들은 인간의 음성을 모방하는 능력도 뛰어나다. 사육 개체 가운데는 단순히 소리를 흉내 내는 것이 아니라 의미를 구분해서 단어를 학습하고 상황에 따라 의도적으로 표현한 사례도 보고되었다.

구하면서 이들에게 '깃털 달린 유인원feathered apes'이란 별명을 붙여줬다21 (물론 유인원을 연구하는 사람들은 이러한 비유를 그렇게 달가워하는 것 같지 않다). 에머리의 책 『버드 브레인』에 「머리말」을 쓰기도 한 프란스 드 발은 『동물의 생각에 관한 생각』에서 이렇게 말하기도 했다! "나는 가끔 장난삼아 까마귀 열성 팬들을 '유인원 시샘'에 빠져 있다고 비판하는데, 이들이 발표하는 모든 논문과 보고서에서 까마귀가 유인원보다 훨씬 더 낫거나 적어도 대등하다고 말하면서 까마귀의 능력을 유인원과 비교하기 때문이다."22 유인원 지능에 대한 연구는 오랜 시간에 걸쳐 이뤄졌지만 조류학자들의 까마귀 지능 연구는 아직 시작 단계라고 할 수 있기 때문에, 새롭게 밝혀낸 사실을 과도하게 해석하는 것을 경계하는 연구자가 많은 것 같다.

이제 우리는 다시 발의 질문으로 돌아가게 된다. "우리는 동물이 얼마나 똑똑한지 알 만큼 충분히 똑똑한가?" 침팬지, 보노보, 뉴칼레도니아까마귀의 사례를 연구한 결과들을 보면, 우린 적어도 그들의 영리함을 과학적·논리적으로 알아차릴 만큼의 지능은 갖춘 듯하다. 보노보에게 의사소통을 시도하고, 고양이에게 장난을 거는 까치를 보고 감탄하며, 도구를 사용하는 조류에게 '깃털 달린 유인원'이란 별명을 붙인다는 건 상당한 수준의 인지 능력을 보여주는 증거가 아닐까?

인간으로서 인간이 아닌 동물을 연구하노라면 인간 중심의 시선을 벗어나기 어렵다. 하지만 다른 한편으로 생각하면 동물의 지적 능력을 이해하려는 이런 시도들은 우리 자신을 이해하려는 시도이기도 하다. 그런 점에서 지능을 갖춘 동물들의 진화 맥락과 과정을 이해하는 것은 동물행동학에서 가장 중요한 숙제 중 하나일 것이다.

동물의 의사소통

12장

늑대의 하울링. 무리 생활을 하는 늑대는 개체마다 음성에 차이가 있어서 하울링으로 서로의 위치를 파악하며, 위협 상황 등에 대한 정보를 전달하거나 무리를 집결시키기도 한다.1

사람들은 말, 글, 수화 등을 통해 생각과 감정을 표현하고 전달한다. 인간의 진화 과정에서 언어는 주로 말speech의 형식으로 개념을 상징적으로 표현하고 체계적으로 전달하는 도구가 되어왔다.2 인간은 단순히 음성을 나열하는 게 아니라, 음소가 모여 단어가 되고 문장을 이루는 복잡한 표현 방식으로 의사를 전달한다. 또한 시선이나 표정, 몸짓 등의 비언어적 요소를 곁들여서 효과적으로 의미를 전달하기도 한다.

이렇게 말이나 글의 형태로 상대와 뜻을 주고받는 언어적 행위를 의사소통communication이라고 일컫지만, 동물을 연구하는 사람들이 정의하는 의사소통은 조금 다르다. 동물행동학에서 가장 널리 쓰이는 대학 교과서인 존 앨콕의 『동물행동: 진화적 접근 Animal Behavior: An Evolutionary Approach』은 의사소통을 다음과 같이 정의한다.

신호는 수신자의 행동을 바꾸어 신호자에게 이득을 주는 방식으

로 작용하도록 진화했으며, 경우에 따라 수신자도 이득을 누릴 수 있다.3

즉 특정한 신호를 보내는 주체가 있고, 수신자는 이 신호를 받아 특정한 반응을 한다. 이를 통해 신호를 보낸 주체가 어떤 식으로든 이익을 얻으면 의사소통이 발생했다고 할 수 있는 것이다. 이 정의에 따르면 동물의 의사소통은 우리가 생각하는 단순한 의견 교환이란 차원을 넘어 한층 더 폭넓은 행위를 담아내는 체계라고 할 수 있다.

미국의 진화생물학자 에드워드 윌슨에 따르면 인간의 언어와 달리 동물의 의사소통은 기능적으로 제한된 신호 체계이지만, 그럼에도 불구하고 사회성이 높은 동물일수록 더 다양한 의사소통 행위를 나타낸다.4 단순해 보이지만 매우 복잡한 의사소통 행동 중 하나로 꿀벌의 8자 춤waggle dance을 들 수 있다. 노벨상 수상자인 독일의 생물학자 카를 폰 프리슈는 1945년 처음으로 이 춤을 해독했다. 프리슈는 일벌이 먹이원의 위치를 발견하면 벌통으로 돌아와 8자 춤을 추면서 동료 벌들에게 그 위치를 알려주는 것을 처음 발견했다. 일벌들은 춤 이름 그대로 숫자 8 모양을 그리며 움직이는 동안, 배를 떨면서 몸을 좌우로 흔든다. 춤의 방향과 몸을 흔드는 시간은 각각 먹이가 있는 곳의 방향과 거리를 의미한다. 일벌은 해를 기준으로 먹이와 벌통의 각도에 맞춰 몸을 움직이면서, 몸을 흔드는 시간으로 먹이원이 있는 곳까지의 거리를 알려준다. 동료들은 이를 보고 먹이가 있는 곳의 위치를 알 수 있다. 춤이 시작되

프리슈가 연구한 꿀벌의 춤을 분석해보면 8자 춤은 태양의 위치에 맞춰 직선으로 움직이는 구간과 원형으로 회전하는 구간으로 이뤄진다. 직선 구간을 중심 축 삼아 양옆으로 원 두 개가 그려지면서 숫자 8이 누운 것과 같은 형태가 완성된다. 프리슈의 해석에 따르면 벌이 직선 방향을 지나는 시간이 1초간 지속되면 먹이원이 500미터 떨어져 있었고, 2초간 지속되면 2킬로미터 떨어져 있었다.

면 동료 일벌들은 춤을 추는 벌과 접촉하며 이를 지켜봤고, 춤이 끝난 뒤 몇 분 내로 먹이가 있다고 가리킨 지점을 중심으로 ±20퍼센트 범위 안에서 활동을 시작했다. 이러한 8자 춤은 유전적으로 코딩된 기계적 행동이 아닌 경험과 학습을 통해 익힌 행동으로, 후대에도 전달된다. 미국인 제임스 니에와 중국인 탄컨이 함께한 연구팀의 최근 발표에 따르면 젊은 꿀벌들은 경험 많은 선배 꿀벌을 관찰하면서 춤을 배웠다.5 춤을 제대로 배우지 못한 개체들은 먹이의 위치를 전달할 때 많은 오류를 범했으며, 훗날 경험을 통해 정확도를 높이긴 했지만 다른 개체들만큼 명확한 춤으로 거리 정보를 전달하는 능력을 갖추진 못했다.

두족류인 문어나 갑오징어는 비록 음성이나 행동에 기반한 언어를 쓰진 않지만, 피부 패턴에 변화를 주어 시각을 기반으로 의사소통하는 능력을 진화시켜왔다. 두족류는 피부에 신경에 의해 제어되는 색소포가 있어서 배경이 되는 사물에 맞춰 이에 어우러지는 패턴을 빠르게 만들어낼 수 있다. 이 패턴은 포식자가 눈치채지 못하게 몸을 감추는 위장 효과에도 활용되지만, 사회적 상호작용, 갈등 해소, 구애, 협력 등의 의사소통 기능도 아우른다.6

연필오징어속*Sepioteuthis*은 많은 개체가 한꺼번에 떼를 지어 이동하는데, 헤엄을 치다가 몇몇 개체가 특정 패턴을 만들어내면 나머지 개체들이 이를 따라하며 빠르게 집단 전체가 유사한 패턴을 공유하는 모습이 관찰되었다. 이러한 패턴이 정확히 어떤 기능을 하는지는 아직 알려져 있지 않지만 집단적 의사소통일 가능성이 매우 높을 것으로 평가된다. 호주참갑오징어*Ascarosepion apama*

연필오징어속 흰꼴뚜기 *Sepioteuthis lessoniana*의 패턴.

문어를 비롯한 두족류는 신경과 연결된 피부 색소포를 통해 몸 색깔을 빠르게 변화시킬 수 있다.

는 매년 겨울 오스트레일리아 해안에서 수천 마리가 모여 집단 짝짓기행동을 하는데, 수컷들은 얼룩말 무늬 같은 흑백 줄무늬 패턴을 만들며 암컷 앞에서 경쟁한다. 이때 크기가 작은 수컷이 암컷의 무늬를 흉내 내어 다른 수컷을 속인 다음 암컷에게 접근해 짝짓기를 하는 행동도 관찰되었다.

코끼리는 목소리를 조절하고 다른 개체나 종의 소리를 모방하며 음성 학습을 한다는 것이 여러 연구를 통해 밝혀졌는데, 특히 우리나라의 한 동물원에서 사육 중인 아시아코끼리 Elephas maximus 코식이는 '안녕' '좋아' '앉아' '누워' '발' '예' '아니야' 등 사육사가 평소 사용하는 여러 단어를 따라해 '말하는 코끼리'로 유명해졌다.[7] 뿐만 아니라 코끼리는 지표면을 따라 전달되는 진동을 이용한 촉각신호로도 의사소통을 한다. 코끼리의 발바닥과 코끝에는 엄청나게 예민한 진동 감지 수용체가 있어서, 이걸 이용하면 미세한 진동도 민감하게 포착해 귀로 전달할 수 있다. 아프리카코끼리와 아시아코끼리는 인간의 귀로는 들을 수 없는 20헤르츠 이하의 초저주파 소리를 낸다. 초저주파는 공기로 전달되는 소리보다 더 먼 거리까지 보낼 수 있고 감쇠율*이 낮아서 수풀이 많은 환경에 사는 코끼리들에겐 매우 요긴한 의사소통 수단이다. 위험에 처한 코끼리들은 낮은 주파수의 음파로 경고음을 낸다. 경고음을 들은

• 음파는 음원으로부터 멀어질수록 매질을 통과하면서 에너지를 잃어버리게 된다. 이렇게 해서 음향의 강도가 줄어드는 현상을 감쇠라고 하고 그 비율을 감쇠율이라고 한다.

코끼리는 음성뿐 아니라 지표면으로 전해지는 진동을 이용해서도 의사소통이 가능하다.

코끼리 무리는 빠르게 위협을 인지하고 힘을 합쳐 방어 태세를 갖추는 반응을 보인다.8

조류의 청각신호를 통한 의사소통은 관련 분야에서 가장 많이 연구된 주제 중 하나다. 무리를 지어 번식하는 바닷새들은 수많은 개체 사이에서 자기 짝을 알아보거나 부모와 자식 간을 구분해 내는 게 중요하다. 실제로 조류의 집단 번식지에 가면 귀가 아플 정도로 시끄러운 울음소리가 난다. 남대서양 사우스샌드위치제도에 있는 자보돕스키섬에서는 턱끈펭귄 100만 쌍 이상이 한데 모여 번식한다.9 둥지를 튼 암수만 따져도 200만 개체가 집단을 이루고 있는데, 번식을 하지 않는 개체들도 있지만 한배에 두 개의 알을 낳는다는 점까지 감안하면 수백만 마리가 한 섬에 모여 있는 셈이다. 그 모습을 눈으로 보면 마치 펭귄들이 모여 대도시를 이루고 있는 듯한 인상을 준다. 이렇게 많은 수의 펭귄이 한곳에 있다 보니 펭귄 입장에서 시각적으로 짝을 찾기란 매우 어렵다. 그래서 펭귄의 의사소통 연구 사례를 살펴보면 대부분의 펭귄이 청각신호에 의존한다는 것을 알 수 있다.10 프랑스 피에르 주방탱 연구팀의 조사에 따르면 임금펭귄은 평균 8.8미터 거리에서 짝의 울음소리를 인식했으며, 전체 펭귄의 70퍼센트가 이 거리 내에 들어왔을 때 울기 시작했다.11 군집 내에 있을 땐 소리가 퍼지면서 음성을 구분하기 어려워지기 때문에 장거리 의사소통은 어려워 보였다. 펭귄은 먼바다에 나가 먹이를 잡는 잠수성 조류로서 집단을 이뤄 사냥을 하기도 한다. 임금펭귄, 젠투펭귄, 턱끈펭귄은 먹이를 잡는 동안 수중에서 680~1097헤르츠의 짧은 발성을 냈는데, 이런 소

무리를 지어 생활하는 펭귄들은 울음소리(청각신호)로 짝과 새끼를 찾는다(위). 젠투펭귄은 수면에서 음성신호로 근접한 개체들과 상호작용하며, 수중에서도 먹이를 사냥하는 동안 소리를 냈다. 이것으로 미뤄볼 때 펭귄의 음성은 바다에서 헤엄치며 먹이를 잡을 때 중요한 의사소통 도구인 것으로 보였다.

리가 발생하는 시점은 사냥과 매우 밀접한 관련이 있는 것으로 보였다. 특히 젠투펭귄은 수면에서 음성신호를 내며 근접한 개체들과 상호작용하는 행동이 보고되었다.12 내가 비디오카메라를 부착해 관찰한 펭귄들은 수면에서 '왁, 왁' 하며 연달아 소리를 냈는데, 이러한 소리를 내고 나면 1분 이내에 다른 개체들이 주변에서 관찰되는 경우가 전체의 절반에 달했다. 이 소리를 내고 나면 펭귄들은 주로 얕고 짧은 잠수를 했는데, 무리를 지어 먹이를 찾으러 나서는 것으로 추정되었다. 이는 펭귄이 바다에서 음성신호로 의사소통을 한다는 걸 시사했다.13

박새의 의사소통

우리 주변에서 가장 흔하게 볼 수 있는 참새목 조류인 박새 *Parus minor*는 번식기 포식자가 다가오면 경계음을 내서 짝과 새끼들에게 위험을 알린다. 대표적인 포식자는 까마귀와 뱀인데, 둘은 둥지를 공격하는 방식이 다르다. 까마귀는 하늘에서 날아오지만 뱀은 땅에서 나뭇가지를 타고 접근한다. 일본 릿쿄대학 스즈키 도시타카는 박새를 관찰하던 중 까마귀가 날아올 때 박새가 내는 소리와 뱀이 접근할 때의 소리가 다르단 사실을 알게 됐다.14 도시타카는 총 일곱 건의 사례를 관찰했는데, 까마귀가 나타난 네 번은 박새들이 모두 '치카chicka —' 하는 소리를 냈고, 뱀이 온 세 번은 모두 '자jar —' 하는 소리를 냈다. 서로 다른 경계음이 포식자의 종류를 알리는 신호로 작용한 것으로 보였다.

도시타카는 이를 실험적으로 검증하기 위해 박새 둥지에 박제된 까마귀와 우리에 넣은 뱀을 접근시키며 박새가 내는 경계음을 녹음했다. 그러곤 녹음된 소리를 스피커로 다른 둥지에 다시 틀어주고 박새들의 반응을 관찰했다.15 그 결과 박새들은 두 종류의 소리에 다른 행동 반응을 보였다. 까마귀에 대한 경계음인 '치카' 소리를 틀어줬을 땐 주로 수평선을 주시했지만 뱀에 대한 경계음인 '자' 소리를 틀어주자 땅을 응시하는 경향을 보인 것이다. 포식자의 유형에 따른 차별화된 행동반응은 포식자를 빠르게 탐지하는 데 도움이 된다. 까마귀는 공중에서 접근하기 때문에 수평선을 주시하는 것이 탐색에 유리하며, 뱀은 지면을 따라 접근하기 때문에 땅을 내려다보면 더 빠르게 감지할 수 있다. 이러한 결과를 종합해보면 박새의 두 가지 경계음은 둥지 포식자의 종류에 대한 정보를 담고 있다는 걸 짐작할 수 있다.

그렇다면 경계음을 들은 박새의 머릿속에선 과연 어떤 일이 일어날까? 뱀에 대한 경고음을 들은 박새는 겁을 먹고 뱀을 떠올리며 이에 대해 대비하려고 할까? 나는 2018년 미국 미네소타에서 열린 행동생태학회에서 도시타카를 만나 직접 발표를 들은 적이 있다. 그는 박새에게 '자' 소리를 들려주었을 때 공포와 관련된 뇌 중추가 활성화되는지 확인하기 위해 뱀같이 생긴 나뭇가지를 보여주는 방법을 고안해보았다고 했다(핵자기공명장치MRI로 찍어보면 좋겠지만, 야생동물을 잡아서 그렇게 할 순 없는 노릇이었다). 만약 박새가 뱀에 대한 경계음을 들었을 때 머릿속으로 뱀을 떠올린다면, 뱀과 유사한 나뭇가지만 봐도 놀랄지 모른다.

박새는 우리 주변에서 흔하게 볼 수 있는 참새목 조류다. 부모는 번식기에 포식자에 따라 경계음을 다르게 내어 둥지에 있는 새끼들이 대비할 수 있게 돕는다.

    도시타카는 나뭇가지를 실에 묶어 둥지 주변에서 뱀이 접근하는 것처럼 움직이며 뱀 출현을 경고하는 '자' 소리를 틀었다. 그러자 박새는 흠칫 놀라며 나뭇가지에 접근했다. 이때 나뭇가지의 움직임을 뱀처럼 하지 않고 그냥 잡아당기자 박새는 반응하지 않았다. 또한 '자' 소리 대신 다른 소리를 틀어주며 같은 나뭇가지를 뱀처럼 움직였을 때도 반응을 보이지 않았다. 단지 뱀에 대한 경계음을 듣는 것만으로도 뱀을 닮은 대상에 대한 시각적 민감성이 증가한 것이다. 이는 박새가 실제 뱀을 목격하기 전에 뱀의 시각적 이미지를 머릿속으로 떠올려 탐색행동을 유도한다는 것을 의미했다. 이런 연상 작용은 뱀에 대한 탐색 능력을 끌어올려 생존에 유리하게 작용했을 수 있다.

이렇게 새들은 청각신호를 의사소통의 주된 도구로 활용한다. 하지만 공작새가 꽁지깃을 펼쳐 암컷에게 성적 신호를 보내듯, 새들은 특정 행동을 시각신호로 활용하기도 한다. 도시타카는 번식기 박새가 둥지에 들어갈 때 특정 몸짓으로 짝을 먼저 들여보내는 의사소통을 한단 사실을 보고했다.16 박새는 나무 구멍이나 돌 틈에 둥지를 짓고 새끼를 키우며, 암수가 둘 다 먹이를 구해 온다. 각기 따로 사냥을 할 때도 있지만 가끔 둥지에 도착하는 시점이 겹칠 때도 있는데, 이럴 땐 한쪽이 양보하듯 날개를 펄럭이는 몸짓을 보였고 그러면 다른 짝이 먼저 둥지에 들어가서 먹이를 주고 나왔다. 이는 굳이 비좁은 둥지에 둘이 같이 들어가는 대신 차례를 기다렸다 번갈아 들어가는 모습처럼 보였다. 도시타카는 이러한 행동을 '당신 먼저 몸짓after you gesture'이라 이름 붙였는데, 이 행동은 짝과 있을 때만 나타났고 혼자 있을 땐 전혀 나타나지 않았다.

침팬지의 그루밍

한편 직접적인 신체 접촉을 통해 개체 간 밀접한 상호작용이 이뤄지기도 한다. 이는 주로 촉각, 시각, 청각이 모두 포함되는 다중감각으로 전달되며 인간을 비롯해 복잡한 사회구조를 이루는 높은 지능을 가진 동물한테서 많이 관찰된다.

특히 침팬지, 보노보, 고릴라, 오랑우탄 등의 대형 유인원은 사회적 맥락에서 다양한 몸짓을 통해 의사소통을 하는 것으로 보고되었다. 이런 몸짓 소통은 대부분 어린 시절, 보통 생후 1년쯤부터 나타났다. 몸짓을 사용하는 능력 자체는 유전적 영향을 크게 받는 듯 보이지만, 어떤 몸짓을 언제, 어떤 식으로 쓰는지는 어떤 환경에서 어떻게 자랐는지, 즉 발달 경험에 따라 달라질 수 있다. 다시 말해 몸짓 소통 능력은 선천적으로 타고나지만, 그 표현 방식은 학습과 경험에 따라 달라질 수 있다는 것이다.[17] 침팬지는 털을 고르거나 껴안아주면서 유대 관계를 확인한다.[18] 제인 구달은 침팬지들 틈에 들어가 털 고르기, 곧 그루밍grooming을 해주는 사진으로 유명해졌다. 그의 관찰에 따르면 그루밍은 단순히 털에 있는 먼지나 벌레를 제거하는 위생 활동이 아니라, 서로 신뢰와 우정을 쌓고 유대를 형성하는 데 중요한 역할을 하는 것으로 보였다. 또 개체 간에 위계를 확인하고 갈등을 해결할 때 관계를 회복하는 수단으로 이용되기도 했다. 또한 어린 침팬지는 어미에게 그루밍을 받으며 애착을 형성하고 정서적 안정을 얻었다.

침팬지는 그루밍을 하며 서로 손을 맞잡고 하이파이브를 하는 행동grooming handclasp을 보이기도 하는데, 이런 행동은 특정 침팬지 집단에서만 관찰되는 까닭에 대표적인 사회적 문화social culture로 꼽힌다.[19] 두 마리가 마주보고 한 팔을 머리 위로 올려 서로 손이나 팔을 잡은 채 다른 손으로는 상대의 털을 고르는 이 독특한 행동을 하는 동안 어떤 개체들은 손목을 잡는 걸 선호했고 또 다른 개체들은 손바닥을 맞잡는 걸 선호했다. 실제로 아프리카 잠비아의 침팬지 90마리를 대상으로 장기간 행동을 기록한 결과, 그루밍 하이파이브는 집단 특이적인 행동으로서 일관되게 나타났으며 세대를 넘은 전파도 관찰됐다.[20]

침팬지의 그루밍 하이파이브. 특정 집단은 서로 손을 맞잡고 악수를 하는 행동을 한다. 사진 © Edger Msyani

동물의 의사소통은 청각, 시각, 촉각 등의 다양한 감각 채널을 활용해 신호를 주고받으며 정교하게 조절되는 과정이다. 초기 행동생태 연구자들은 이를 유전적으로 결정된 기계적 행동의 발현이라고 생각하기도 했지만, 최근 연구에 따르면 발달 과정에서 사회적 영향을 받고 환경과 상호작용하는 가운데 이런 행동이 형성되어 유지된다.

인간처럼 말을 하진 않지만, 동물들은 저마다의 방식으로 의사소통을 한다. 손톱만 한 들판의 꿀벌도 춤을 추어 동료들에게 먹이 위치를 알리고, 주먹만 한 숲속 박새도 여러 종류의 경계음으로 포식자의 등장을 알리며, 시각적 연상작용으로 포식자의 위험에 미리 대비한다. 인간의 무릎 정도 몸길이인 남극 젠투펭귄은 수십 킬로미터 먼바다에 나가 헤엄을 치면서 동료를 부르는 접촉음을 내고, 아프리카 밀림의 침팬지는 집단 특유의 몸짓으로 친밀한 관계를 맺고 유대감을 강화함으로써 복잡한 사회구조를 이룬다. 단지 본능이라 생각했던 행동도 자세히 보면 복잡한 신호가 오가는 체계를 갖춘 동물들 고유의 언어로, 동물들은 이를 바탕으로 우리 인간처럼 무리와 집단을 이루고 서로 생각을 주고받으며 살아간다.

고통과 슬픔

13장

아프리카코끼리. 코끼리, 돌고래와 같이 뛰어난 인지 능력을 가진 동물들은 무리에 있는 동료가 죽으면 다른 개체들이 주위를 지키며 애도를 하는 듯한 행동으로 슬픔을 표현한다.[1]

어떤 동물이 의식적 경험을 할 수 있는 역량을 가지고 있는가? 여러 불확실성이 남아 있긴 하지만, 이에 대해서는 몇몇 지점에서 광범위한 합의가 이뤄져왔다.

첫째, 의식적 경험이 다른 포유류와 조류에게도 귀속됨을 지지하는 강력한 과학적 근거가 존재한다.

둘째, 경험적 증거는 (파충류, 양서류, 어류를 포함한) 모든 척추동물 및 (적어도 두족류 연체동물과 십각류 갑각류, 곤충을 아우르는) 많은 무척추동물에게 의식적 경험이 존재할 현실적 가능성이 있음을 시사한다.

셋째, 어떤 동물에게 의식적 경험이 존재할 현실적 가능성이 있을 때, 그 동물에게 영향을 미치는 결정을 내리면서 이러한 가능성을 무시하는 것은 무책임한 일이다. 우리는 동물복지가 처할 수 있는 위험을 고려해야 하며, 이러한 위험에 대응할 때는 그 증거를 사용해야 한다.[2]

2024년 4월 19일 〈동물의 의식에 관한 뉴욕 선언The New York Declaration on Animal Consciousness〉 발표가 있었다. 철학, 신경학, 동물행동학 등 여러 분야의 학계 전문가가 미국 뉴욕대학에 모였다. 인간을 포함한 포유류, 조류, 양서류, 어류, 문어, 오징어, 꿀벌, 초파리 등을 연구하는 학자들은 이 자리에 모여 동물의 의식consciousness에 관해 논의했다. 지난 2012년에 있었던 〈케임브리지 선언The Cambridge Declaration on Consciousness〉*에 이은 동물 의식에 관한 선언이다.3 케임브리지 선언은 주로 인간을 비롯한 포유류와 조류에 관해 다루었는데, 12년이 지난 후 발표된 뉴욕 선언은 최근의 과학적 발견들을 토대로 대상 동물이 더 광범위한 분류군으로 확장되었다.

인간이 의식을 갖는다는 사실에 대해선 의문의 여지가 없다. 최근엔 인간을 제외한 포유류 및 조류도 의식을 갖는다는 보고가 쏟아지고 있다. 신경생리학적 연구 결과에 따르면 회색앵무 *Psittacus erithacus*는 인간과 비슷한 수준의 의식을 갖고 있을 정도라고 알려져 있다.4 까치는 영장류나 돌고래, 코끼리 등에서 관찰된 거울 속 자기인지mirror self-recognition 능력이 있다는 보고가 나오기

---

* 2012년 7월 7일 영국 케임브리지대학에서 열린 '인간과 비인간 동물의 의식 Consciousness in Human and Non-Human Animals' 학술대회에서 발표한 선언문으로, 세계적 신경과학자와 철학자가 모여 동물의 의식에 관한 과학적 합의를 최초로 공식 선언했다. 〈케임브리지 선언〉은 동물이 단순히 자극 반사적인 존재가 아니라 고통을 느끼며 감정을 경험할 수 있는 존재임을 명시해, 발표 이후 인간이 동물과 상호작용하는 모든 영역에서 윤리적 책임이 더욱 강조되었다.

회색앵무. 침팬지의 수화 능력을 보고 동물인지학에 뛰어든 동물행동학자 아이린 페퍼버그가 연구 대상으로 삼았던 '앨릭스'도 회색앵무 종이었는데, 앨릭스는 100여 개 이상의 단어를 구사하며 자기 의사를 표현했다.[5]

도 했다.[6] 의식은 단순한 자극반응을 넘어서 감정 및 고통의 경험과 밀접하게 연결되어 있는 인지의 영역이다. 어떤 존재가 스스로를 인식하고 자기를 둘러싼 세계를 해석할 수 있다면, 그 존재는 감정을 갖고 고통을 느낄 수 있는 감각 인지 체계를 가졌을 가능성이 매우 높다. 즉, 어떤 동물이 의식을 가지고 있다는 사실은 그 동물이 고통이라는 주관적 경험을 가질 수 있음을 암시한다.

전래동화 중에 '소가 된 게으름뱅이' 이야기가 있다. 게으르고 일하기 싫어하던 사람이 소처럼 풀만 뜯으며 유유자적 살고 싶다고 생각하던 중, 우연히 지나가던 노인이 진짜 소가 될 수 있다며 건넨 탈을 쓰고서 소가 된다. 노인은 소가 된 게으름뱅이를 시장에 내다 팔았다. 그런데 막상 소가 되고 보니 소의 삶은 생각했던 것과 달라도 너무 달랐다. 소가 된 게으름뱅이는 매일 채찍을 맞으며 쉬지 않고 밭을 갈아야 했다. 그러던 어느 날 노인이 소를

돌고래는 넓은 바다를 헤엄치며 빠르게 움직이는 해양 포유류다. 북극 척치해와 뷰포트해에 서식하는 흰고래는 약 900미터까지 잠수한 기록도 있다.

팔며 "이 소는 무를 먹으면 죽으니 조심하시오!" 하고 말했던 게 생각났다. 소는 더 이상 살고 싶지 않은 마음에 무를 먹었는데, 놀랍게도 다시 사람이 되었다. 게으름을 피우지 말고 부지런히 살아야 한다는 교훈이 담긴 동화로 사람들 입에 오르내리지만, 나는 이 이야기를 떠올릴 때마다 그럴듯한 교훈 뒤에 가려진 소의 비참한 생을 기억한다. 인간에게 착취당하는 소의 삶은 얼마나 고통스러울까? 무를 먹었다는 얘기에 고개가 끄덕여질 만큼, 소가 느낄 괴로움에 공감이 간다.

지난 2010년 아카데미 장편 다큐멘터리상을 수상한 영화 「더 코브」는 일본 와카야마현의 작은 어촌마을 다이지 읍에서 매

년 수천 마리의 돌고래를 잔혹하게 포획하는 돌고래 사냥의 실태를 고발한 다큐멘터리 영화다. 주인공인 전직 돌고래 조련사 리처드 오배리는 1960년대 미국에서 큰 인기를 끌었던 TV 시리즈 「플리퍼Flipper」에 등장하는 돌고래들을 훈련시킨 인물이었다. 그런 그에게 어느 날 인생을 송두리째 바꿔버린 사건이 발생한다. 드라마에 출연했던 돌고래 캐시Kathy를 품 안에서 떠나보내게 된 것이다. 오배리는 당시 상황을 이렇게 회상했다. "캐시는 내 눈을 똑바로 바라보았고, 한 번 숨을 들이쉬더니 더 이상 숨을 쉬지 않았습니다. 나는 녀석을 놓아주었고, 녀석은 그대로 바닥으로 가라앉았죠." 돌고래는 인간과 달리 자발적 호흡을 하기 때문에 숨 쉬는 행위를 의식적으로 조절할 수 있다. 원한다면 숨을 쉬지 않음으로써 저산소증을 유발해 죽음에 이를 수 있다는 얘기다.7 오배리는 캐시가 스스로 생을 마감했다고 생각했다. 이렇게 지극히 개인적인 경험을 계기로 동물이 감정적 고통을 느낀다는 데 확신을 갖게 된 그는, 이후 동물해방운동에 투신한다.

일본 다이지에서는 해마다 돌고래를 작은 만 안으로 몰아넣어 매우 잔인한 방식으로 사냥한다. 돌고래가 이동하는 시기에 이들을 만에 가둬두고 창으로 마구 찔러 출혈을 일으켜 죽이는 것이다. 다이지에서는 매년 2000여 마리가 이렇게 살육되는 것으로 추정되며, 그중 일부는 산 채로 포획돼 수족관으로 비싼 값에 팔려간다. 한국은 다이지 돌고래의 주요 수입국 중 한 곳으로, 국내 수족관에도 다이지에서 수입된 개체들이 있다. 해양환경단체인 핫핑크돌핀스의 조사에 따르면 울산 고래생태체험관, 제주 퍼시픽랜드, 제주 마린파크, 한화 아쿠아플라넷 제주, 거제씨월드 등 총 다섯 곳의 수족관에서 다이지산 큰돌고래 *Tursiops truncatus* 스물다섯 마리를 전시 중이다.[8] "동물보호단체들은 한국 정부도 일본의 돌고래 사냥에 책임이 있다고 주장한다. 우리나라는 중국, 러시아와 함께 다이지에서 포획된 돌고래를 가장 많이 수입하는 국가 중 하나이기 때문이다. 일본 재무성에 따르면 2009년부터 5년 동안 일본에서 수출된 돌고래 354마리 중 우리나라로 수입된 돌고래는 35마리에 달한다."[9]

인간의 즐거움을 위해 동물원, 수족관, 서커스 등의 시설에서 공연과 전시에 동원된 동물들은 다양한 스트레스 반응을 보인다. 이들은 사람들의 관심을 끌도록 인간과 유사한 행동(의자에 앉기, 박수 치기, 공 던지기, 공중제비 돌기 등)을 하게끔 훈련받는 과정

수족관에 갇힌 고래상어*Rhincodon typus*를 구경하는 사람들. 지구상에서 가장 큰 어류인 고래상어는 야생에서 계절에 따라 수천 킬로미터를 이동하며 수심 1000미터 이상을 수직으로 잠수하기도 한다. 일반적으로 단독 생활을 하지만, 먹이 활동을 위해 군집을 이룰 때도 있다.

에서 육체적·심리적 스트레스에 노출되며, 가족이나 무리에서 떨어져 고립되는 일도 흔하게 발생한다. 그 결과 스트레스행동을 반복하는 사례가 수없이 보고되며, 오배리의 품을 떠난 돌고래 캐시처럼 자살이 의심되는 극단적인 일이 벌어지기도 한다. 타이 치앙마이에서 관광객을 대상으로 공연을 하는 아시아코끼리는 절반 이상이 몸을 흔들거리며 반복적으로 왔다 갔다 하는 정형행동을 보였다.10 인도 동물원 열 곳에서 사육되는 영장류 열한 종, 77개체의 행동을 기록해 분류한 연구도 있었는데, 상당수 동물이 자위를 하거나 자해를 하며 스스로를 다치게 했고, 같은 자리를 끊임없이 배회하거나 제자리를 빙글빙글 도는 반복행동도 보였다. 이러한 이상행동은 특히 서커스 공연이나 전시에 동원된 이력이 있는 개체들에서 자주 관찰됐으며, 무리에서 고립되거나 짝이 없이 사육되는 개체들에서 빈도가 높게 나타났다.11

우리나라는 최근까지도 최소한의 전시 공간 및 사육 시설만 갖추면 등록이 가능한 동물원 등록제를 유지해왔다. 그러다 2023년 법 개정에 따라 등록제가 아닌 허가제로 전환되면서 동물원을 운영하기 위해서는 야생동물의 종 특성에 맞는 서식 환경을 조성하고 동물원 검사관의 검증을 거치는 등 구체적인 요건을 갖추도록 했다(그러나 이미 운영 중인 동물원에는 이 조건을 갖추기까지 5년의 유예 기간이 부여됐다). 지난 2023년 11월에 영업을 중단한 경남 김해의 부경동물원에선 폐원 전까지 사자, 호랑이, 하이에나 등의 맹수들이 빛이 차단된 실내 사육 공간에서 전시되었다. 한 수사자는 갈비뼈가 드러날 정도로 야위어 일명 '갈비 사자'로 불리다가 구조돼 다른 동물원으로 옮겨지기도 했다(현재는 청주동물원에서 지내고 있으며 '바람이'라는 새 이름을 얻었다). "동물보호단체 동물자유연대에 따르면 2013년부터 올해[2024년]까지 부경동물원 한 곳에서 사망한 국제적 멸종위기종은 113마리나 된다."[12] 지금도 운영 중인 돌고래 체험시설 거제씨월드에선 사람이 돌고래를 만질 수 있는 체험 행사를 매일 운영하고 있으며, 2014년 개관 이래 지난 10년간 열한 마리가 폐사했다.[13] 지난 2023년 동물자유연대에서 발표한 「전시 체험형 동물시설 사육환경·동물상태 실태조사」 보고서에 따르면 털, 대소변, 이물질 등에 의해 오염된 물을 받거나 조사 과정에서 물을 제공받지 못하고 있는 것으로 보이는 개체는 전체 1692마리 가운데 1025마리(60.4퍼센트)로 절반 이상이 열악한 환경에 놓여 있는 것으로 나타났다.[14] 또한 조사가 진행된 모든 곳에서 먹이 주기 체험 및 만지기 체험이 진행되고 있었으며, 관리자가 지키고 있지 않은 경우가 많아서 예상치 못한 동물 학대나 영양 불균형이 일어날 가능성이 높아 보였다.

    인간이 고기, 우유, 달걀 등의 식재료를 얻기 위해 키우는 농장동물과 의약품이나 화학물질 등의 안정성 확인을 위해 사육되는 실험동물은 복지의 사각지대에서 최소한의 법적 보호만을 받고 있다. 2005년부터 시행된 〈동물보호법〉에 따르면 동물은 적합한 먹이와 물을 공급받으며, 운동, 휴식, 수면 등을 보장받아야 한다. 동물을 운송할 때에도 불편하지 않도록 배려해야 하며, 도축이나 살처분이 이뤄지더라도 고통, 공포, 스트레스를 최소화해야 한다. 하지만 공장식 축산으로 마치 물건을 찍어내듯 닭과 돼지를 키우고,

콜카타동물원의 벵골호랑이 *Panthera tigris tigris*와 야생 벵골호랑이.

한 해에 458만 마리가 실험에 동원되는 우리나라의 현실15에선 기본적인 복지조차 지켜지길 기대하기 어렵다. 한국동물복지협회에서 발표한 2006년 한국 농장동물 실태조사 보고서에 서술된 바에 의하면 암퇘지는 일어서고 앉는 정도의 움직임만 가능한 폭 0.6미터, 길이 2미터의 철제 스톨에서 거의 대부분의 시간을 산다. 이런 환경에선 운동 부족과 만성 스트레스로 인해 심장질환, 비뇨기 감염 등의 질병이 발생할 확률이 높다. 도축장으로 이동하는 과정에서 탈진하거나 죽는 일도 발생하며, 운송 차량에서 옮겨질 때는 전기봉을 사용하거나 회초리, 가는 막대 등으로 몰아서 이동시키는 게 보통이다. 실험동물은 의과학적 성과를 위해 학계에서 이용이 불가피하다고 받아들여지고 있지만 실험 과정에서 심각한 수준의 고통을 경험하도록 방치되는 경향이 크고16, 통증과 고통을 줄여주는 진통제 등을 처방받거나 적절한 치료를 받는 데 한계가 있다.17

영국 공리주의 철학자이자 법학자인 제러미 벤담은 『도덕과 입법의 원리 서설』에서 쾌락과 고통을 느끼는지 여부를 윤리적 주체의 조건으로 제시한다. 책에서 가장 많이 인용되는 구절은 "문제는 이성을 갖고 있는지 혹은 말을 할 수 있는지가 아니라, 고통을 느끼는지 여부"라는 말이다.18 벤담은 윤리의 주체를 인간뿐 아니라 쾌락과 고통을 느끼는 모든 존재로 확장했다는 점에서, 동물 해방의 선구자로 이야기되기도 한다.

오스트레일리아의 철학자 피터 싱어는 『동물 해방』에서 공리주의 이념에 기반해 동물권을 옹호한다. '최대 다수의 최대 행복'이라는 공리주의적 관점에선 동물들도 윤리적·도덕적 배려의 대상이 되기 때문이다. 싱어는 이를 근거로 공장식 축산과 과학 연구를 위한 동물 실험이 문제가 되는 이유를 지적했다. 동물도 인간과 마찬가지로 고통을 느낄 수 있다면, 당연히 도덕적 주체라 할 수 있으며 윤리적인 존중을 받아야 한다는 것이다.

『동물 해방』은 동물권 논쟁을 촉발시킨 선구적 역할을 한 저작으로 평가받으며 고전의 지위에 올랐다. 하지만 싱어의 공리주의 동물윤리 개념은 단순히 개인 선택의 영역에 머물러 있다는 비판을 받기도 한다. 앨러스데어 코크런은 『동물의 정치적 권리 선언』「서론」에서 다음과 같이 밝히고 있다. "동물의 도덕적 가치에 관한 이러한 주장이 동물과의 전반적인 정치적 관계, 다시 말해 인간의 정치사상, 정치구조와 제도에 얼마나 영향을 미치는지에 대해 싱어는 언급하지 않는다."[19]

인류는 인간으로서 누려 마땅한 권리를 얻기 위해 부단한 투쟁을 계속해왔고, 그 결과 현재 많은 국가에서 헌법에 인권 개념을 명시하고 이를 최우선으로 보장하고 있다. 인간으로 태어났다면 이유를 막론하고 인간답게 살 권리, 즉 '자연권'을 누린다. 하지만 동물에겐 아직 고통에 대해 말할 정치적 목소리가 없다. 인간은 발달된 두뇌를 활용한 지적 능력을 바탕으로 비인간 동물을 산업적·유희적으로 이용하고 있지만, 여기에 동물의 이익을 대변하는 목소리는 없다. 이에 코크런은 동물의 정치적 권리를 대변할 수 있도록 제도화할 것을 제안한다. 투표권이 없는 동물을 대신할 법적 대리인인 '동물 전담 의원'을 세워 동물의 이해관계를 고려한 입법이 이뤄져야 한다는 것이다. 대리 선거인단 등을 구성해 적극적으

로 동물을 위한 목소리를 낼 수 있는 법적 장치를 마련해야 한다는 주장이다.

환경 변호사인 데이비드 보이드는 『자연의 권리』에서 동물과 식물, 나아가 생태계에도 권리가 있다고 서술한다. 포괄적인 개념으로서 '자연의 권리'를 보장해 지구 환경을 지키기 위해 노력해야 한다는 것이다.[20] 실제로 최근 들어 이러한 주장이 힘을 얻어 아르헨티나에선 동물원에 갇혀 있던 오랑우탄 '산드라Sandra'가 법인 격체로 인정받았고, 그 결과 야생동물 보호구역으로 풀려났다.[21]

동물의 권리에 대해 언급하면 누군가는 냉소적으로 대꾸한다. "지구상엔 인간으로서 권리도 보장받지 못하는 사람이 아직도 많은데, 어떻게 동물의 권리까지 챙길 수 있겠어? 그건 일부 선진 국가에서 배부른 사람들이나 하는 뜬구름 잡는 소리 아니야? 어차피 야생동물은 인간이 보호해줘야 할 존재일 뿐인데, 권리 운운하는 건 너무 나간 얘기인 것 같아." 이런 볼멘소리엔 인간이 동물보다 더 우월하며, 인간의 이익을 위해 동물의 희생이나 고통을 감수하거나 심지어 당연시할 수 있다는 전제가 깔려 있다. 솔직히, 생물을 연구하는 사람으로서, 그 전에 동물과 함께 지구에서 살아가는 인간으로서 이런 얘기를 들으면 속상하다. 동물은 스스로 목소리를 내지 못하는, 어쩌면 우리가 사는 세상에서 가장 약한 존재라고 할 수 있는데, 약자의 소리에 귀 기울이려는 자세가 쉽게 폄하되는 것 같아 마음이 아프다. 또 이럴수록 다양한 분야에서 생물학자들이 수행 중인 과학 연구가 동물의 권리를 보장하는 데 도움이 되길 더욱 진심으로 바라게 된다.

대한민국의 〈동물보호법〉은 그 적용 대상을 "고통을 느낄 수 있는 신경체계가 발달한 척추동물"에 한정하고 있다.22 하지만 서두에서 언급한 바와 같이 최근 연구에 따르면 고통을 느끼는 동물의 범위는 연체동물과 절지동물에 이르는 무척추동물 전반으로 확대되었다.

'인간과 마찬가지로 동물도 고통을 느끼는가'라는 질문은 이미 과거의 담론이 되었다. 이제 그다음 질문으로 넘어가야 한다. '우리는 고통을 느낄 수 있는 동물들에 대해 어떤 책임을 져야 할 것인가?' 과학은 동물들이 고통을 인지한다는 사실을 분명히 보여주고 있다. 인간처럼 말로 고통을 표현하지 못한다고 해서 그들의 고통이 존재하지 않는 것은 아니다. 우리가 침묵 속에서 끊임없이 반복되는 동물들의 고통에 귀를 기울이고, 그들이 누려야 할 최소한의 권리를 존중한다면, 인간과 동물이 살아가는 방식이 지금과는 달라질 수도 있을 것이다.

잃어버린 야생

14장

눈 바닥에 얼굴을 묻고 잠든 웨델물범. 웨델물범은 최대 잠수 깊이가 900미터를 넘고, 번식기가 끝나면 원 서식지에서 최대 약 800킬로미터 떨어진 지점까지 이주한다.

동물을 연구하는 과학자로서 나는 누구보다 동물들을 좋아하고 아끼는 마음이 크다고 자부하는데, 실제론 이런 마음도 내 일방적인 생각인 것 같다. 현장에서 관찰한 바에 따르면 펭귄을 포함한 야생동물들은 나를 그다지 좋아하지 않는다.

동물을 관찰하고 기록하기 위해선 우선 그들에게 가까이 다가가야 한다. 펭귄을 연구할 때에도 나는 그들이 사는 곳을 찾아가 근접한 위치에서 주의하며 자세히 살핀다. 펭귄 부모가 새끼를 얼마나 잘 키웠는지 확인하려면 배 안쪽을 봐야만 한다. 나는 성장 과정을 기록하기 위해 새끼를 꺼내어 무게를 측정하고 혈액을 채취한다. 바다를 헤엄치며 움직이는 행동 패턴을 알기 위해선 수심기록계와 위치기록계를 달아야 한다. 그러려면 어쩔 수 없이 펭귄을 붙들어 잡고 있어야 한다. 또한 몸 크기를 측정하기 위해 부리의 두께와 길이를 재고, 유전적인 정보를 얻기 위해 깃털을 뽑는다. 부모가 새끼를 품고 있을 때 내가 접근하면 그들은 몸을 떨며 날카로운 경계음을 낸다. 둥지에 온 포식자에게 보이는 반응과 비숫하다. 침입자를 경계하는 행동이다. 이렇게 한 번 둥지를 방문하고 난 뒤엔, 며칠 후 그 근처를 지나가기만 해도 펭귄들은 날개를 부들부들 떨며 새끼를 감싼다. 진심으로 나를 싫어하는 게 느껴진다. 그럴 땐 나도 내 자신이 마음에 들지 않는다. 그리고 펭귄들에게 몹시 미안해진다. 그리고 마음속으로 말을 건넨다. '너희들을 보호하기 위한 과학적 근거로 사용할 테니, 조금만 참아주렴. 최대한 빨리 끝내고 갈게.'

남극에서 현장 연구를 마치고 한국에 머무는 동안, 국내 사육 시설에서 젠투펭귄과 턱끈펭귄이 번식에 어려움을 겪고 있다며 자문을 요청받은 적이 있다. 그때 시설을 둘러보며 속이 상했다. 수조 깊이는 고작 1미터 정도밖에 되지 않았고 날마다 받아먹는 생선도 실제 남극에서 먹는 것과는 차이가 있었다.• 건강성을 가늠할 수 있는 척도가 되는 깃털 색도 빛이 바래 있었고, 깃갈이를 제때 하지 못해 듬성듬성 깃털이 빠져 있는 개체들도 눈에 띄었다. 시설에서 사육 중인 펭귄이 번식을 하지 않는 이유를 묻는 관계자의 질문에 나는 이렇게 답했다. "남극에서 사는 펭귄이 한국까지 와서 좁은 수조가 있는 밀폐된 공간에서 살아가는 것 자체가 너무 큰 스트레스로 보입니다." 그리고 반문했다. "이런 곳에서 번식을 하는 게 더 이상하지 않을까요?" 매년 야생에서 펭귄을 관찰하는 나 같은 연구자 입장에서, 갇혀 지내는 펭귄들을 본다는 것

• 남극 킹조지섬 인근에 사는 젠투펭귄과 턱끈펭귄은 약 200미터 깊이까지 잠수하며, 주로 남극크릴 *Euphausia superba*을 먹고 산다.

수족관에서 사육되는 펭귄들. 최근 연구에 따르면 임금펭귄의 최대 잠수 깊이는 약 425미터이며, 10분간 숨을 참을 수 있다고 알려져 있다. 하지만 일반적으로 수족관의 깊이는 대부분 1.5미터를 넘지 않으며, 세계동물원수족관협회WAZA에서 권고하는 수조의 깊이는 1.2미터에 불과하다.

자체가 안타까운 일이었다.

    18종의 펭귄은 모두 뛰어난 잠수 능력을 갖춘 조류다. 펭귄들은 깊은 바다에서 빠르게 헤엄치며 빛이 들지 않는 어두운 해저에서도 먹이를 찾아낸다. 그런데 사육 펭귄이 살아가는 수족관이나 동물원 환경은 이런 야생에서의 삶을 전혀 반영하고 있지 못하다. 세계동물원수족관협회에서 2014년 펴낸 매뉴얼에 따르면 펭귄 중 가장 크기가 큰 임금펭귄, 황제펭귄을 키우는 시설의 최소 기준은 깊이 1.2미터의 수조다. 한 마리당 수조 넓이는 0.8제곱미터 정도만 되어도 기준을 통과할 수 있다. 젠투펭귄처럼 크기가 작은 펭귄을 대상으론 깊이 0.9미터 이상을 권고하고 있다. 하지만 펭귄의 삶을 생각하면 여전히 이 기준은 턱없이 부족하다. 200미터 이상 잠수하는 젠투펭귄이 1미터 남짓한 깊이의 수조에서 살아가야 한다는 것은 아무리 생각해도 너무 가혹하다. 나 역시 남극에 가면 펭귄을 괴롭게 할 때가 있지만, 좁은 수조에 갇혀 사는 펭귄을 보면서 '정말 이건 아니다' 싶었다.

    그렇다면 펭귄은 언제부터 동물원에 있었을까? 자료를 살펴보면 1913년 영국 에딘버러동물원이 시작이었다. 이후 러시아 출신 유명 건축가 베르톨트 루베트킨은 1934년 영국 런던동물원의 펭귄 풀장을 디자인했다. 이 펭귄 풀장은 아름다운 곡선을 자랑하는 당대 건축의 아이콘 같은 건축물이었다. 하지만 콘크리트로 만든 구조물을 걸어다닌 펭귄들은 범블풋bumble foot[1]이라는 궤양성 수두염을 앓기 시작했다. 결국 펭귄 풀은 건축된 후 약 15년간 비워두어야 했다. 펭귄의 생태를 전혀 고려하지 않은 채 인간의 미학

수면 위로 튀어 오르며 힘차게 헤엄치는 젠투펭귄. 남극에서 처음으로 관찰하고 연구를 시작한 종이라서 그런지, 개인적으로 가장 애착이 가는 종이다. 젠투펭귄은 하루에도 수십 킬로미터씩 바다를 헤엄치며, 한 번에 바닷속 200미터 깊이까지 잠수할 수 있다. 헤엄을 치다 빙산을 만나면 그 위에 올라가 휴식을 취하기도 하며, 바닷가 바위를 폴짝폴짝 뛰어다니기도 한다.

적인 관점으로만 사육시설을 만든 결과였다.

그 무렵 영국에서 새로 문을 연 펭귄북스라는 출판사는 이름처럼 펭귄을 마스코트로 이용했다. 당시 출판사 직원이던 에드워드 영이 런던동물원에서 펭귄을 스케치했는데, 이것이 출판사를 상징하는 로고가 되었다. 이후 여러 영화와 애니메이션, 광고 등을 통해 펭귄 캐릭터는 많은 대중의 사랑을 받게 되었다. 하지만 펭귄이란 동물이 이렇게 이미지로 소비되는 걸 보면 연구자로서 우려되는 부분도 있다. 펭귄 역시 남극의 야생을 살아가는 동물이고, 생태계에서 큰 축을 담당하는 상위 포식자다. 하지만 사람들은 펭귄의 귀엽고 친근한 이미지를 떠올리면서 가까이서 보고 싶어한다. 그 결과 1999년 기준 미국에서만 2157마리가 동물원에서 사육되었을 정도로 많은 펭귄이 포획되었고, 한국에서도 각종 수족관과 체험 동물원에서 펭귄을 전시 중이다.

세계동물원수족관협회에 따르면 협회에 인증된 사육동물은 2021년 기준 약 8700종이 있으며, 전체 개체수는 80만 마리에 달한다.[2] 세계자연기금WWF의 추산에 의하면 야생에 남아 있는 호랑이 개체수는 약 3900마리인 데 반해, 사육되는 호랑이 숫자는 2016년 미국에서만 약 2330마리다. 동물원 코끼리는 평균 수명이 야생 대비 절반 정도인데, 비만율이 약 40퍼센트에 달하며 심장병이나 관절염 등 건강 문제가 많이 발생하는 것으로 알려져 있다. 해양 포유류인 고래나 돌고래는 자연 서식지 대비 활동 공간의 넓이가 약 100만 분의 1 수준으로 축소되며 수조 깊이도 야생에서 잠수 가능한 수심의 100분의 1 정도에 불과하다.[3] 시설에 갇혀 있는 동물들

아델리펭귄은 남극대륙 연안에서 가장 흔하게 볼 수 있는 펭귄 종으로서, 주로 크릴이나 작은 물고기를 먹고 산다. 검은 등과 하얀 배면 깃털색이 연미복을 입고 있는 모습을 연상시켜 '남극의 신사'라는 애칭으로 불리기도 한다.

은 스트레스로 인해 운동장을 돌듯 우리를 배회하거나 몸을 흔드는 정형행동을 보이는 한편, 자해 및 감염 등의 건강 이상을 겪는 것으로 보고되었다. 심지어 일부 동물은 인위적 개입으로 번식을 강요받거나 공간 부족 등의 이유로 안락사되는 일도 있다.[4]

지난 2018년엔 대전의 한 동물원에서 살아가던 퓨마가 동물원 밖으로 나갔다 사살당하는 일이 있었다. 동물원에서 태어나 우리 안에서만 살던 암컷 퓨마 호롱이는 어느 날 사육장 문을 열어둔 사람의 실수로 문 밖으로 나가게 되었고, '안전이 우려된다'는 이유로 발견 즉시 사살되었다. 이후 호롱이의 사체를 교육용 박제로 활용하는 방안이 검토되기도 했다. 사람들의 반대로 이 계획은 무산되고 사체는 소각 처리되었지만, 이 일을 계기로 동물원의 역할과 존재 이유를 묻는 여론이 확대되었다.

동물원 폐지를 요청하는 목소리가 날로 높아지고 있지만, 한편에선 동물원을 멸종위기동물의 종 보전을 위해 활용하기도 한다. 지난 2019년 개봉한 다큐멘터리 영화 「동물, 원」은 '서식지 외 보전 기관'으로서 동물원이 나아가야 할 방향에 대한 고민을 소개했다. 영화에 등장하는 청주동물원 김정호 수의사는 "동물원은 동물을 보호하고 이들이 다시 야생으로 갈 수 있게 도와주는 역할을 해야한다"고 말한다. 실제로 최근 동물 윤리에 대한 인식 변화에 힘입어 동물원의 사육동물이 야생으로 돌아간 일이 있었다. 정부와 시민단체가 힘을 합쳐 남방큰돌고래 *Tursiops aduncus*를 야생으로 돌려보내기로 한 것이다. 그 시작으로 서울시는 불법 포획된 제돌이를 2013년 바다로 돌려보냈다. 제돌이와 함께 방사된 춘삼이는

몸길이 15미터, 무게 약 30톤에 달하는 혹등고래 *Megaptera novaeangliae*는 연간 수천 킬로미터를 이동하며 하루 수백 킬로그램의 크릴과 소형 어류를 먹는다. 이런 생태적 특성과 기술상의 문제, 법적·윤리적 제약으로 동물원이나 수족관에서 사육이 불가능한 까닭에, 혹등고래는 역사적으로 포획돼 전시된 사례가 없다.

광활한 바다 얼음을 서식지로 삼는 야생 북극곰은 하루 수십~수백 킬로미터를 이동해 생활 반경이 매우 넓은 편이며 사냥, 수영, 탐색 등 다양한 자발적 자연행동을 보인다. 이에 반해 좁은 사육시설에 갇힌 북극곰은 활동 범위가 극단적으로 줄어 행동에 제약이 따르며, 일부 개체는 자극 부족과 스트레스로 인해 정형행동을 보이기도 한다.

최근 이화여대 돌고래 연구팀에 의해 새끼를 낳아 같이 다니는 모습이 관찰되기도 했다.

    일부 동물원은 단순한 전시 공간을 넘어, 멸종위기종을 보존하고 야생으로 돌려보내는 데 실질적으로 기여하고 있다. 샌디에이고동물원과 호놀롤루동물원은 하와이에 서식하는 조류 19종에 대한 사육 및 방사를 통해 개체군 보호에 힘쓰고 있다.5 텍사스 포트워스 동물원은 인공 수정을 통해 푸에르토리코볏두꺼비 *Peltophryne lemur*를 부화시키고 유전적 다양성을 높였으며, 스미스소니언 동물원은 검은발족제비*Musetela nigripes*를 복제하는 데 성공했다.6 그 외에도 붉은늑대*Canis rufus*, 이베리아스라소니*Lynx pardinus*, 캘리포니아콘도르*Gymnogyps californianus*, 유럽들소*Bison bonasus*, 황금사자타마린*Leontopithecus rosalia* 등은 동물원 번식을 통해 멸종위기를 넘기고 개체군 회복에 성공한 대표적인 예시로 꼽힌다.7

    하지만 여전히 동물은 우리 사회에서 가장 취약한 존재들이다. 특히 실내 동물원에 사는 동물들은 비좁은 쇼핑몰 공간에서 데이트나 가족 놀이에 이용된다. 일반 동물원은 멸종위기종에 대한 번식과 보존 활동 등 나름의 역할을 하고 있지만, 실내 동물원은 단순히 인간의 재미와 체험을 위해 자본화되어 동물의 생명을 소비하고 있다. 이곳은 동물에게 심각한 정신적 고통을 줄뿐더러, 의도치 않게 인간을 감염 위험에 노출시키기도 한다. 야생에서 잡혀 와 국내로 반입된 동물은 우리가 알지 못하는 각종 세균과 바이러스를 가지고 있다. 이것들이 언제 어떻게 인간에게 전달될지는 아무

그랜드캐년 창공을 비행하는 캘리포니아콘도르.

도 예측할 수 없다. 그럼에도 불구하고, 어린아이들이 체험 학습이라는 명목으로 동물을 만지고 먹이를 주는 위험한 활동이 계속되고 있다. 이런 무분별한 접촉이 어떤 결과를 불러올지도 모르는 채.

제인 구달은 최근 코로나19 대유행에 관한 인터뷰에서 자연과 동물에 대한 인류의 무지와 학대가 팬데믹이라는 결과를 초래했다고 해석했다. 우리가 숲을 파괴하고 야생동물과 가까이서 접촉하기 시작하면서, 동물성 병원균에 인간이 감염될 확률이 높아졌다는 것이다. 동물원뿐 아니라 수많은 동물을 사육하고 소비하는 공장식 축산이 늘어나면서 종을 넘나드는 바이러스의 출현이 잦아졌다. 구달은 인터뷰 말미에서 이렇게 말했다. "우리는 모두 연결되어 있습니다. 만약 우리가 팬데믹으로부터 깨우치지 못한다면, 아마도 인류는 오래가지 못할지도 모릅니다."[8]

많은 동물이 도시에서 인간들 틈바구니에 끼어 살아간다. 예전부터 인간과 가까이 지내던 고양이, 비둘기뿐만 아니라 최근엔 고라니와 멧돼지들도 점점 야생의 경계를 넘어 인간 서식지에서 목격되는 일이 잦아졌다. 이들이 원래 살아오던 숲 서식지가 인간의 개발로 인해 사라지고 파편화되면서 어쩔 수 없이 인간이 사는 공간으로 밀려 들어온 것이다. 도시는 동물이 살기 어려운 곳이다. 시끄럽고, 화학물질에 노출될 위험이 산재하며, 안정적으로 먹이를 찾기도 어렵다. 검은지빠귀*Turdus mandarinus*, 박새, 대서양송사리*Fundulus beteroclitus* 등의 동물들은 인간 서식지에서 발생하는 다양한 스트레스와 오염물질에 적응해서 진화해왔다.[9] 예를 들어, 일부 개체들은 소음을 더 잘 견디는 뇌 신경 구조를 갖게 되었고 도

검은지빠귀(위)는 동아시아에 주로 분포하는데, 도시 환경에 적응해 살아가는 대표적인 조류다. 붉은여우 *Vulpes vulpes*도 도시 적응력이 뛰어나, 유럽과 북미 등 북반구 전역의 도시에서 발견된다.

시 소음을 이기려 높은 소리로 노래하는 행동을 보이기도 한다. 또 도시 환경에서 더 쉽게 먹이를 찾는 전략을 갖추거나, 중금속 및 화학물질에 대한 해독 능력을 보이면서 살아남은 개체들도 있다. 인공적 공간에 특화된 생존 방식으로 자리 잡은 적응 진화를 통해, 이렇게 몇몇 동물은 다른 경쟁자들을 제치고 인간들 옆에 남게 되었다.

당연한 이야기지만, 도시를 포함한 지구는 모든 동물이 공유하는 삶의 터전이다. 우리는 코로나19를 겪으며 이 사실을 새삼 실감하기도 했다. 사회적 거리두기로 인간의 활동이 위축되면서, 역설적이게도 자연은 회복되는 모습을 보였다. 동물 뉴스를 보면 너구리와 캥거루가 도로를 뛰어다니고, 늑대와 코요테도 거리에 모습을 드러냈다. 도시를 채웠던 사람의 발길이 잦아들자, 어딘가에 숨어 있던 야생동물이 그 자리를 메우기 시작한 것이다. 이런 장면들은 인간이 자연을 개발하고 서식지를 독점해 복작거리며 사는 와중에도, 어딘가에선 야생동물이 줄곧 틈이 생기길 기다리며 살 곳을 찾고 있었다는 사실을 상기시킨다.

동물의 병원균 전파

인간과 마찬가지로 동물도 병에 걸린다. 호흡기질환인 감기 바이러스에 감염되면 인간의 증상과 비슷하게 콜록콜록 기침을 하거나 콧물을 흘린다. 질병의 원인이 되는 바이러스는 숙주동물에 특정적으로 기생하기 때문에 인간과 접촉이 있어도 대체로 감염되지 않는다. 하지만 바이러스는 증식 과정에서 빠르게 변이를 일으킨다. 바이러스에 내포된 유전 물질이 복제되는 과정에서 오류가 발생하기 때문에, 시간이 지나면 유전적 염기 서열이 조금씩 바뀌면서 구조적인 변화가 일어날 가능성이 높아진다. 이러한 변형이 일어나면 바이러스는 특정 숙주동물이 아닌 다른 동물종에 전파되어 증식한다. 물론 인간도 그 대상이 될 수 있다.

동물에게서 발생하는 질병은 대부분 같은 종 혹은 개체군 내에서 퍼졌다가 다시 잠잠해지는 주기를 반복하지만, 사람에게 감염을 일으킬 수 있는 변이가 생기고 인체 내에서 바이러스가 증식해 그 숫자가 늘어나면 다시 사람과 사람 사이에서도 전파가 일어난다. 이렇듯 인간과 동물 간에 바이러스 전파가 발생하는 질병을 '인수공통감염병zoonosis'이라 하는데, 흔하진 않지만 한번 발생하면 대유행으로 번지며 많은 사상자를 낼 수 있어 국제적·국가적 차원에서의 관리가 필요해진다.

인수공통감염병 가운데 해마다 주기적으로 보고되는 것 중 하나가 조류인플루엔자, 흔히 AIavain Influenza라고 지칭되는 조류의 급성 바이러스성 호흡기질환이다. 조류인플루엔자는 한국에서 현재 제1종 법정 전염병이자 1급 야생동물질병으로 분류되는데, 고병원성 질병에 감염되면 폐사율이 높아서 대부분의 국가에서 특별 관리 대상이다. 조류인플루엔자는 인간에 대한 위해성이 있는 인수공통감염병인 데다, 달걀과 닭고기 가격에 직접적인 영향을 끼치기 때문에 우리나라에서도 이를 매우 엄중하게 관리하고 있다. 닭을 키우는 농장에서 감염이 확인되면 위험지역 내 모든 가금류

가 살처분되고 조류와의 접촉을 차단하기 위해 사람의 인근 지역 출입도 통제된다.

조류인플루엔자가 기록되기 시작한 건 약 150년 전부터다. 1878년 이탈리아 북부 지방의 가축 농가에서 조류가 급성 호흡기 질병에 걸려 집단 폐사하는 일이 발생했는데, 사람들은 이를 가리켜 '가금류 전염병fowl plague'이라고 기록했다. 이 전염병은 이후 1900년대 초반 들어 이탈리아 다른 지역과 중앙 유럽으로 퍼져 나갔고, 1901년 조류 폐사의 원인이 되는 바이러스가 확인된 이래 미국 등지로 퍼졌다가 1930년대 중반 들어 사라지는 듯 보였다.[10] 하지만 1970년대 야생 수조류에서 바이러스가 발견되면서 전염 위험성이 나타나기 시작했고, 1999년 홍콩에서 두 건의 인간 감염 사례가 보고되면서 인수공통감염병으로 공식 등록되었다.[11] 이후 2003년부턴 전 세계로 퍼지면서 발병 사례가 광범위하게 나타났고, 인간도 300명 이상이 감염되었는데 치사율은 60퍼센트가 넘었다.[12] 한국 역시 2003년 12월에 닭과 오리에서 처음으로 조류인플루엔자 바이

러스가 확인되었고, 아직 인체에 발병한 사례는 없지만 최근까지도 축산 농가와 야생 조류에서 감염 사례가 꾸준히 나타나고 있다.[13]

조류인플루엔자는 흥미롭게도 겨울철에만 집중적으로 발생한다. 2016~2017년 겨울에 발생한 사례를 시간순으로 나열해보면 10월 28일에 야생 조류에게서 먼저 확인된 후 11월 중순부터 양계 농가에서 많은 사례가 발생했다. 그리고 이듬해 3월 3일 마지막 사례가 보고되었다.[14] 농림축산검역본부에선 야생 조류를 포획해 바이러스를 검사하면서, 이 가운데 흰뺨검둥오리 *Anas zonorhyncha* 다섯 마리를 골라 GPS 장비를 부착했다. 흰뺨검둥오리는 흥미롭게도 정주성 개체와 이동성 개체가 혼재되어 있다. 같은 무리에 있어도 그 가운데 몇몇은 텃새로서 연중 한국에서 머무르고, 몇몇은 철새처럼 중국이나 러시아에서 번식한 뒤 한국에서 겨울을 난다. 당시 포획된 다섯 마리 가운데 고병원성 조류인플루엔자가 확진된 개체는 텃새였다. 2020~2021년에도 10월 셋째 주에 첫 야생 조류 확진 사례가 보고된 이후 11월 마지막 주에 이르러 농가 확진이 시작되었다.15 여름철엔 전혀 발생하지 않다가 10월에 야생에서 먼저 확진 사례가 나오고 이후 한 달 정도 지난 시점에 농가 사례가 보고되는 양상은 해마다 반복되고 있다. 겨울철새가 남하하는 시기에 야생에서 처음 관찰되며, 얼마간의 시간이 지난 뒤 인근 지역 가금류에서 보고되는 경향으로 미뤄볼 때 북쪽에서 번식을 마치고 겨울을 나기 위해 한국을 찾는 이동성 야생 조류가 바이러스를 옮기는 것으로 추정되었다.

 한국의 조류인플루엔자 발생을 지켜보면서 수의학이나 가축학을 전공하지 않은 연구자로서, 나는 야생에서 살아가는 개체들의 행동이 어떻게 감염 전파에 영향을 끼칠까 궁금했다. 동물행동학이 인수공통감염병 연구에 조금이라도 기여할 수 있지 않을까? 국립야생동물질병관리원에서 2019년부터 2023년까지 5년간 철새들을 포획해 GPS를 부착한 결과를 살펴보았는데, 실제로 조류인플루엔자가 발생한 농가 주변 하천에서 야생 조류가 활동하는 걸 확인할 수 있었다. 심지어 농가에서 발생한 것과 완전히 일치하는 유전형을 가진 감염 사례도 나타났다. 이것으로 미루어보면, 야생 조류가 농가에 있는 오리나 닭에게 직간접적으로 영향을 끼쳤을 것이란 추정이 가능하다. 실제로 야생 조류와 가축 간에 어떤 상호작용이 있었는지는 모르지만, 행동 연구를 통해 둘 사이의 감염 경로를 알 수 있다면 조류인플루엔자의 확산을 막는 데 도움이 될 거라 생각된다.

 2019년 말부터 나타나기 시작한 코로나19는 이듬해부터 전 세계적으로 유행하면서 수많은 확진자와 사망자를 냈다.16 세계

보건기구WHO는 2020년 3월 팬데믹을 공식 선언했고, 각국에선 감염병 확산을 막기 위한 봉쇄 정책과 사회적 거리두기가 시행되었다. 그 무렵 아침에 눈을 뜨면 환자 발생 추이를 확인하는 게 하루의 시작이었다. 국경을 봉쇄하고 거의 모든 활동을 비대면으로 전환하는 조치에도 불구하고 바이러스는 국가와 대륙을 넘어 광범위하게 확산되었다.17

팬데믹은 내 삶에도 영향을 미쳤다. 같은 해 7월 아이들이 태어났지만, 음성 확인서를 받은 사람만 병원에 출입할 수 있었고, 산후조리원에도 남편만 출입이 가능했다. 한 장소에 모일 수 있는 사람의 숫자가 제한되어 있었기 때문에 돌잔치도 취소해야 했다. 많은 사람이 작게는 생활의 제약을, 크게는 소중한 이를 잃는 경험을 하며 유례없는 팬데믹을 경험했다. 그 과정에서 사람들은 동물과 생태계의 건강성이 인간과 매우 밀접하게 연관되어 있다는 것을 깨닫게 되었다.

최근에는 '원헬스one health'라는 개념이 널리 인용되고 있다. 원헬스는 "사람, 동물 및 생태계의 건강이 지속가능하도록 균형을 맞추고 최적화하는 통합적이고 통일적인 접근 방식"으로 정의된다.[18] 코로나바이러스는 독감바이러스와 마찬가지로 해마다 나타나는 풍토병으로 정착했고, 조류인플루엔자 역시 2016년 겨울 대규모 발생이 있은 후로 최근엔 해마다 겨울철 조류 이동 시기가 되면 고병원성 발생 사례가 꾸준히 보고되고 있다. 원헬스에 따르면 코로나바이러스나 조류인플루엔자와 같은 질병을 예방하기 위해서는 환경을 통합적으로 이해하고 관리해야 하며, 전체를 고려한 방역 시스템을 갖춰 전파 경로를 막아야 한다. 마스크를 끼고 백신을 맞으며 사람 간의 접촉만 차단한다고 해결되는 문제가 아니란 얘기다.

인간이 사육하는 닭은 2023년 기준으로 약 344억 마리가 넘는 것으로 추산된다.[19] 이는 전 세계 인구의 약 네 배에 해당되는 숫자로, 지난 30년 사이 사육 닭 개체수는 세 배 이상 증가했다. 국내 양계장의 닭장 면적은 0.05 제곱미터(가로 25센티미터, 세로 20센티미터)로 A4용지보다 더 작아서, 많은 닭이 매우 밀집된 환경에서 살아간다.[20] 따라서 질병이 발생하면 닭들 사이에서 삽시간에 퍼지며, 바이러스가 수많은 개체를 거쳐 전파되는 과정에서 변이가 발생하고 그 변이가 축적된다. 조류인플루엔자는 최근 미국에서 젖소와 같은 가축에서도 감염 사례가 보고되었으며, 남극과 북극

오랫동안 인간 서식지에 적응해 살아온 비둘기.

까지 확산되어 펭귄은 물론 물개와 북극곰에서도 보고된 바가 있다. 이에 따라 인간의 감염 위험성에 대한 우려도 높아지고 있으며, 각국에서 예방 백신과 대응책을 고민 중이다.

팬데믹이 잦아들면서 사람들은 다시 거리를 빼곡하게 채우고, 자동차는 도로를 메웠다. 거리로 나왔던 동물들은 또다시 어디로 자취를 감추었을까? 아마도 어딘가 눈에 띄지 않는 곳에 숨어서 기다리고 있을지도 모른다. 이 도시가 자신들에게 삶터를 내어줄 날을. 인간 서식지에서 함께 살아가는 동물들은 조용히 움직인다. 인간의 눈, 자동차의 움직임을 피해 주로 한밤중에 재빠르게 활동하며 먹이를 구하고 새끼를 돌본다. 이들도 어느덧 도시 혹은 그 경계에서 생태계 구성원으로 한자리를 차지하고 있다. 생태계는 인간만의 전유물이 아니라 다양한 동물이 긴 시간에 걸쳐 관계를 만들어온 복잡한 시스템이다. 인간과 비인간 동물의 진정한 공존은 서로의 존재를 인지하고 존중하는 데서 출발한다.

야생의 위기

15장

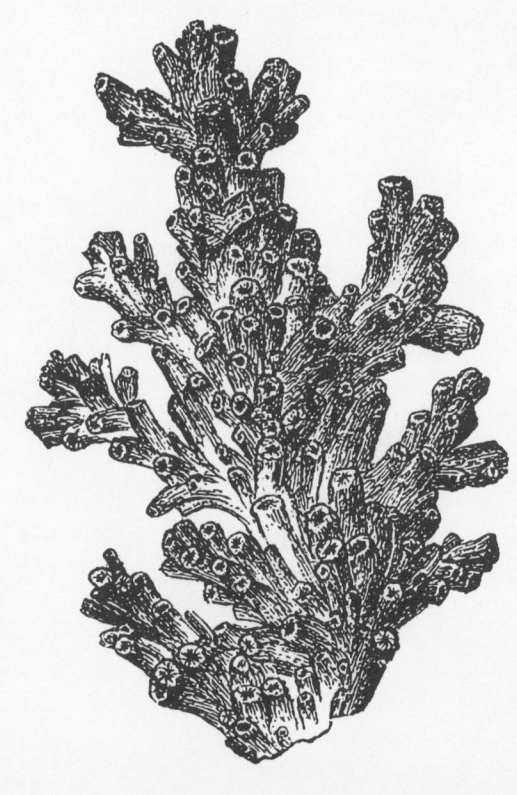

2021년 2월, 미국 텍사스를 비롯한 중남부 지역에 기록적인 한파가 닥쳤다.[1] 보통 이 시기엔 평균기온이 섭씨 8~19도로 선선하고 건조한 날씨가 지속되지만, 그해엔 북극 한파의 영향으로 갑작스럽게 기온이 영하 22도까지 떨어지면서 눈이 10센티미터 넘게 쌓이기도 했다. 텍사스 오스틴에 사는 친구에게 연락해보니 전기가 들어오지 않아 난방도 하지 못한 채 며칠을 떨었다고 했다. 워낙 따뜻한 곳이기 때문에 영하의 날씨와 눈에 대한 대비책이 없어서 피해는 컸다. 빙판길에 차량 충돌이 빈번했으며 한파에 동사하는 사고도 발생했다. 야생동물 역시 예외는 아니었다. 텍사스 남부 멕시코만 연안에선 푸른바다거북*Chelonia mydas* 5000여 마리가 저온 환경에 노출됐다. 스스로 체온을 조절하지 못하는 냉혈동물인 거북은 해안에서 기절한 채 발견되어 긴급 구조되었다.[2] 전문가들은 이를 두고 북극의 찬 공기가 이례적으로 중위도 지역까지 내려오면서 벌어진 이상기후의 결과라고 진단했다.

우리나라에도 유례없는 이상기후가 발생하고 있다. 지난

2018년 여름, 한국에선 폭염이 31.4일, 열대야가 17.7일간 지속됐다. 이해는 관측 사상 가장 더운 해로 기록됐는데, 통계청 집계 결과에 따르면 폭염으로 인한 사망자가 160명에 달했을 정도였다. 2019년엔 태풍 일곱 개의 영향을 받아 태풍 발생이 역대 최다로 기록됐고, 이 가운데 가을에만 세 개가 집중되어 이 역시 관측 사상 가장 높은 수치였다. 그해 태풍으로 인한 재산 피해는 2000억 원, 인명 피해는 열여덟 명에 달했다. 지난 2020년 여름엔 역대 최장 기간인 54일간 장마가 지속되면서 집중호우로 30명이 사망했다. 정부에선 2012년부터 이상기후 보고서를 발간하고 있는데, 이에 따르면 지난 10년간 한국은 잦은 폭염과 한파를 동시에 겪고 있다.[3] 2000년대와 비교해 폭염 일수는 5.5일 증가했고, 한파 일수 역시 0.7일 늘었다. 실제로 1912년부터 2017년까지 우리나라의 지표 온도는 1.8도가 상승했고, 1968년부터 2016년까지 해표면 수온은 1.23도 증가했다. 모두 세계 평균 수치를 뛰어넘는 수준이었다. 특히 지난 2016년 동중국해, 2017년 서해와 동해에서 수온이 평균보다 2~7도 더 높게 나타나는 현상이 보고되었다.[4]

한국의 이산화탄소 배출량은 세계 7위다. 2020년 환경부와 기상청에서 발표한 「한국 기후변화 평가보고서 2020」에 따르면 1912년부터 2017년까지 107년 동안 우리나라의 지표 기온은 1.8도가 올랐고, 1968년부터 2016년까지 49년에 걸쳐 해수면 온도는 1.2도 상승했다. 온난화로 인해 커진 열에너지는 태풍 발생을 증가시키고 이상기후를 유발한다. 이제 우리도 온난화로 인한 폭염과 홍수 등으로 직접적인 피해를 입고 있다.[5] 2021년 10월 초 한반도는 평년에 비해 약 3.9도 높은 19.9도의 폭염을 기록했다.6 또한 2022년 8월 말과 9월엔 태풍 힌남노와 난마돌로 인해 한반도에 심각한 폭우 피해가 발생했다.7

온난화는 단순히 지구 온도의 증가를 의미하지 않는다. 기온 상승은 지구 곳곳에서 이상기후를 유발해 태풍, 산불, 폭염 등의 기후재난이 발생할 확률을 높인다. 2020년 시베리아 베르호얀스크의 최고기온은 38도를 기록했고, 미국 데스밸리 사막에서는 54.4도까지 관측됐다. 미국 서부 지역에선 산불이 지속적으로 발생하기도 했다. 2025년 경상북도 의성에서 시작된 산불은 건조한 봄철 기후로 인해 크게 확산되며 일주일 가까이 계속되었다. 갑작스런 기후재난은 동물들에게도 큰 영향을 미친다. 미처 이동하지 못한 사육동물은 우리에 갇힌 채 꼼짝없이 불길에 휘말려 타 죽거나 질식사할 위험에 놓였다. 이동 속도가 빠르지 않은 청설모, 다람쥐 등의 소형 설치류와 산토끼, 고라니, 멧돼지 등의 포유류 역시 서식지 단절과 파괴로 커다란 피해를 입었다. 특히 불길과 열에 취약한 양서류와 파충류는 화재로 인해 생명에 직접적인 영향을 받았을 것으로 예상된다.

기후변화로 인해 우리 땅에 사는 많은 야생동물이 사라질 위기에 처해 있다. 기상청에서 2018년 발간한 「한반도 기후변화 전망분석서」는 21세기 후반이면 한반도 대부분의 지역이 아열대 기후에 속하게 될 것이라 전망한다.8 따라서 한반도에 분포하는 동물들 가운데 서식지와 먹이원이 특정화되어 있는 소수의 특이종 specialist은 환경 변화에 취약할 것으로 예상된다. 국립생태원 연구팀에서 멸종위기 야생동물로 지정된 74종을 대상으로 분석한 결과, 13종이 기온 상승에 매우 취약한 온도 특이종으로 파악되었다. 하늘다람쥐*Pteromys volans*, 긴점박이올빼미*Strix uralensis*, 까막딱따구리*Dryocopus martius*는 2070년 한반도 기후 환경에서 서식하기 어려울 것으로 예상되었다.9 강원도 및 경상북도 산간 지역에 있는 소나무 침엽수림을 선호하는 천연기념물 산양*Naemorhedus caudatus*은 기온 상승에 따라 서식 가능 고도가 지금보다 더 높아져 결국 서식지가 크게 축소될 것으로 추측된다.10

이러한 이상기후의 원인 중 하나로 북극 고온 현상이 지목된다. 지구의 평균기온은 지난 100년간 약 0.85도 올랐는데, 온도 상승은 특히 극지역에서 가속화되고 있다. 특히 북극에선 계절에 따라 바다가 녹았다가 어는 과정이 반복되는데, 최근 들어 얼음이 급격히 녹으면서 여름철 바다 얼음 면적이 사라질 위기에 처해 있다. 영국 과리노 연구팀이 2020년 『네이처 기후변화*Nature Climate Change*』에 발표한 논문은 2035이면 북극 바다 얼음이 완전히 사라질 수 있다고 예측한다. 얼음이 사라지면 빛을 반사하는 양이 줄어들어 더 많은 태양 에너지를 흡수하게 되어 기온 상승도 가속화된다.11 따뜻해진 기온으로 인해 극지역 상층부에 흐르던 제트기류가 약해지면서 공기가 한곳에 정체되고, 이로 인해 긴 한파와 폭염이 발생하는 것이다.

기후변화로 인해 발생하는 또 다른 문제는 해수면 상승이다. 극지방 온도가 급격히 상승함에 따라 빙하가 녹아 해수로 유입되는 한편, 따뜻해진 해수 부피가 팽창한 결과다. 1901년 이후 지난

긴점박이올빼미. 해발 500미터 이상의 고지대 침엽수림 지역에서 드물게 관찰되는 한반도 텃새다. 전 세계적인 멸종위기종은 아니지만, 한반도에서는 그 수가 적어서 특별한 관심을 받고 있으며, 기후변화로 인해 서식 가능한 곳이 점차 줄어들고 있다.

130여 년간 이미 지구 평균 해수면은 19센티미터 상승했는데, 지금과 같은 추세가 계속된다면 21세기 말(2081~2100년)엔 최근 20년(1986~2005년)에 비해 약 63센티미터 상승할 것으로 예상된다.[12] 남태평양의 산호섬 국가인 투발루는 평균 해발고도가 약 2.2미터에 불과해서 해수면 상승으로 인해 국가가 사라질 수도 있는 위기

에 놓였다. 지대가 낮아 폭풍과 해일에 취약한 투발루는 2060년경이면 섬 대부분이 물에 잠길 것으로 예측된다. 이에 따라 작은 섬에 살던 주민들은 수도가 있는 푸나푸티로 거처를 옮겼고, 일부 주민은 뉴질랜드 등 인접 국가로 이주했다. 기후변화는 실질적으로 삶을 위협하며 특정 지역에 사는 사람들을 다른 지역으로 집단 이동할 수밖에 없는 처지로 내몰고 있다. 이들은 국제법상 명확히 난민으로 정의되고 있진 않지만, '기후난민climate refugees'이란 이름으로 불리며 세계 각지로 흩어지는 중이다.[13] 투발루뿐만 아니라 방글라데시 등 저지대에 있는 국가들과 뉴욕, 암스테르담이나 인천, 부산과 같은 해안 도시도 해수면 상승에 취약하기 때문에, 기후난민은 앞으로도 계속해서 늘어날 것으로 전망된다. 기후변화로 인한 인구의 대량 이주는 국제적인 문제가 될 소지가 있다.

기후변화는 열대지방에서 극지까지 전 지구적으로 벌어지는 현상이다. 지구 각지에서 환경에 적응하며 살아가는 주요 동물들은 여러 위기를 겪고 있다. 아마존 열대우림을 포함한 중남미 지역에 사는 재규어 *Panthera onca*는 해수면 상승으로 인한 해안 맹그로브 숲 감소, 가뭄과 산불 증가 등으로 인해 서식지가 파편화됨에 따라 개체군이 고립되어 멕시코 서부 지역에선 사라질 위험에 처해 있다.[14] 한반도를 포함해 중국 북동부와 러시아 극동 침엽수림에 서식하는 시베리아호랑이 *Panthera tigris altaica* 역시 지난 100년간 서식지 단절과 밀렵으로 인해 개체수가 급감했다. 이에 더해 최근 기후변화로 인해 침엽수림 면적이 줄고 주요 먹이원인 사슴류의 개체수가 감소하면서 더욱 생존을 위협받고 있다.[15] 한편 기후변화로 인한 수온 및 해수면 상승은 해양동물이 적응할 수 없을 만큼 빠른 속도로 진행 중이다. 특히 바다거북은 알이 묻혀 있는 모래의 온도에 따라 성별이 결정되는 동물인데, 온도가 27.7도 이하면 수컷, 31도 이상이면 암컷이 된다. 따라서 모래 온도가 상승하면 성비 불균형으로 인해 개체군이 큰 위기에 처할 수 있다. 최근 오스트레일리아 북부 그레이트배리어리프에서 확인된 바에 따르면 녹색바다거북 *Chelonia mydas* 어린 개체 99.1퍼센트, 성체 86.8퍼센트가 암컷이었고, 남부 지역은 암컷의 비율이 65~69퍼센트로 나타났다. 이런 추세가 계속된다면 북부 개체군은 얼마 안 가 완전히 암컷으로만 이뤄지게 될지도 모른다. 가까운 미래에 번식이 어려워지고, 개체군이 붕괴될 위험에 처할 수 있다는 얘기다.16

해안가에 엎드려 있는 붉은바다거북. 바다거북은 온난화의 영향으로 수온이 올라가고 해수면이 상승하면서 성비 불균형 및 산란지 축소로 인해 개체군이 큰 위기에 처해 있다.

북극 동물들의 위기

내가 그린란드에 첫발을 내디딘 건 2016년이었다. 이후 2018년까지 3년간 그린란드 북쪽 끝에서 동물의 흔적을 따라다녔다. 북극점에서 불과 1000킬로미터도 떨어져 있지 않은 북극 땅에선 짧은 여름 동안 사향소$_{Ovibos\ moschatus}$, 늑대, 기러기 등 다양한 동물이 번식을 하고 새끼를 키운다. 북극 연구자들은 하나같이 모기를 가장 무서워하는데, 내가 방문한 지역은 모기도 많지 않았다. (알래스카 사람들은 '알래스카주의 상징새$_{Alaska's\ state\ bird}$'라는 농담이 있을 정도로 모기가 많다고 입을 모은다.)

하지만 2018년에 이곳을 방문했을 땐 분위기가 사뭇 달랐다. 한낮엔 기온이 15도를 넘을 정도로 따뜻했다. 빙하가 녹은 물이 흘러 개울을 이루었고, 동토가 녹아 여기저기 물웅덩이가 생겼다. 불과 2년 사이에 부쩍 모기 숫자가 늘었다는 걸 체감하며, 양봉할 때 필요한 방충망을 쓰고 다녔다. 미국 다트머스대학 로런 쿨러 연구팀의 2015년 보고에 따르면 그린란드 기온이 1도 상승하면 모기 유충이 성체로 성장하는 기간이 짧아지고, 2도 만큼 상승하면 모기가 성체로 성장하는 동안 생존할 가능성도 50퍼센트 이상 증가한다. 기온이 상승하며 북극 생태계에서도 특이 현상이 나타나고 있는 것이다.[17]

그린란드에서 조사를 마친 나는 노르웨이의 다산 과학기지에서 마르텐 루넌 연구팀과 함께 갈매기와 기러기 둥지를 관찰했는데, 하필 그때 북극곰이 나타났다. 하룻밤 사이 100개가 넘는 북극제비갈매기 둥지가 공격당해 알이 몽땅 사라졌고, 흰뺨기러

북극의 해빙 위를 하염없이 걷고 있는 북극곰. 북극 해빙 면적이 감소함에 따라 먹이 사냥이 어려워지면서 북극곰들은 굶주림에 시달리며 몸무게가 날로 감소하는 추세다. 바다에서 먹이를 찾지 못한 북극곰이 육지에서 관찰되는 횟수도 해마다 늘고 있다.

기*Branta leucopsis* 둥지 다섯 개만 남았다. 루넌 교수는 허탈해했다. "북극곰이 많이 굶주린 모양이에요. 이러다간 새들도 북극에서 살아남기 어렵겠어요. 30년 가까이 조사를 하면서 이렇게 심각한 상황은 처음 봅니다."

기후변화로 인해 생태계가 급격히 변화하면서 이에 전혀 준비가 되어 있지 않은 야생동물들은 말 그대로 생명을 위협하는 혹독한 위기를 겪고 있다. 북극 생태계의 상위 포식자인 북극곰이 가장 대표적인 예인데, 최근 바다 얼음이 감소하면서 물범 사냥이 어려워져 점차 몸이 야위어가고 있다. 북극곰은 고리무늬물범*Pusa bispida*을 주요 먹이로 삼는데, 이들이 숨을 쉬러 나오는 얼음 구멍을 지키고 있다가 급습하는 사냥행동을 보인다. 그런데 얼음이 빠르게 녹기 시작하면서 얼음 구멍을 찾기가 어려워진 것이다. 미국 국립빙설자료센터National Snow and Ice Data Center는 이와 같은 추세라면 2050년 이전에 여름철 해빙이 완전히 없어질지도 모른다고 전망한다. 이에 북극곰들은 장거리 헤엄을 치며 사냥을 하고 먹이를 구할 장소를 찾고 있다. 미국 지질조사국United States Geological Survey의 자료를 보면 2012년 8월 북극 보퍼트해에 서식하는 암컷 북극곰 한 마리는 열흘에 걸쳐 총 462킬로미터를 헤엄쳐 이동했다. 미국 앤서니 파가노와 테리 윌리엄스의 논문에 따르면, 북극곰은 본래 헤엄을 잘 치는 동물이지만 장거리 수영은 얼음 위를 걷는 것에 비해 네 배 이상의 에너지를 소모한다.[18]

물범 사냥이 어려워지면서 북극곰들은 육지로 넘어와 조류 둥지에 있는 알을 사냥하기도 한다. 캐나다 패트릭 재길스키 연구

북극곰의 일반적인 먹이 사냥. 바다 얼음에 난 물범의 숨구멍 근처에서 기다리고 있다가 물범이 숨을 쉬러 나오는 순간을 노린다. 하지만 최근 북극 해빙 면적이 크게 감소하면서 물범의 사냥법이 통하지 않는 곳이 점차 늘고 있다.

팀의 관찰에 따르면 허드슨만 북쪽 참솜깃오리*Somateria mollissima* 번식지에 나타난 북극곰은 열흘 동안 총 443개 둥지에서 1200여 개의 알을 먹어치웠다.¹⁹ 내가 북극 현장 조사를 수행하던 2017년 스발바르에서도 비슷한 일이 발생했는데, 북극제비갈매기 둥지 약 200개가 불과 며칠 사이 북극곰에게 공격당해 초토화됐다. 하지만 그 큰 덩치에 새알로 굶주린 배를 채우기엔 영양분이 턱없이 부족하다. 새알에서 얻을 수 있는 에너지는 한정적이다. 흰거위 알 216개를 먹어야 간신히 고리무늬물범 한 마리 지방층에서 얻을 수 있는 칼로리를 채울 수 있다. 해양 포유동물인 외뿔고래*Monodon monoceros* 역시 바다 얼음이 불안정해지면서 숨을 쉬러 나올 구멍을 찾는 데 어려움을 겪고 있다. 외뿔고래는 최대 1500미터 깊이까지 심해 잠수를 하며 저서低棲성 먹이를 사냥하는데, 갑작스러운 날씨와 바람의 변화로 인해 넓은 바다 얼음에 갇혀 숨 쉴 구멍을 찾지 못하고 죽는 일이 보고되고 있다. 지난 2008년부터 2010년까지 캐나다와 그린란드 연안에서 최대 600여 마리에 이르는 외뿔고래 무리가 얼음에 갇히는 일이 네 차례나 보고되었다.[20]

2021년 그린란드 과학 주간Greenland Science Week에 참여하는 동안 그린란드 누크 해안가에 있는 아파트에서 나흘간 묵은 적이 있다. 이누이트 원주민 가족이 살고 있는 집이었다. "언제든 불편한 게 있으면 얘기해주세요. 냉장고에 먹을 것도 좀 채워뒀어요." 부엌엔 커다란 뚜껑형 냉장고가 있었다. 한국에서 쓰는 김치냉장고가 떠올랐다. 김치는 아닐 텐데, 어떤 음식이 있을까? 문을 들어 올리자 비닐봉투를 뚫고 튀어나온 새 부리가 보였다. 얼린 야생 바다오리였다. 원주민들의 주식이지만 점차 사냥하기가 어려워지면서 이제 특별한 날 먹는 별미가 됐다고 했다. 학회에서 만난 그린란드 연구원의 말에 따르면 바다오리나 사향소 고기는 원주민들이 전통적으로 즐겨 먹던 식재료이지만, 이젠 일상에서 먹기 어려운 음식이 되어버렸다고 한다. "우리 할아버지가 살아계실 적에 사냥하러 다니실 때만 해도 외뿔고래며 물범이 많았어요. 여름철엔 하루 몇 마리도 어렵지 않게 잡았다고 해요. 해안 절벽엔 바다오리가 가득했고 들판에선 사향소가 자주 보였다던데…… 이젠 잡는 건 고사하고 비싸서 구하기도 어려워졌죠. 전통 식재료인데 요즘은 요리하는 방법을 모르는 사람도 있어요. 전통을 지키기가

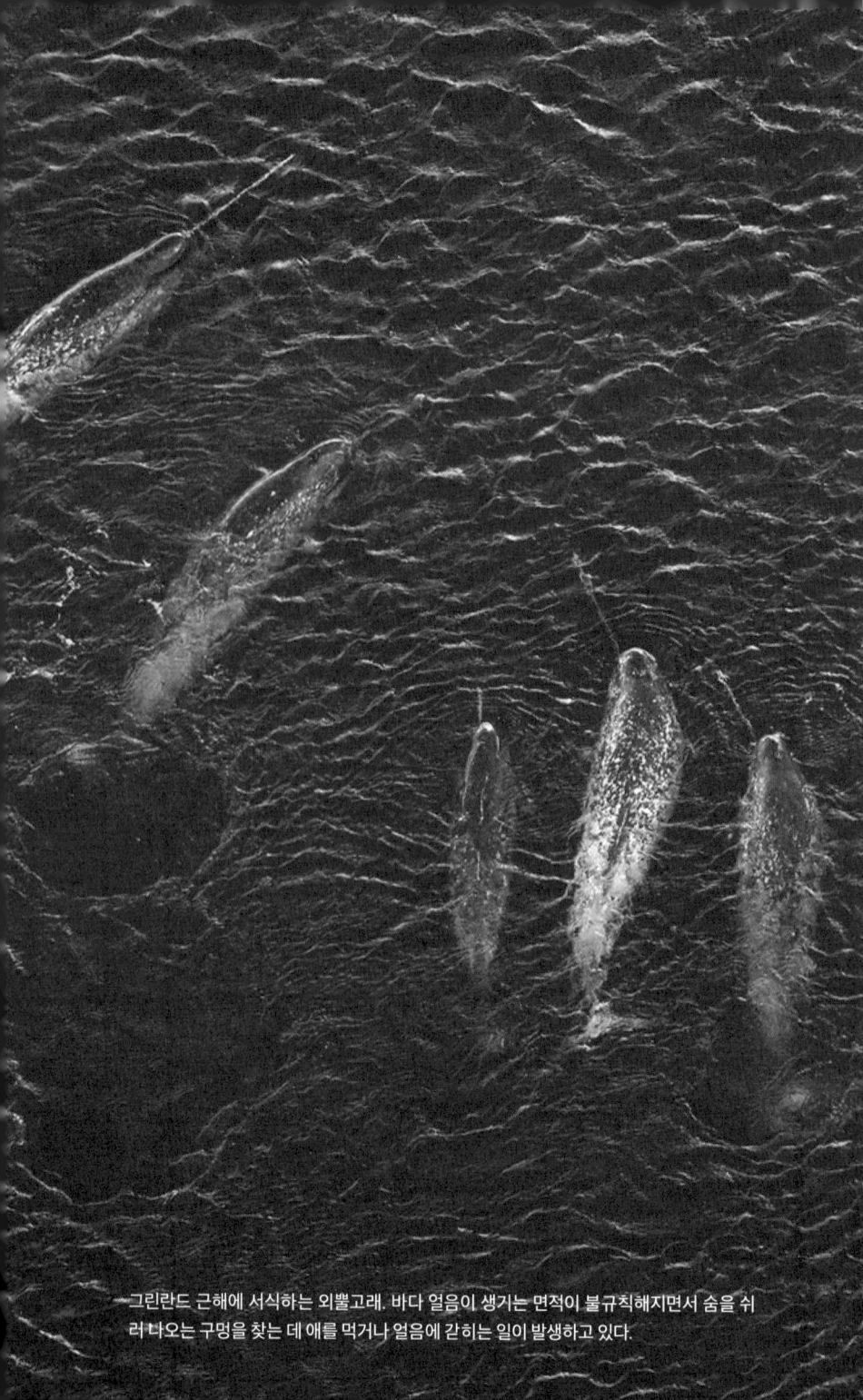

그린란드 근해에 서식하는 외뿔고래. 바다 얼음이 생기는 면적이 불규칙해지면서 숨을 쉬러 나오는 구멍을 찾는 데 애를 먹거나 얼음에 갇히는 일이 발생하고 있다.

쉽지 않네요."

그린란드는 전 세계에서 기후변화를 가장 급격하게 겪고 있는 지역으로 꼽힌다. 빙하가 녹는 속도는 지난 20년 사이 두 배가량 빨라졌고, 그 속도는 해마다 기록을 경신하며 더 가속화되고 있다. 지난 2021년에는 내륙 빙상 가장 높은 곳(해발 3216미터 정상관측소)의 기온이 영상으로 올라가면서 처음으로 얼음이 녹는 게 관측되기도 했다. 원주민에게 기후변화는 생존과 직접 연결된 문제다. 그들에게 기후변화는 단순히 기상 조건과 날씨의 변화 차원을 넘어 매일 생활 속에서 겪는 위기로 다가온다. 대대로 내려온 사냥 방식이 쓸모없어졌고, 가족들과 오랫동안 즐겨온 음식을 먹을 수 없게 되었다. 이들은 익숙했던 삶의 방식이 소멸되는 걸 가까이서 목격하고 또 직접 경험하며 미래에 대한 불안과 우울을 느낀다. 이렇게 기후변화를 경험하면서 우울감을 느끼는 심리적 현상을 가리켜 '생태슬픔ecological grief' 혹은 '기후슬픔climate grief'이라는 용어가 생겨나기도 했다.

기후위기는 지구를 살아가는 인간과 동물의 삶을 바꾸었다. 지구온난화로 인해 발생한 예측 불가능한 이상기후와 해수면 상승, 그리고 다양한 형태의 기후재난에 대처하지 못하면 인간도, 동물도 살아남기 어렵다. 생존의 조건 자체가 흔들리는 지금, 우리는 이전과 다른 방식으로 살아가야 하는 전환기에 내몰리고 있다.

"장보고기지가 보인다!" 누군가가 창문 밖을 바라보며 소리쳤다. 2023년 1월, 남극 대륙에 위치한 장보고과학기지에 닿았다. 뱃멀미에 시달려 기진맥진해진 몸을 추스르고 갑판으로 나갔다. 공기의 움직임이 부드러웠다. 벽에 걸린 온도계를 확인해보니 수은주는 영하 2도를 가리켰다. 출발하던 날 서울의 아침 최저기온이 영하 9도였던 것을 감안하면 확연히 온화한 날이었다. 구름이 조금 끼긴 했지만 햇살이 강했고 바다엔 푸른 물결이 잔잔하게 일렁였다. 예상했던 남극 풍경이 아니었다. 2018년 처음 이곳을 방문했을 땐 바다가 얼음으로 뒤덮여 있었지만, 그해엔 얼음이 모두 녹아 있었다. 반팔에 반바지 차림을 한 동료가 마중을 나왔다. "올해는 유독 날씨가 따뜻하고 눈도 많이 안 오네요. 기지 안으로 들어가면 더워서 땀이 다 나요. 어서 점퍼 벗으세요."

남극은 급격히 변화하고 있다. 2014년 과학 연구를 위해 장보고기지가 문을 연 이래 이렇게 바다가 따뜻했던 적은 처음이다. 이전에는 매년 기지를 오가는 비행기가 있었다. 남극 바다 얼음이 안정적으로 얼면 그 위를 활주로로 이용해왔다. 2023년에도 연구원들은 남극의 여름이 시작되는 11월이 오기 전인 10월에 활주로로 쓰던 자리의 얼음을 뚫고 두께를 측정했다. 얼음 두께는 1.2미터가량으로 나타나, 최소 두께 기준인 1.5미터에도 미치지 못했다. 예년과 달리 바다가 따뜻해서 얼음이 얇게 얼었고 금방 녹았기 때문에 비행기 착륙이 불가했다. 결국 연구소에서는 당해 항공편을 모두 취소했고, 선박을 이용한 이동만 운영하기로 결정했다. 당초 계획이 틀어지는 바람에 그해엔 배를 이용하는 소수의 인원만 연구에 참여할 수 있었다.

극지는 지구에서 기온이 가장 빠르게 상승하는 곳이다. 최근 30년 사이에 남극 평균기온은 1.8도 상승했는데, 이는 세계 평균보다 세 배 더 빠른 수치다.[21] 남극에 가면 온난화에 따른 변화를 눈으로 확인할 수 있다. 세종기지 옆에는 마리안소만이라는 작은 지역이 있는데, 이곳은 빙하와 바다가 경계를 이루는 곳이다. 연구

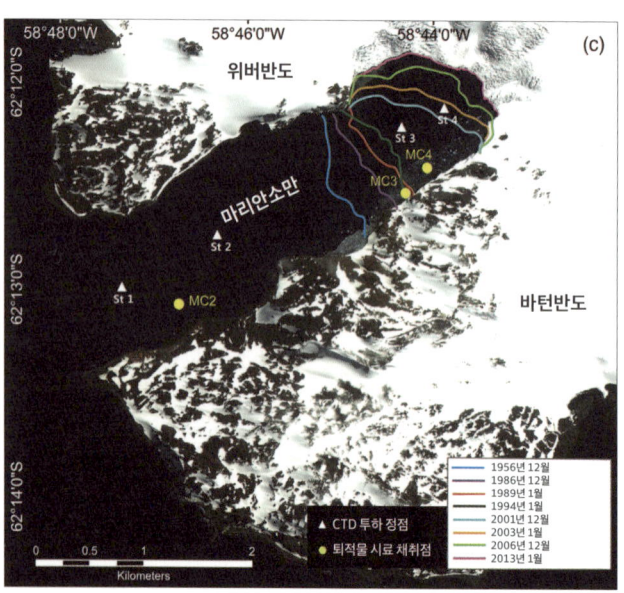

세종기지 옆 마리안소만은 해마다 30미터 이상 빙하경계선이 후퇴하고 있다.

자들이 지난 1956년부터 2013년까지 이 지역의 빙하경계선을 살펴본 결과 최근까지 2킬로미터 가까이 경계선이 후퇴한 것이 확인되었다.22 연간 약 30미터의 속도로 빙하가 소멸하고 있는 것이다. 나는 2014년 처음 세종기지를 방문한 이래 지난 6년 동안 매년 변화된 빙하경계선을 눈으로 확인할 수 있었다. 그 6년 사이에도 빙하경계선이 200미터 가까이 물러나서, 해안선 지도를 새로 그려야 할 정도로 환경이 바뀌었다. 빙하가 녹으면 바닷물의 염도와 수소이온농도pH가 바뀐다. 그 여파로 광합성을 하는 1차 생산자(식물 플랑크톤)가 직접적인 영향을 받고, 이에 따라 해양 생태계 전체가 변화를 겪게 된다.23

세종기지에서 관찰된 온난화의 증거

세종기지에서 남동쪽으로 5킬로미터 떨어진 포터소만 지역도 바다와 맞닿은 지형이 점차 변화하고 있다. 1999년까지만 해도 빙하에 덮여 있던 지역이 지금은 모두 녹아 사라지면서 땅이 그대로 드러났다. 1년에 약 10미터 속도로 빙하경계선이 후퇴하면서 검게 드러난 땅의 면적이 점점 넓어졌다. 위성 사진으로 확인해보니 2000년대 초반까지만 해도 빙하로 덮여 있던 곳에 지금은 남방큰재갈매기 Larus dominicanus 둥지가 생겼다. 빙하가 사라지면서 생겨난 커다란 바위틈에 둥지를 짓기 좋은 공간이 생겼고, 주변에 둥지 재료로 쓸 만한 식물이 늘어났기 때문인 것으로 보인다. 지금은 이곳에서 해마다 30여 쌍의 남방큰재갈매기가 꾸준히 번식을 하고 있다. 본래 남방큰재갈매기는 남아프리카를 비롯해 칠레 같은 남반구 대륙 끝에서 많이 관찰되는 조류다. 하지만 최근 기후변화로 인해 남극이 따뜻해지자 점차 남쪽으로 영역을 넓혀 이제 남극에서도 번식지를 확장해가고 있다.[24]

지난 2006년 세종기지 앞 부두에 임금펭귄이 찾아온 적이 있다. 펭귄이 남극에 온 게 무슨 대수냐고 생각할 수도 있지만, 임금펭귄은 남극에 살지 않고 더 따뜻한 북쪽 아남극권 도서지역에 서식하는 종이다. 임금펭귄을 처음 본 기지 사람들은 우르르 몰려가 사진을 찍었고, 며칠 후 임금펭귄은 사라졌다. 그리고 5년 뒤, 2011년 세종기지에서 멀지 않은 포터반도에서 임금펭귄 번식 쌍이 발견되었다. 임금펭귄 부부 한 쌍은 아델리펭귄 둥지 사이에 자리 잡았는데, 지금은 다른 번식 개체들도 찾아와서 연 평균 두세

아남극권에서 주로 번식하는 남방큰재갈매기는 최근 남극이 따뜻해지면서 점차 남극권까지 영역을 넓혀가는 추세다.

임금펭귄은 아남극권에서 번식하는 조류인데, 최근에 세종기지 인근 포터반도에서도 번식이 기록되었다.

쌍이 번식하는 모습이 꾸준히 관찰되고 있다. 포터반도 외에도 최근 남극 곳곳에서 임금펭귄 번식 기록이 하나둘 추가로 보고되고 있다. 남극반도의 대기와 해수가 따뜻해지면서 임금펭귄이 살 수 있는 적당한 온도가 되었기 때문일 것이다. 이는 남극이 점점 따뜻해져서 동물들의 서식지에 변화가 생기고 있다는 온난화의 증거 사례다.

펭귄의 위기

비록 환경이 급격히 변화하고 있지만, 남극은 여전히 지구상에서 가장 춥고 척박한 곳이다. 이곳에선 추위에 적응해 살아남은 몇몇 해양동물만이 살고 있다. 그 대표적인 동물이 펭귄과 물범이다. 이들은 플랑크톤, 크릴, 어류, 작은 조류 위에 있는 남극 생태계의 상위 포식자에 해당된다. 먹이사슬의 상위 영양 단계에 있는 동물들의 생태엔 환경 변화의 결과가 누적되어 반영되기 때문에, 이들은 지구온난화로 인한 생태계 변화를 알 수 있는 지표가 된다.

지난 2016년 포터소만에 있는 아르헨티나 기지 연구자들은 크릴의 대규모 폐사에 관한 논문을 발표했다.25 크릴은 남극 생태계를 떠받치는 동물 플랑크톤인데, 언젠가부터 이 갑각류 플랑크톤이 대규모로 폐사해 해안가로 떠밀려 오는 현상이 자주 관찰되었다. 연구자들은 포터소만 인근 빙하 소멸에서 원인을 찾았다. 빙하가 사라지고 육지가 드러나는 과정에서 생긴 입자들이 크릴의 생존에 영향을 준 것으로 확인된 것이다. 연구진이 수조에 크릴과

새끼에게 먹이를 토해주는 젠투펭귄(위)과 펭귄의 주 먹이가 되는 남극크릴.
펭귄은 크릴에 특화된 취식 전략을 갖고 있어 크릴의 개체군 감소에 큰 영향을 받는다.

함께 문제의 입자를 넣고 실험해봤더니, 24시간 뒤 크릴의 먹이 섭취에 문제가 나타났다. 실제로 바닷가에 떠밀려온 개체들의 위장 내용물을 분석하자 빙하가 녹으며 유입됐을 걸로 보이는 입자가 다량 발견되었다. 온난화로 인한 크릴의 폐사는 이 지역 해안에서 해마다 반복되고 있다.

지난 19세기 초부터 20세기 중반까지만 하더라도 남극 펭귄이 먹이로 삼는 크릴의 먹이 가용성food availability은 증가하는 추세였다. 크릴을 놓고 함께 경쟁하는 다른 포식자들이 인간의 손에 사냥당했기 때문이다. 19세기 초는 물개잡이의 시대로 불린다. 남극 물개Arctocephalus gazella의 영명은 Antarctic fur seal. 이름에 들어간 'fur'가 말해주듯, 모피 가죽을 얻으려고 대량으로 잡아들인 결과 물개 개체수는 거의 멸종위기 단계까지 갔다. 이후 물개잡이가 금지되었고, 20세기 초반 고래잡이 시대가 시작됐다. 노르웨이, 일본 등 여러 국가에서 포경선을 이끌고 고래를 잡기 위해 남극으로 향했다. 그렇게 수많은 물개와 고래가 인간의 손에 잡혀가며 펭귄은 경쟁자가 줄어드는 효과를 누렸다. 그렇다면 펭귄은 왜 잡지 않았을까? 사실 초기 탐험가들은 펭귄도 사냥했다. 하지만 다른 해양포유류에 비해 크기도 작고 기름 양도 많지 않아서 사냥감으로 선호되지 않았다. 게다가 고기 맛도 좋지 않았다고 한다.*

20세기 중반, 온난화 가스의 폭발적 증가와 함께 크릴잡이

- 잠수를 오래 하는 동물이기 때문에 근육에 미오글로빈(근육 세포 안에 있는 붉은 색소 단백질)이 많이 들어 있어서 그런 것으로 생각된다.[26]

19세기 초부터 20세기 중반까지 인간은 남극에서 물개와 고래를 사냥했다. 남극물개 *Arctocephalus gazella*가 멸종위기 단계에 처하고 고래 숫자가 급감하자 1978년〈남극물개 보존에 관한 협약〉이 발효되었고, 1986년 국제포경위원회IWC에서 상업적 포경을 금지했다.

시대가 온다. 크릴은 온난화로 변화하는 해양 환경에 영향을 받을 뿐 아니라, 남극에서 벌어지는 인간의 어업 활동으로 인해 그 숫자가 빠르게 줄고 있다. 20세기 중반까지만 해도 인간은 크릴에 큰 관심이 없었다. 그러다 20세기 후반 들어 낚시 미끼나 가축 사료로 사용할 목적으로 크릴을 대량으로 건져 올리기 시작했다. 그러다 최근 들어선 크릴에서 짜낸 오일을 소비하는 양이 증가했다. 이런 식으로 크릴 개체수가 계속해서 줄어들면 남극 해양 생태계는 어떻게 바뀔까? 펭귄 가운데 크릴을 주요 먹이로 하는 아델리펭귄, 턱끈펭귄은 최근 개체군 감소가 뚜렷하게 나타난다는 보고가 있다. 특히 온난화가 빠르게 진행되고 인간의 어획 활동이 활발한 남극반도 지역에선 더욱 그렇다. 2020년 미국 연구진의 조사에 따르면 남극반도 엘리펀트섬에 있는 턱끈펭귄은 지난 1971년 이래 약 7만 쌍이 감소해 지금은 5만2000쌍만 남았다.[27] 이렇게 펭귄의 주요 먹이원이 되는 크릴의 감소는 먹이 가용성을 떨어뜨려 번식 실패의 가장 큰 원인이 되며 개체군이 줄어드는 결과를 초래한다.

하지만 이보다 더 직접적인 피해를 가하는 요인은 갑작스런 환경 변화다. 장보고기지에서 약 50킬로미터 떨어진 지점엔 난센빙붕* Nansen Ice Shelf이라 불리는 거대한 얼음 덩어리가 있다. 온난화가 진행되면 바닷물과 맞닿은 빙붕의 가장자리가 녹아내린다. 지난 2016년, 난센빙붕이 무너졌다. 기후변화로 인해 따뜻한 바닷

• 남극 대륙을 뒤덮은 얼음덩이가 빙하를 타고 흘러내려 바다 위로 퍼지며 평평하게 얼어붙은 것을 빙붕이라고 한다.

2014년 1월 12일 촬영된 난센빙붕의 균열. 사진 © C. Yakiwchuck (출처: European Space Agency)

물이 유입되어 빙붕 하부가 녹으면서 물골basal channel이 생기고 얼음이 얇아졌다. 1999년에 처음 균열이 관찰된 이후로 점차 얼음이 갈라진 틈이 빠르게 벌어져 마침내 2016년 4월 12일[28] 214제곱킬로미터의 면적에 달하는 거대한 두 개의 빙산 조각이 떨어져 나왔다.

    남극반도 동쪽 해안에는 빙붕이 넓게 퍼져 있다. 노르웨이 포경선 선장인 카를 안톤 라르센의 이름을 딴 라르센빙붕Larsen Ice Shelf은 그 가운데 면적이 가장 넓다.[29] 라르센 빙붕은 북쪽에서 남쪽까지 일곱 개의 빙붕에 알파벳순으로 이름이 붙어 있다. 그런데 지난 1995년 라르센 A빙붕, 그리고 2002년 라르센 B빙붕이 급속히 붕괴되었다. 또 2017년에는 빙붕 중 가장 규모가 큰 라르센 C빙붕에서 커다란 조각이 떨어져 나갔다.[30]

빙붕이 붕괴된 후로 남극 동물들은 어떤 영향을 받고 있을까? 2018년에는 빙붕 근처에 살고 있는 아델리펭귄 스물일곱 마리의 사냥 경로를 추적한 연구가 실시됐다. 그 결과 스물두 마리는 기존 사냥터에서 헤엄을 쳤고, 나머지 다섯 마리는 빙붕이 붕괴하고 새로이 드러난 얕은 바다에서 먹이를 찾았다. 일부 펭귄들은 변화된 환경에 적응해 붕괴 후 노출된 새로운 사냥터를 이용했지만, 나머지 대다수는 급격한 변화로 인해 먹이 사냥에 위기를 겪을 것으로 보였다.31

번식지에서 바다로 향하는 길에 느닷없이 커다란 빙산 조각이 나타난다면 어떻게 될까? 빙산을 돌아서 바다로 나갔다 돌아오려면 평소보다 훨씬 더 오랜 시간이 걸린다. 하루면 다녀올 거리가 일주일로 늘어날 수도 있다. 빙산은 길을 막을 뿐만 아니라 바다 쪽으로 부는 바람도 막는다. 남극의 여름이 되면 대륙에서 바다 방향으로 부는 바람이 바다 표면에 떠 있는 얼음 조각을 바깥으로 밀어낸다. 그런데 빙산이 바람을 막고 있으면 얼음 조각이 계속 바다에 둥둥 떠서 수면이 드러나지 못한다. 이렇게 바다 얼음이 수면을 막고 있으면 펭귄이 바다에 나가도 먹이를 찾으러 돌아다니기가 어려워진다. 따라서 번식지 주변에 커다란 빙산이 생기면 새끼에게 줄 먹이를 제대로 구해 오지 못해 그해 번식은 거의 실패하게 된다. 번식지는 둥지마다 굶어죽은 새끼들로 넘쳐난다. 빙산 조각이 펭귄에겐 재난 수준의 위험이 된다.

미국 펭귄 연구자 제럴드 쿠이먼 연구팀은 지난 2000년 3월 남극 로스빙붕Ross Ice Shelf에서 떨어져 나온 빙산(길이 295킬로미터,

폭 40킬로미터) 조각이 황제펭귄 번식지 케이프크로지어 근처에 도착한 것을 발견했다. 이후 2001년 1월 황제펭귄이 몇 마리의 새끼를 키웠는지 살펴본 결과 제대로 성장한 새끼가 단 한 마리도 없다는 것을 알게 됐다. 불과 1년 전만 하더라도 1200마리의 새끼가 자랐던 곳인데, 빙산이 펭귄의 길을 막는 바람에 부모들이 새끼를 전혀 키워내지 못한 것이다.32

    빙붕 붕괴와 같은 큰 변화와 함께 최근 남극에선 일시적으로 흘러가며 사라지는 바다 얼음 조각도 많아지고 있다. 성엣장은 펭귄이 일상에서 맞닥뜨리는 장애물이다. 2018년 아델리펭귄이 새끼를 낳아 기르는 기간 동안 장보고기지 인근에 240제곱킬로미터 면적의 거대 바다 얼음이 나타났다. 얼음 조각은 약 13일간 번식지 앞바다를 막아섰다. 위성 영상을 일일이 뒤져봐도 지난 20년간 이렇게 큰 규모의 바다 얼음이 번식지 앞에 나타난 건 처음이었다. 펭귄 열여덟 마리 가운데 네 마리는 얼음이 없는 곳으로 헤엄쳐갔고, 열네 마리는 얼음을 가로질러 가거나 가장자리를 따라 빙 돌아서 얼음 반대편에서 먹이 활동을 한 뒤 다시 돌아왔다. 인근에 사는 다른 펭귄 개체군과 비교했을 때, 시간도 더 오래 걸리고 이동한 거리도 더 길었다. 번식 성공률이 줄어 개체군이 감소하고 있는지까진 알 수 없었지만, 적어도 새끼를 키우는 기간 동안 펭귄 부모는 평소보다 더 많은 에너지를 쓰며 더 많은 노력을 해야 했다.33

    이러한 위기 상황이 계속되면서 남극에선 펭귄을 비롯한 생태계를 보호하려는 국제적 움직임이 점차 늘어나고 있다. 지난 2016년 남극해양생물자원보존위원회CCAMLR에선 남극 로스해에 해양보호구역MPA을 지정하는 데 합의했다. 보호구역은 약 155만 제곱킬로미터 면적으로 공해상에 지정한 보호구역 가운데 가장 넓은 규모다. 이제 이곳에서 앞으로 35년간 연구 목적 외에는 어획이 금지된다. 하지만 여전히 해결할 숙제는 남아 있다. 지금 보호구역의 면적도 넓긴 하지만, 이것도 반대 국가들과의 협상 과정에서 처음 제안된 면적보다 30퍼센트 축소된 결과다. 게다가 35년으로 제한된 기한 때문에 앞으로 추가적인 노력을 통해 기한을 연장하는 일이 과제로 남아 있다. 지난 2022년에는 남극 해양보호구역을 추가로 지정하려는 노력이 있었다. 동남극해, 웨들해, 벨링스하우-젠해 이렇게 세 군데가 후보에 올랐다. 하지만 세 군데 모두 여전히 반대하는 국가들이 있어서 지정은 실패로 돌아갔다. 특히 유럽연합과 오스트레일리아가 제안한 동남극해는 2011년부터 지정 노력이 있었지만 만장일치로 동의를 받아야 하는 위원회 조건을 채우지 못했다.

남극 바다는 인간 활동이 그나마 가장 적은 곳이기 때문에 생태계가 가장 온전히 잘 보존된 지역이다. 이곳은 남극뿐 아니라 지구 전체의 해양 순환에 있어 큰 역할을 담당하고 있기 때문에, 보호가 매우 절실히 필요한 곳이다.

나는 눈앞에서 빙하가 녹아 무너지는 광경을 본 적이 있다. 누군가는 장관이라고 말하며 카메라 셔터를 연신 눌러댔지만, 나는 아무것도 하지 못한 채 자꾸 먹먹해지는 가슴을 달래며 그대로 서 있을 수밖에 없었다. 부서진 얼음 아래서 신음하고 있는 펭귄과 고래가 보였기 때문이다. 남극반도는 지난 50년간 평균기온이 3도 올랐

고, 2020년 2월엔 기온이 영상 18.3도를 기록하기도 했다. 같은 해 남극 세종기지에서 현장 연구를 하던 나 역시 영상 10도를 가리키는 온도계를 보며 한숨을 쉬었다. 펭귄은 무더운 날씨에 입을 벌리고 혀를 내민 채 열을 식혔다. 이번 세기가 끝나기 전에 멸종할지도 모르는 황제펭귄을 볼 때면 너무나 미안하고 걱정스런 마음이 든다. 그러나 그것으로 끝일까. 한 종의 사라짐은 그것으로 끝나지 않는다. 생태계 안에서 생물종은 서로 연결되어 있기 때문이다. 생물 간의 균형이 깨지면 연쇄적으로 더 많은 종이 사라지기 마련이다.

흰배중부리도요 Numenius tenuirostris는 지난 1995년 모로코에서 마지막으로 관찰된 이후 2024년까지 기록된 바가 없어 멸종이 공식화되었다.34

    생물종 하나가 지구상에서 아주 사라져버리는 현상을 '멸종 滅種, extinction'이라고 부른다. 멸종이 되려면 오랜 시간이 걸린다. 지구가 생겨난 이래 지난 46억 년 동안 다섯 번의 대멸종이 있었고, 지금은 여섯 번째 대멸종이 진행 중이다. 이전 다섯 번의 대멸종은 오랜 시간에 걸쳐 일어난 지구의 지질변화 혹은 외부적인 요인에 의한 것이었지만, 최근 발생한 대멸종의 원인은 바로 인간이다. 파괴적인 생활 양식을 미덕으로 삼는 단일 종으로 인해 지난 500년 동안 최소 900종 이상의 동물이 지구에서 사라졌고, 3만 5000종 이상이 멸종위기에 처해 있다.35

더 건강한 지구를 위한 노력

한 방송사에서 고등학생들을 대상으로 기후위기 강연을 할 일이 있었다. 나는 내가 경험한 남극과 북극의 온난화 사례를 통해 기후변화의 심각성을 보여주고자 했다. 빠르게 변화하는 극지 환경에서 펭귄과 북극곰의 위기에 공감하고, 앞으로 우리가 온난화를 막기 위해 할 수 있는 방안을 고민해보자는 취지로 강의를 마무리했다. 강연이 끝나고 한 학생이 내게 다가와 질문을 했다. "지구온난화가 얼마나 심각한지 잘 느꼈습니다. 그런데 우리는 매일 분리수거도 열심히 하고, 대중교통도 잘 이용하면서 온실가스를 줄이려고 노력하고 있어요. 그런데도 온난화는 더 빠르게 진행되잖아요. 우리는 잘못이 없는데 왜 그 결과로 피해를 보며 살아야 하는 거죠? 어른들은 너무 무책임한 것 같아요."

나는 그만 말문이 막혔다. 틀린 말이 하나도 없었다. 지금 벌어지는 기후위기는 앞선 세대가 초래했지만, 미래 세대가 그 피해를 고스란히 떠안고 살아가야 한다. 2018년 스웨덴 그레타 툰베리의 '기후를 위한 등교 거부'에서 시작된 청소년들의 행동은 한국에도 확산되어 2021년 국회와 정부를 상대로 기후위기에 대한 대책을 요구하는 목소리로 이어졌다. 기성 세대의 한 사람으로서 마땅한 대답을 해줄 수 없었던 나는 학생의 질문에 부끄러움을 느꼈다. 그리고 동시에 책임감을 느꼈다. 어떻게 하면 지금 벌어지는 온난화를 막고 자라나는 미래 세대에 건강한 지구를 물려줄 수 있을까?

나는 동물의 행동을 연구하는 과학자일 뿐, 온난화 절감 방안을 제시하고 정책을 만드는 전문가가 아니다. 하지만 극지를 오가는 과학자로서 해마다 눈으로 직접 북극과 남극에 사는 동물의 위기를 목격하노라면 다음 차례는 분명 인간이 될 것이라는 확신이 든다. 최근 들어 전 세계에서 벌어지는 이상기후 현상을 마주하면서는, 이미 그 위기가 시작되었음을 절실히 체감하고 있다. 그래서 지금 지구에서 벌어지는 온난화 문제에 대해 논의하고 그 대책을 고민하는 일을 강 건너 불 구경하듯 모르는 체할 수가 없다. 입법자들과 정부 행정가들에게 맡겨두기엔 온난화의 속도가 너무 빠르고 그 영향이 너무 심각하기 때문이다. 누구라도 목소리를 내고 변화를 만드는 데 힘을 보태야 한다는 생각이 매일 가슴을 무겁게 짓누른다.

불과 30여 년 전까지만 해도 기후변화는 과학자들 사이에서 주로 논의되던 문제였다. 이산화탄소 농도 증가로 인해 지구 평균온도가 상승한다는 사실이 밝혀지면서 온난화를 유발하는 가스 배출을 절감해야 한다는 의견이 공감대를 얻었다. 그 결과 1992년 6월 브라질 리우데자네이루에서 유엔기후변화협약UNFCCC이 채택되어 선진국과 개발도상국 모두 '공동의 그러나 차별화된 책임Common But Differentiated Responsibilities'에 따라 각국의 현실에 맞게 온실가스를 감축할 것을 약속했다. 하지만 이는 의무 사항이 아니었기 때문에 강제력이 없는 약속일 뿐이었다. 1997년엔 유엔기후변화협약에 가입한 국가들이 일본 교토에 모여 온실가스 감축을 규정한 〈교토의정서Kyoto Protocol〉를 채택했다. 말뿐이 아니라 행동으로 실천할 것을 의무화한 것이다. 선진국들은 2008년부터 2012년까지 온실가스 배출량을 1990년 수준 대비 평균 5.2퍼센트 감축해야 한다는 의

오스트레일리아 화재로 인한 코알라 *Phascolarctos cinereus* 서식지 파괴.

무 사항을 부과받았다. 하지만 정작 이산화탄소 배출량이 가장 많은 미국과 중국이 불참했기 때문에 〈교토의정서〉는 실효성이 없다는 비판을 받기도 했다.

2015년 프랑스에서 맺은 〈파리협정Paris Agreement〉은 이전에 했던 공허한 약속에 비해 좀더 의미 있는 진전을 이뤄냈다. 유엔에 가입된 모든 회원국의 참여하에 지구 평균기온 상승을 산업화 이전 대비 2도보다 상당히 낮은 수준으로 유지하고, 1.5도로 제한하기 위해 노력하기로 약속한 것이다. 이에 따라 국가마다 사정에 맞게 스스로 정한 감축 목표를 제출하고 이행토록 했고, 5년 단위로 이행 과정을 점검한다는 규정도 포함됐다. 〈파리협정〉은 기후 문제 해결을 위해 전 지구적인 협력을 약속하고 이행을 의무화했다는 점에서 큰 의미가 있었다. 〈파리협정〉 이후 온실가스 감축을 위해 석유, 석탄, 천연가스를 기반으로 한 화석에너지 정책에서 벗어나 재생에너지를 확대한다는 국제사회의 방향성은 대부분 일치한다. 각국의 상황에 맞는 목표와 중점 에너지원은 차별화되고 있고, 원자력발전소 역시 점진적인 감축 추세에 있다.

기후변화 선도국이라 불리는 국가들은 어떤 정책을 내놓았을까? 독일은 2030년까지 재생에너지 비중 목표를 65퍼센트로 설정했고, 2050년까지 80퍼센트로 확대하겠다는 계획이다. 영국은 지난 2008년 세계에서 처음으로 〈기후변화법Climate Change Act〉을 제정해 재생에너지 투자를 확충하고 있으며, 2050년까지 온실가스 배출을 0으로 하는 탄소중립* 법안을 마련하기도 했다. 여기에 더해 2025년까지 석탄발전소 전면 폐쇄를 추진하고 있다. 프랑스는 지난 2019년 유럽연합 지침에 따라 2050년까지 탄소중립을 위한 에너지 기후 관련 법안을 통과시켰으며, 수소연료 에너지 정책 예산으로 70억 유로를 배정하고 적극 투자할 방침을 발표했다. 일본은 2018년 〈기후변동적응법〉을 확정해 기후변화 대응 계획 수립과 조치 마련을 규정하고 있다. 특히 2013년 대비 온실가스 배출량을 2030년까지 26퍼센트 감축하고, 장기적으로 2050년까지 80퍼센트로 줄일 것을 목표로 세웠다. 그러나 궁극적으로 중요한 것은 이러한 목표가 실제로 얼마나 이행되는가 하는 점이다. 선언만으론 충분하지 않으며, 실현 여부가 성패를 가른다.

하지만 정치 상황에 따라 각국의 기후 문제는 우선순위에서 밀리거나 정책 방향이 틀어지기도 한다. 지난 2018년 11월 22일 도널드 트럼프는 소셜미디어에 "무시무시하고 긴 한파가 모든 기록을 갈아치울 수 있다. 이렇게 추운데 지구온난화라니, 대체 어떻게 된 건가?"36라는 글을 올렸다. 이후 트럼프 통치하 미국은 2020년 〈파리협정〉을 공식 탈퇴했다. 사실 트럼프는 취임 이전부터 석유 산업 확장과 국익을 우선시하는 공약을 내세웠으며, 기후변화 자체를 부정하는 입장을 취해왔다. 트럼프를 위시한 많은 기후변화 회의론자는 지구가 생각만큼 따뜻하지 않으며, 설령 더워졌다 하더라도 자연스러운 현상일 수 있다고 주장한다. 이듬해 조 바이든이 대

- 탄소중립이란 인간의 활동에 의한 온실가스 배출을 줄이고 남은 온실가스도 산림 등에서 흡수하거나 포집장치로 제거해서 실질적인 배출량이 0이 된 상태를 뜻한다. 탄소중립인 상태를 가리켜 '넷제로Net-zero'라 부르기도 한다.

통령에 당선되면서 곧 〈파리협정〉에 다시 가입하고 에너지와 환경에 대한 규제를 시행했다. 하지만 2025년에 재집권한 트럼프 행정부는 곧 〈파리협정〉 재탈퇴를 선언했고, 환경 규제 완화와 함께 기후변화 관련 연구 프로그램이 축소되거나 폐지되었다.37

한국은 세계 9위 탄소 배출국으로서 2020년 '2050 장기저탄소 발전전략'을 유엔에 제출하며 탄소중립을 선언하고, 저탄소 경제 전환 및 에너지 구조 개편을 포함한 4대 전략을 제시했다. 이러한 정책 수립 과정에서 기후위기에 대한 대중적 관심과 청년 활동가들의 적극적인 목소리가 여론을 움직이고 정치적 압력을 형성하며 중요한 영향을 미쳤다. 청소년기후행동을 포함한 시민들의 목소리는 헌법소원으로 이어졌고, 2024년 헌법재판소는 기후변화에 대한 정부의 소극적 대응이 국민의 생명권과 환경권을 침해할 수 있다는 판결을 내렸다. 이제 입법부와 행정부는 헌법이 보장한 국민의 권리를 위해 법을 만들고 시행해야 한다.

기후변화를 막기 위해선 무엇보다 정부의 강력한 의지와 정책이 있어야 한다. 지구온난화라는 전 지구적 위기는 결코 개인이 해결할 수 없는 문제이기 때문이다. 하지만 나는 여전히 내가 스스로 무엇을 할 수 있을지에 대해 고민한다. 커피를 마실 때 텀블러를 사용하는 것 외에, 우리가 실생활에서 실천할 수 있는 방안은 없을까? 기후변화에 관한 정부간 협의체IPCC에서 2019년 발간한 보고서 「기후변화와 토지Climate Change and Land」에는 이런 문구가 나온다. "사람들이 채식 기반으로 식생활을 바꾼다면 2050년까지 수백만 제곱킬로미터의 토지가 살아나고 연간 0.7~8기가톤의 이산화

탄소 배출을 줄일 수 있다."³⁸

개인이 실천할 수 있는 온실가스 저감 방법 중 하나는 육류 소비를 줄이고 식생활을 채식 기반으로 바꾸는 것이다. 온실가스 배출량 가운데 약 15퍼센트는 가축에서 나온다. 소를 키우려면 넓은 땅이 필요하기 때문에 숲이 파괴되고, 사료로 쓸 곡물이 추가로 필요하며, 가공과 운송에도 많은 에너지가 쓰인다. 소고기 1킬로그램을 만들기 위해선 약 60킬로그램의 이산화탄소가 배출되는 데 반해, 같은 양의 옥수수를 수확하는 데는 이산화탄소 배출량이 소고기와 비교해 60분의 1밖에 되지 않는다. 따라서 우리가 채식 기반 식생활을 한다면 지금 음식과 관련해 배출되는 이산화탄소 양의 3분의 2가량을 줄일 수 있다는 계산이 나온다. 완전히 채식을 하지 않더라도 고기 소비를 지금의 절반으로 줄인다면 이산화탄소 3분의 1가량이 감소된다. 채식을 하기로 유명한 가수 폴 메카트니는 지난 2009년부터 '고기 없는 월요일Meatless Monday' 캠페인을 펼치며 육류 소비를 줄이는 데 앞장서고 있다. 나도 지난 2019년부터 채식 기반 식생활을 시작했다. 동물 연구자로서 동물들을 위해 무엇을 할 수 있을지 고민하던 중 선택한 방법이다. 완벽히 채식 식단을 지키진 못하지만 가급적 소고기와 돼지고기는 먹지 않으려고 의식적으로 노력한다. 사람들을 만나 함께 식사를 할 일이 있으면 메뉴로 채식이나 생선 요리를 고른다. 세종기지에 머물며 연구를 할 때에도 고기는 먹지 않았다.

기후 문제 해결을 외치며 등교 거부를 해서 전 세계적으로 기후행동을 촉발시킨 그레타 툰베리를 볼 때면 부끄러움이 밀려

온다. 그를 보면 강연에서 내게 질문을 했던 학생의 모습이 겹쳐 보인다. 만약 다시 대답할 기회가 주어진다면 그 학생에게 이렇게 말해주고 싶다. "기성세대의 한 사람으로서 여러분에게 진심으로 미안합니다. 어른인 우리가 초래한 위기로 인해 앞으로 미래를 살아갈 여러분에게 크나큰 짐을 지우고 말았어요. 기성세대는 기후변화의 심각성을 잘 몰랐어요. 하지만 이제 기후변화의 원인과 그것이 초래할 결과를 알았으니, 우리 같이 노력해봐요. 저도 온난화를 멈추기 위해 무엇을 할 수 있을지 더 열심히 고민하고, 여러분과 함께 목소리를 내겠습니다."

목소리를 내겠다는 말은, 말할 수 없는 동물들을 생각하며 스스로에게 하는 약속이기도 하다. 시시각각 변하는 야생의 환경에서 동물을 관찰하며 내 마음을 가장 무겁게 짓누르는 것은 그들의 위기 앞에서 아무것도 할 수 없다는 무력감이다. 연구에 몰두하다가도 문득문득 현실을 체감할 때마다 회의감이 밀려들고, 그럴 때면 지금 할 수 있는 일을 하는 수밖에 없다고 늘 마음을 다잡는다.

내 연구종인 극지동물들은 하루하루 기후변화의 최전선에서 그 영향을 가장 먼저, 가장 극심하게 겪어내고 있다. 매년 남극을 찾을 때마다 무너지는 빙하를 두 눈으로 지켜보고 줄어드는 펭귄 개체군을 구체적인 숫자로 확인하면서도, 내가 할 수 있는 거라곤 한 걸음 떨어져 그들의 삶을 들여다보는 일밖에 없다. 그래서 그 위기를 면밀히 관찰하고 묵묵히 기록하는 일에 더욱 힘을 쏟게 된다. 지금의 기록이 언젠가 우리의 현실뿐 아니라 펭귄의 삶에도 변화를 가져다줄 수 있는 소중한 자료로 쓰이길 바라며.

동물이 살 수 없는 곳에선 인간도 살 수 없다. 이들을 위하고 이들의 삶을 돌보는 일은 좀더 근본적이고 전체적인 차원에서 우리의 미래를 돌보는 일이 될 수도 있다. 오늘 지나친 골목부터 한 번도 가본 적 없는 야생까지, 드넓은 지구에서 동물들이 어떻게 살아가는지 보자. 그 모습을 관찰하고, 관찰한 결과물을 어떤 식으로든 사람들과 나눌 수 있다면 거기서 어떤 가능성이 생겨날지도 모른다. 그 가능성을 믿으면서, 내가 관찰한 바를 사람들과 나누는 작업이 의미 있는 일이라 여기면서, 나는 오늘도 동물을 만나러 나선다.

주

1장

1 이 단락과 '펭귄에 관한 질문들' 절의 일부 내용은 이원영, 「남극에서 펭귄 연구하기」(『과학잡지 에피』 6호, 2018년 12월, 58-67)를 수정해 실은 것임을 밝힌다.
2 조너선 와이너, 『핀치의 부리』, 양병찬 옮김, 동아시아, 2017, 30~52쪽.
3 Gerald L. Kooyman et al., "Diving Behavior of the Emperor Penguin, Aptenodytes forsteri," *The Auk* (1971): 775-795.

2장

1 Charles Darwin, *The Descent of Man, and Selection in Relation to Sex* (London: John Murray, 1871).
2 Roderic Carrick, S. E. Csordas, and Susan E. Ingham, "Studies on the Southern Elephant Seal, Mirounga leonina (L.). IV. Breeding and Development," *CSIRO Wildlife Research* 7, no. 2 (1962): 161-197.
3 Malte Andersson, "Female Choice Selects for Extreme Tail Length in a Widowbird," *Nature* 299, no. 5886 (1982): 818-820.
4 P. M. Nolan et al., "Mutual Mate Choice for Colorful Traits in King Penguins," Ethology 116, no. 7 (2010): 635-644; I. Keddar et al., "Mate Choice and Colored Beak Spots of King Penguins," *Ethology* 121, no. 11 (2015): 1048-1058.
5 J. J. Cuervo, M. J. Palacios, and A. Barbosa, "Beak Colouration as a Possible

Sexual Ornament in Gentoo Penguins: Sexual Dichromatism and Relationship to Body Condition," *Polar Biology* 32 (2009): 1305 –1314.
6 M. Massaro, L. S. Davis, and J. T. Darby, "Carotenoid-Derived Ornaments Reflect Parental Quality in Male and Female Yellow-Eyed Penguins (*Megadyptes antipodes*)," *Behavioral Ecology and Sociobiology* 55 (2003): 169 –175.

3장

1 Douglas W. Mock et al., "Avian Monogamy," *Ornithological Monographs* 37 (1985): iii –121.
2 Melvyn C. Goldstein, *When Brothers Share a Wife* (Chicago: University of Chicago Press, 1987).
3 A. J. Bateman, "Intra-Sexual Selection in Drosophila," *Heredity* 2 (1948): 349 –368.
4 Tommaso, Pizzari, and Wedell, N., "Introduction: the polyandry revolution," *Philosophical Transactions of the Royal Society B* 368(1613), 2013, 20120041.
5 Ken Kraaijeveld, Francine J. L. Kraaijeveld-Smit, and Simon M. Debus, "Extra-Pair Paternity Does Not Result in Differential Sexual Selection in the Mutually Ornamented Black Swan (*Cygnus atratus*)," *Molecular Ecology* 13, no. 6 (2004): 1625 –1633.
6 Charlott Kvarnemo, "Why Do Some Animals Mate with One Partner Rather Than Many? A Review of Causes and Consequences of Monogamy," *Biological Reviews* 93, no. 4 (2018): 1795 –1812.
7 Juan C. Azofeifa-Solano et al., "Sexual Dimorphism of the Major Chela and Sex Ratio as Indicators of the Mating System in the Estuarine Snapping Shrimp *Alpheus colombiensis* Wicksten, 1988 (Decapoda: Caridea: Alpheidae)," *Journal of Crustacean Biology* 40, no. 6 (2020): 649 –656.
8 Anne-Katrin Eggert and Scott K. Sakaluk, "Female-Coerced Monogamy in Burying Beetles," *Behavioral Ecology and Sociobiology* 37 (1995): 147 –153.
9 Amanda C. J. Vincent and Laila M. Sadler, "Faithful Pair Bonds in Wild Seahorses, *Hippocampus whitei*," *Animal Behaviour* 50, no. 6 (1995): 1557 –

1569.

10 Peter O. Dunn and Susan J. Hannon, "Evidence for Obligate Male Parental Care in Black-Billed Magpies," *The Auk* (1989): 635-644.

11 Ulrich H. Reichard, "Extra-Pair Copulations in a Monogamous Gibbon (*Hylobates lar*)," *Ethology* 100, no. 2 (1995): 99-112; Ryne Palombit, "Dynamic Pair Bonds in Hylobatids: Implications Regarding Monogamous Social Systems," *Behaviour* 128, no. 1-2 (1994): 65-101.

12 H. Weimerskirch and R. P. Wilson, "Oceanic Respite for Wandering Albatrosses: Birds Taking Time off from Breeding Head for Favourite Long-Haul Destinations," *Nature* 406 (2000): 955-956.

13 P. Jouventin, B. Lequette, and F. S. Dobson, "Age-Related Mate Choice in the Wandering Albatross," *Animal Behaviour* 57, no. 5 (1999): 1099-1106.

14 Joël Bried et al., "Why Do Aptenodytes Penguins Have High Divorce Rates?," *The Auk* 116, no. 2 (1999): 504-512.

15 S. C. Griffith, I. P. F. Owens, and K. A. Thuman, "Extra Pair Paternity in Birds: A Review of Interspecific Variation and Adaptive Function," *Molecular Ecology* 11 (2002): 2195-2212.

16 K. M. C. Rowe and P. J. Weatherhead, "Social and Ecological Factors Affecting Paternity Allocation in American Robins with Overlapping Broods," *Behavioral Ecology and Sociobiology* 61 (2007): 1283-1291.

17 프랑스 피에르 주방텡 연구팀이 2001년부터 2002년까지 남인도양 포세시옹섬, 케르겔렌제도에 번식하는 나그네앨버트로스 226마리를 조사한 결과, 전체 새끼의 약 10.7퍼센트는 일부일처제인 짝으로부터 태어난 새끼가 아닌 것으로 나타났다. P. Jouventin et al., "Extra-Pair Paternity in the Strongly Monogamous Wandering Albatross *Diomedea* exulans Has No Apparent Benefits for Females," *Ibis* 149, no. 1 (2007): 67-78.

18 Christin Krokene et al., "The Function of Extrapair Paternity in Blue Tits and Great Tits: Good Genes or Fertility Insurance?," *Behavioral Ecology* 9, no. 6 (1998): 649-656.

19 Joe A. Tobias and Nathalie Seddon, "Female Begging in European Robins: Do Neighbors Eavesdrop for Extrapair Copulations?," *Behavioral Ecology* 13, no. 5 (September 2002): 637-642.

20 Steven W. Gangestad and Randy Thornhill, "The Evolutionary Psychology

of Extrapair Sex: The Role of Fluctuating Asymmetry," *Evolution and Human Behavior* 18, no. 2 (1997): 69-88.
21 물꿩은 중국 양쯔강 이남 지역에 분포한다고 알려져 있지만, 최근엔 한국에서도 번식이 꾸준히 기록되고 있다. 1993년 경희대학교 이진원이 경남 주남저수지에서 처음으로 관찰했고(박진영 외, 「한국에서 물꿩(*Hydrophasianus chirurgus*)과 긴꼬리때까치(*Lanius schach*)의 첫 관찰」, 『한국조류학회지』 제2권 1호, 1995, 1277-1279), 원병오 교수가 '물꿩'이라는 한국명을 붙였다. 이후 경남 습지와 제주도 지역에서 꾸준히 관찰되다가 2004년엔 제주도 용수리 습지에서 번식 과정이 처음으로 관찰되었다(김완병 외, 「한국에서 물꿩(*Hydrophasianus chirurgus*)의 첫 번식 보고」, 『한국조류학회지』 제12권 2호, 2005, 87-89).
22 J. Bradbury et al., "Hotspots and the Dispersion of Leks," *Animal Behaviour* 34, no. 6 (1986): 1694-1709.
23 J. Bro-Jørgensen, "The Significance of Hotspots to Lekking Topi Antelopes (*Damaliscus lunatus*)," *Behavioral Ecology and Sociobiology* 53 (2003): 324-331.
24 K. R. McKaye, "Ecology and Breeding Behavior of a Cichlid Fish, *Cyrtocara eucinostomus*, on a Large Lek in Lake Malawi, Africa," *Environmental Biology of Fishes* 8 (1983): 81-96.
25 Akanksha Rathore et al., "Lekking as Collective Behaviour," *Philosophical Transactions of the Royal Society B* 378, no. 1874 (2023): 20220066.
26 Sarah A. Cowles and Robert M. Gibson, "Displaying to Females May Lower Male Foraging Time and Vigilance in a Lekking Bird," *The Auk* 132, no. 1 (2015): 82-91.
27 Thomas B. Ryder et al., "The Composition, Stability, and Kinship of Reproductive Coalitions in a Lekking Bird," *Behavioral Ecology* 22, no. 2 (2011): 282-290; Marion Petrie et al., "Peacocks Lek with Relatives Even in the Absence of Social and Environmental Cues," *Nature* 401, no. 6749 (1999): 155-157.

4장

1 Jakob Vinther et al., "3D Camouflage in an Ornithischian Dinosaur," *Current Biology* 26, no. 18 (2016): 2456-2462.

2   원문은 케임브리지대학 '다윈 프로젝트' 홈페이지에서 확인할 수 있다. Darwin Correspondence Project, "Letter DCP-LETT-5415," https://www.darwinproject.ac.uk/letter/?docId=letters/DCP-LETT-5415.xml(2025년 6월 17일 접속).

3   John L. Gittleman and Paul H. Harvey, "Why Are Distasteful Prey Not Cryptic?," *Nature* 286, no. 5769 (1980): 149-150.

4   Tim Guilford, "The Evolution of Conspicuous Coloration," *The American Naturalist* 131 (1988): S7-S21.

5   Paul H. Harvey et al., "The Evolution of Aposematic Coloration in Distasteful Prey: A Family Model," *The American Naturalist* 119, no. 5 (1982): 710-719.

6   Birgitta Sillén-Tullberg, "Higher Survival of an Aposematic than of a Cryptic Form of a Distasteful Bug," *Oecologia* 67 (1985): 411-415.

7   Tim Caro, "An Evolutionary Route to Warning Coloration," *Nature* 618 (2023): 34-35.

8   원문은 '다윈 프로젝트' 홈페이지에서 확인할 수 있다. Darwin Correspondence Project, "Letter DCP-LETT-2627," 2025, https://www.darwinproject.ac.uk/letter?docId=letters/DCP-LETT-2627.xml(2025년 6월 17일 접속).

9   John Van Wyhe, "A Delicate Adjustment: Wallace and Bates on the Amazon and 'The Problem of the Origin of Species,'" *Journal of the History of Biology* 47, no. 4 (2014): 627-659.

10 Henry Walter Bates, "XXXII. Contributions to an Insect Fauna of the Amazon Valley. Lepidoptera: *Heliconidæ*," *Transactions of the Linnean Society of London* 23, no. 3 (1862): 495-566.

11 Fritz Müller, "Über die Vortheile der Mimicry bei Schmetterlingen," *Zoologischer Anzeiger* 1 (1878): 54-55; Fritz Müller, "Ituna and Thyridia: A Remarkable Case of Mimicry in Butterflies," trans. Meloda R., *Transactions of the Entomological Society of London* (1879): 20-29.

12 Thomas N. Sherratt, "The Evolution of Müllerian Mimicry," *Naturwissenschaften* 95, no. 8 (2008): 681-695.

13 Changku Kang et al., "Multiple Lines of Anti-Predator Defence in the Spotted Lanternfly, *Lycorma delicatula* (Hemiptera: *Fulgoridae*)," *Biological Journal of the Linnean Society* 120, no. 1 (2017): 115-124.

14 Karl Loeffler-Henry et al., "Evolutionary Transitions from Camouflage to Aposematism: Hidden Signals Play a Pivotal Role," *Science* 379 (2023): 1136–1140.

5장

1 영국 남극조사국 홈페이지 참조. British Antarctic Survey, "Penguins," https://www.bas.ac.uk/about/antarctica/wildlife/penguins/(2025년 6월 17일 접속).
2 A. Borowicz et al., "Multi-Modal Survey of Adélie Penguin Mega-Colonies Reveals the Danger Islands as a Seabird Hotspot," *Scientific Reports* 8 (2018): 3926.
3 W. Foster and J. Treherne, "Evidence for the Dilution Effect in the Selfish Herd from Fish Predation on a Marine Insect," *Nature* 293 (1981): 466–467. 이 논문은 1981년 『네이처』지에 한 페이지 분량으로 실렸다. 비록 그래프 하나짜리의 간단한 관찰 보고였지만, 이는 희석 효과를 자연 상태에서 관찰해 보고한 첫 연구였다. 실제로 야생에서 동물행동에 관한 이론을 직접 관찰하고 증명하기란 쉽지 않기 때문에 그 과학적 가치를 인정받은 것이다.
4 Benedict G. Hogan et al., "The Confusion Effect When Attacking Simulated Three-Dimensional Starling Flocks," *Royal Society Open Science* 4, no. 1 (2017): 160564.
5 T. H. Clutton-Brock et al., "Selfish Sentinels in Cooperative Mammals," *Science* 284, no. 5420 (1999): 1640–1644.
6 C. Gilbert et al., "Energy Saving Processes in Huddling Emperor Penguins: From Experiments to Theory," *Journal of Experimental Biology* 211, no. 1 (2008): 1–8.
7 A. McGowan et al., "Competing for Position in the Communal Roosts of Long-Tailed Tits," *Animal Behaviour* 72, no. 5 (2006): 1035–1043.
8 Alistair M. McInnes et al., "Group Foraging Increases Foraging Efficiency in a Piscivorous Diver, the African Penguin," *Royal Society Open Science* 4, no. 9 (2017): 170918.
9 T. Caraco and L. L. Wolf, "Ecological Determinants of Group Sizes of Foraging Lions," *The American Naturalist* 109, no. 967 (1975): 343–352.
10 C. R. Brown and M. B. Brown, "Ectoparasitism as a Cost of Coloniality in

Cliff Swallows (*Hirundo pyrrhonota*)," *Ecology* 67, no. 5 (1986): 1206–1218.
11 Mindy Johnston, "List of the World's Largest Cities by Population," *Encyclopedia Britannica*, September 26, 2024, https://www.britannica.com/topic/list-of-the-worlds-largest-cities-by-population.

6장

1 J. Offenberg, "Balancing between Mutualism and Exploitation: The Symbiotic Interaction between Lasius Ants and Aphids," *Behavioral Ecology and Sociobiology* 49 (2001): 304–10.
2 D. W. Rice, "Symbiotic Feeding of Snowy Egrets with Cattle," *The Auk* 71, no. 4 (1954): 19.
3 R. Sender, S. Fuchs, and R. Milo, "Are We Really Vastly Outnumbered? Revisiting the Ratio of Bacterial to Host Cells in Humans," *Cell* 164 (2016): 337–40; R. Sender, S. Fuchs, and R. Milo, "Revised Estimates for the Number of Human and Bacteria Cells in the Body," *PLoS Biology* 14, no. 8 (2016): e1002533.
4 K. R. Theis, "Scent Marking in a Highly Social Mammalian Species, the Spotted Hyena, *Crocuta crocuta*" (Ph.D. diss., Michigan State University, 2008).
5 M. L. Gorman, "A Mechanism for Individual Recognition by Odour in *Herpestes auropunctatus* (Carnivora: *Viverridae*)," *Animal Behaviour* 24 (1976): 141–145.
6 G. Sharon et al., "Commensal Bacteria Play a Role in Mating Preference of Drosophila melanogaster," *Proceedings of the National Academy of Sciences* 107, no. 46 (2010): 20051–20056.
7 E. A. Archie and K. R. Theis, "Animal Behaviour Meets Microbial Ecology," *Animal Behaviour* 82, no. 3 (2011): 425–436.
8 Spencer Nyholm and Margaret McFall-Ngai, "The Winnowing: Establishing the Squid–Vibrio Symbiosis," Nature Reviews Microbiology 2 (2004): 632–642.
9 M. I. Cook, S. R. Beissinger, G. A. Toranzos, R. A. Rodriguez, and W. J. Arendt, "Trans-shell Infection by Pathogenic Micro-organisms Reduces

the Shelf Life of Non-incubated Bird's Eggs: A Constraint on the Onset of Incubation?" *Proceedings of the Royal Society B* 270, no. 1530 (2003): 2233 – 2240.

10 M. I. Cook, S. R. Beissinger, G. A. Toranzos, and W. J. Arendt, "Incubation Reduces Microbial Growth on Eggshells and the Opportunity for Trans-shell Infection," *Ecology Letters* 8, no. 5 (2005): 532 – 537.

11 W. Y. Lee, M. Kim, P. G. Jablonski, J. C. Choe, and S.-I. Lee, "Effect of Incubation on Bacterial Communities of Eggshells in a Temperate Bird, the Eurasian Magpie (*Pica pica*)," *PLoS ONE* 9, no. 8 (2014): e103959.

12 W. Y. Lee, "Avian Gut Microbiota and Behavioral Studies," *Korean Journal of Ornithology* 22, no. 1 (2015): 1 – 11.

13 K. A. Dill-McFarland et al., "Hibernation Alters the Diversity and Composition of Mucosa-associated Bacteria While Enhancing Antimicrobial Defence in the Gut of 13-lined Ground Squirrels," *Molecular Ecology* 23 (2014): 4658 – 4669.

14 P. A. Crawford et al., "Regulation of Myocardial Ketone Body Metabolism by the Gut Microbiota during Nutrient Deprivation," *Proceedings of the National Academy of Sciences of the United States of America* 106 (2009): 11276 – 11281.

15 M. L. Dewar et al., "Influence of Fasting during Moult on the Faecal Microbiota of Penguins," *PLoS ONE* 9 (2014): e99996.

16 W. Y. Lee et al., "Faecal Microbiota Changes Associated with the Moult Fast in Chinstrap and Gentoo Penguins," *PLoS ONE* 14, no. 5 (2019): e0216565.

17 B. A. Clemmons, B. H. Voy, and P. R. Myer, "Altering the Gut Microbiome of Cattle: Considerations of Host-Microbiome Interactions for Persistent Microbiome Manipulation," *Microbial Ecology* 77 (2019): 523 – 536.

18 S. Devaraj, P. Hemarajata, and J. Versalovic, "The Human Gut Microbiome and Body Metabolism: Implications for Obesity and Diabetes," *Clinical Chemistry* 59, no. 4 (2013): 617 – 628.

19 K. V. A. Johnson and K. R. Foster, "Why Does the Microbiome Affect Behaviour?" *Nature Reviews Microbiology* 16, no. 10 (2018): 647 – 655.

7장

1 Mary Oliver, Wild Geese, in *Dream Work* (Atlantic Monthly Press, 1986), 14-15. "You only have to let the soft animal of your body / love what it loves. (…) Meanwhile the world goes on. / Meanwhile the sun and the clear pebbles of the rain / are moving across the landscapes, / over the prairies and the deep trees, / the mountains and the rivers. / Meanwhile the wild geese, high in the clean blue air, / are heading home again."
2 J. S. Kirby et al., "Key Conservation Issues for Migratory Land- and Waterbird Species on the World's Major Flyways," *Bird Conservation International* 18 (2008): S49 -S73.
3 C. Egevang et al., "Tracking of Arctic Terns *Sterna paradisaea* Reveals Longest Animal Migration," *Proceedings of the National Academy of Sciences* 107, no. 5 (2010): 2078 -2081.
4 S. G. Cherry, A. E. Derocher, G. W. Thiemann, and N. J. Lunn, "Migration Phenology and Seasonal Fidelity of an Arctic Marine Predator in Relation to Sea Ice Dynamics," *Journal of Animal Ecology* 82, no. 4 (2013): 912 -921.
5 S. L. Swartz, "Gray Whale: *Eschrichtius robustus*," in *Encyclopedia of Marine Mammals*, 3rd ed., ed. Bernd Würsig, J. G. M. Thewissen, and Kit M. Kovacs (San Diego: Academic Press, 2018), 422 -428.
6 L. Dalby, B. J. McGill, A. D. Fox, and J.-C. Svenning, "Seasonality Drives Global-Scale Diversity Patterns in Waterfowl (Anseriformes) via Temporal Niche Exploitation," *Global Ecology and Biogeography* 23 (2014): 550 -562.
7 M. Somveille, A. S. L. Rodrigues, and A. Manica, "Why Do Birds Migrate? A Macroecological Perspective," *Global Ecology and Biogeography* 24 (2015): 664 -674.
8 B. Naef-Daenzer et al., "Miniaturization (0.2g) and Evaluation of Attachment Techniques of Telemetry Transmitters," *Journal of Experimental Biology* 208, pt. 21 (November 2005): 4063 -4068.
9 Kelsey E. Fisher, James S. Adelman, and Steven P. Bradbury, "Employing Very High Frequency (VHF) Radio Telemetry to Recreate Monarch Butterfly Flight Paths," *Environmental Entomology* 49, no. 2 (April 2020): 312 -323.

10 C. A. Bost et al., "Where Do Penguins Go during the Inter-Breeding Period? Using Geolocation to Track the Winter Dispersion of the Macaroni Penguin," *Biology Letters* 5 (2009): 473–476.
11 해양조류에 부착한 지오로케이터의 정확도를 위성송신기 자료와 비교한 결과, 위치 자료의 평균 오차는 186킬로미터(표준편차 114킬로미터)로 나타났다. R. A. Phillips et al., "Accuracy of Geolocation Estimates for Flying Seabirds," *Marine Ecology Progress Series* 266 (2004): 265–272.
12 N. Ratcliffe et al., "A Leg-Band for Mounting Geolocator Tags on Penguins," *Marine Ornithology* 42 (2014): 23–26.
13 G. Ballard et al., "Responding to Climate Change: Adélie Penguins Confront Astronomical and Ocean Boundaries," *Ecology* 91 (2010): 2056–2069.
14 박성섭, 「Behavioral Ecology of Foraging and Migration in Chinstrap and Gentoo Penguins」, 인천대학교 생명과학부 박사학위 논문, 2020년 8월.

8장

1 이 글 일부는 이원영, 「바이오로깅(Bio-Logging): 과학자들이 동물을 관찰하는 새로운 방법」(『물리학과 첨단기술』 제28권 3호, 2019년 3월, 31-32)을 수정한 것임을 밝힌다.
2 김동원·유정칠, 「비번식기 섬참새의 내륙 월동」, 『한국조류학회지』 제16권 1호, 2009, 67-72.
3 김다빈 외, 「조선 시대 고문헌을 활용한 한반도 포유동물의 시·공간적 분포 복원」, 『대한지리학회지』 제55권 5호, 2020, 467-483.
4 정종우, 「[자산어보]: 현대적 형식을 갖춘 생물분류 문헌」, 『지식의 지평』 21호, 2016, 1-11.
5 G. L. Kooyman, "Maximum Diving Capacities of the Weddell Seal, *Leptonychotes weddelli*," *Science* 151, no. 3717 (1966): 1553–1554.
6 G. L. Kooyman et al., "Diving Behavior of the Emperor Penguin, *Aptenodytes forsteri*," *The Auk* (1971): 775–795.
7 H. Chung et al., "A Review: Marine Bio-Logging of Animal Behaviour and Ocean Environments," *Ocean Science Journal* 56 (2021): 117–131.
8 K. Ohshima et al., "Antarctic Bottom Water Production by Intense Sea-

Ice Formation in the Cape Darnley Polynya," *Nature Geoscience* 6 (2013): 235–240.

9 William J. Sutherland et al., "A 2021 Horizon Scan of Emerging Global Biological Conservation Issues," *Trends in Ecology & Evolution* 36, no. 1 (2021): 87–97.

10 남극 젠투펭귄의 무리 짓기와 의사소통의 관련성을 최초로 밝힌 연구였다. N. Choi et al., "Group Association and Vocal Behaviour during Foraging Trips in Gentoo Penguins," *Scientific Reports* 7 (2017): 7570.

11 W. Y. Lee et al., "Diving Location and Depth of Breeding Chinstrap Penguins during Incubation and Chick-Rearing Period in King George Island, Antarctica," *Korean Journal of Ornithology* 23, no. 1 (2016): 41–48.

12 해양물리학자인 경북대학교 윤승태와 함께 연구를 진행 중이다. S. T. Yoon and W. Y. Lee, "Quality Control Methods for CTD Data Collected by Using Instrumented Marine Mammals: A Review and Case Study," *Ocean and Polar Research* 43, no. 4 (2021): 321–334.

13 영국 제국전쟁박물관 홈페이지 '간추린 드론의 역사' 참조. Imperial War Museums, "A Brief History of Drones," https://www.iwm.org.uk/history/a-brief-history-of-drones(2025년 6월 21일 접속).

14 K. Anderson and K. J. Gaston, "Lightweight Unmanned Aerial Vehicles Will Revolutionize Spatial Ecology," *Frontiers in Ecology and the Environment* 11, no. 3 (2013): 138–146; A. C. Watts et al., "Small Unmanned Aircraft Systems for Low-Altitude Aerial Surveys," *The Journal of Wildlife Management* 74, no. 7 (2010): 1614–1619.

15 J. C. Hodgson et al., "Drones Count Wildlife More Accurately and Precisely than Humans," *Methods in Ecology and Evolution* 9, no. 5 (2018): 1160–1167.

16 D. Gallego and J. H. Sarasola, "Using Drones to Reduce Human Disturbance While Monitoring Breeding Status of an Endangered Raptor," *Remote Sensing in Ecology and Conservation* 7, no. 3 (2021): 550–561.

17 M. Mulero-Pázmány et al., "Unmanned Aircraft Systems as a New Source of Disturbance for Wildlife: A Systematic Review," *PLoS ONE* 12, no. 6 (2017): e0178448.

18 J. C. Solis and F. De Lope, "Nest and Egg Crypsis in the Ground-Nesting Stone Curlew *Burhinus oedicnemus*," *Journal of Avian Biology* (1995): 135–

138.
19 M. Israel and A. Reinhard, eds., *Detecting Nests of Lapwing Birds with the Aid of a Small Unmanned Aerial Vehicle with Thermal Camera*, presented at Unmanned Aircraft Systems (ICUAS), 2017 International Conference on (2017: IEEE).

9장

1 World Meteorological Organization, "WMO Verifies -69.6°C Greenland Temperature as Northern Hemisphere Record," September 23, 2020.
2 National Park Service, "Weather," Death Valley National Park, https://www.nps.gov/deva/planyourvisit/weather.htm (2025년 6월 21일 접속).
3 A. Clarke and P. Rothery, "Scaling of Body Temperature in Mammals and Birds," *Functional Ecology* 22, no. 1 (2008): 58–67.
4 C. Bergmann, "Über die Verhältnisse der Wärmeökonomie der Thiere zu ihrer Grösse," *Göttinger Studien* 3, no. 1 (1847): 595–708.
5 S. Meiri, "Bergmann's Rule—What's in a Name?," *Global Ecology and Biogeography* 20, no. 1 (2011): 203–207.
6 Douglas P. DeMaster and Ian Stirling, "*Ursus maritimus*," *Mammalian Species*, no. 145 (May 8, 1981): 1–7.
7 Maria Pasitschniak-Arts, "Ursus arctos," *Mammalian Species*, no. 439 (April 23, 1993): 1–10.
8 Joel Asaph Allen, "The Influence of Physical Conditions in the Genesis of Species," *Radical Review* 1 (1877): 108–140.
9 B. H. Alhajeri, Y. Fourcade, N. S. Upham, and H. Alhaddad, "A Global Test of Allen's Rule in Rodents," *Global Ecology and Biogeography* 29, no. 12 (2020): 2248–2260.
10 C. M. Bogert, "Thermoregulation in Reptiles, a Factor in Evolution," *Evolution* 3, no. 3 (1949): 195–211.
11 보거트는 논문 첫 문단에서 '냉혈동물' 혹은 '변온동물'이란 표현에 오해의 소지가 있으며, 파충류도 다양한 온도 조건을 활용해 일정 수준의 체온조절을 한다는 점을 강조했다. C. M. Bogert, ibid. "(…) and that animals avail themselves of the great variations in temperature to be found in time and space to avoid

extremes and to exercise a measure of control over the thermal level of the body."
12 W. B. Watt, "Adaptive Significance of Pigment Polymorphisms in Colias Butterflies. I. Variation of Melanin Pigment in Relation to Thermoregulation," *Evolution* (1968): 437–458.
13 D. Stuart-Fox, E. Newton, and S. Clusella-Trullas, "Thermal Consequences of Colour and Near-Infrared Reflectance," *Philosophical Transactions of the Royal Society B: Biological Sciences* 372, no. 1724 (2017): 20160345.
14 I. Medina et al., "Reflection of Near-Infrared Light Confers Thermal Protection in Birds," *Nature Communications* 9, no. 1 (2018): 3610.
15 J. T. Munro et al., "Climate Is a Strong Predictor of Near-Infrared Reflectance but a Poor Predictor of Colour in Butterflies," *Proceedings of the Royal Society B* 286, no. 1898 (2019): 20190234.
16 C. Kang et al., "Climate Predicts Both Visible and Near-Infrared Reflectance in Butterflies," *Ecology Letters* 24, no. 9 (2021): 1869–1879.

10장

1 Ravi D. Nath et al., "The Jellyfish Cassiopea Exhibits a Sleep-Like State," *Current Biology* 27, no. 19 (2017): 2984–2990.
2 William J. Joiner, "Unraveling the Evolutionary Determinants of Sleep," *Current Biology* 26, no. 20 (2016): R1073–R1087.
3 Shauni Omond et al., "Inactivity Is Nycthemeral, Endogenously Generated, Homeostatically Regulated, and Melatonin Modulated in a Free-Living Platyhelminth Flatworm," *Sleep* 40, no. 10 (2017): zsx124.
4 J. M. Siegel, "Do All Animals Sleep?," *Trends in Neurosciences* 31, no. 4 (2008): 208–213.
5 S. Sauer et al., "The Dynamics of Sleep-Like Behaviour in Honey Bees," *Journal of Comparative Physiology A* 189 (2003): 599–607.
6 G. E. Nilsson et al., "Tribute to P. L. Lutz: Respiratory Ecophysiology of Coral-Reef Teleosts," *Journal of Experimental Biology* 210 (2007): 1673–1686.
7 N. C. Rattenborg et al., "Evidence That Birds Sleep in Mid-Flight," *Nature*

Communications 7, no. 1 (2016): 12468; P. A. Libourel et al., "Nesting Chinstrap Penguins Accrue Large Quantities of Sleep through Seconds-Long Microsleeps," *Science* 382, no. 6674 (2023): 1026–1031; J. M. Kendall-Bar et al., "Brain Activity of Diving Seals Reveals Short Sleep Cycles at Depth," *Science* 380, no. 6642 (2023): 260–265.

8   N. Gravett et al., "Inactivity/Sleep in Two Wild Free-Roaming African Elephant Matriarchs—Does Large Body Size Make Elephants the Shortest Mammalian Sleepers?," *PLoS ONE* 12, no. 3 (2017): e0171903; J. M. Siegel, "Why We Sleep," *Scientific American* 289, no. 5 (2003): 92–97.

9   Niels C. Rattenborg et al., "Sleep Research Goes Wild: New Methods and Approaches to Investigate the Ecology, Evolution and Functions of Sleep," *Philosophical Transactions of the Royal Society B: Biological Sciences* 372, no. 1734 (2017): 20160251.

10 Niels C. Rattenborg et al., "Sleeping Outside the Box: Electroencephalographic Measures of Sleep in Sloths Inhabiting a Rainforest," *Biology Letters* 4, no. 4 (2008): 402–405.

11 Bryson Voirin et al., "Ecology and Neurophysiology of Sleep in Two Wild Sloth Species," *Sleep* 37, no. 4 (2014): 753–761.

12 J. Gould, *The Zoology of the Voyage of the H.M.S. Beagle*, ed. C. Darwin, pt. 3, 146 (1841).

13 H. Weimerskirch, M. Le Corre, E. Tew Kai, and F. Marsac, "Foraging Movements of Great Frigatebirds from Aldabra Island: Relationship with Environmental Variables and Interactions with Fisheries," *Progress in Oceanography* 86 (2010): 204–213.

14 N. Rattenborg et al., "Evidence That Birds Sleep in Mid-Flight," *Nature Communications* 7 (2016): 12468.

15 P.-A. Libourel et al., "Nesting Chinstrap Penguins Accrue Large Quantities of Sleep through Seconds-Long Microsleeps," *Science* 382 (2023): 1026–1031.

16 C. T. Downs et al., "Too Hot to Sleep? Sleep Behaviour and Surface Body Temperature of Wahlberg's Epauletted Fruit Bat," *PLoS ONE* 10, no. 3 (2015): e0119419.

17 기후과학을 연구하는 미국 비영리단체 '클라이밋 센트럴Climate Central'

은 2024년 8월 「기후변화로 건강을 위협하는 열대야가 전 세계에서 늘고 있다 Climate Change Is Increasing Dangerous Nighttime Temperatures Across the Globe」라는 제목의 보고서를 공개했다. Climate Central, "Climate Change Is Increasing Dangerous Nighttime Temperatures Across the Globe," https://assets.ctfassets.net/cxgxgstp8r5d/60miPwR5LjnZ7CiETSIJ1P/89e8a6b310000c53ed231075a6955ea4/Climate_Central_analysis__Climate_change_is_increasing_dangerous_nighttime_temperatures_across_the_globe.pdf(2025년 6월 21일 접속).

11장

1 프란스 드 발, 『동물의 생각에 관한 생각』, 이충호 옮김, 세종서적, 2017, 13쪽.
2 제인 구달, 『인간의 그늘에서』, 최재천·이상임 옮김, 사이언스북스, 2001, 85쪽.
3 N. Lamon et al., "Wild Chimpanzees Select Tool Material Based on Efficiency and Knowledge," *Proceedings of the Royal Society B: Biological Sciences* 285, no. 1888 (2018).
4 C. Schrauf, J. Call, K. Fuwa, and S. Hirata, "Do Chimpanzees Use Weight to Select Hammer Tools?," *PLoS ONE* 7, no. 7 (2012): e41044.
5 D. Biro, C. Sousa, and T. Matsuzawa, "Ontogeny and Cultural Propagation of Tool Use by Wild Chimpanzees at Bossou, Guinea: Case Studies in Nut-Cracking and Leaf Folding," in *Cognitive Development in Chimpanzees*, ed. T. Matsuzawa, M. Tomonaga, and M. Tanaka (Tokyo: Springer, 2006), 476–508.
6 T. Matsuzawa, "Field Experiments on Use of Stone Tools by Chimpanzees in the Wild," in *Chimpanzee Cultures*, ed. R. W. Wrangham, W. C. McGrew, F. B. M. de Waal, and P. G. Heltone (Cambridge: Harvard University Press, 1994), 351–370.
7 L. S. Lewis et al., "Bonobos and Chimpanzees Remember Familiar Conspecifics for Decades," *Proceedings of the National Academy of Sciences of the United States of America* 120, no. 52 (2023): e2304903120.
8 E. S. Savage-Rumbaugh, "Language Learning in the Bonobo: How and Why They Learn," in *Biological and Behavioral Determinants of Language Development* (Psychology Press, 2013), 209–233.

9   N. Toth et al., "Pan the Tool-Maker: Investigations into the Stone Tool-Making and Tool-Using Capabilities of a Bonobo (*Pan paniscus*)," *Journal of Archaeological Science* 20, no. 1 (1993): 81–91.
10 헌트는 1997년 카구의 생태에 관한 연구로 매시대학에서 박사학위를 받았다. Gavin Hunt, profile page, "The Conversation," https://theconversation.com/profiles/gavin-hunt-106409(2025년 6월 21일 접속).
11 Gavin Hunt and R. D. Gray, "Diversification and Cumulative Evolution in New Caledonian Crow Tool Manufacture," *Proceedings of the Royal Society of London. Series B: Biological Sciences* 270, no. 1517 (2003): 867–874.
12 J. Cnotka et al., "Extraordinary Large Brains in Tool-Using New Caledonian Crows (*Corvus moneduloides*)," *Neuroscience Letters* 433, no. 3 (2008): 241–245.
13 B. Kenward et al., "Tool Manufacture by Naive Juvenile Crows," *Nature* 433 (2005): 121.
14 J. Troscianko et al., "Extreme Binocular Vision and a Straight Bill Facilitate Tool Use in New Caledonian Crows," *Nature Communications* 3, no. 1 (2012): 1110.
15 G. R. Hunt, J. C. Holzhaider, and R. D. Gray, "Prolonged Parental Feeding in Tool-Using New Caledonian Crows," *Ethology* 118, no. 5 (2012): 423–430.
16 J. C. Holzhaider, G. R. Hunt, and R. D. Gray, "The Development of Pandanus Tool Manufacture in Wild New Caledonian Crows," *Behaviour* 147 (2010): 553–586.
17 C. Rutz and J. J. St Clair, "The Evolutionary Origins and Ecological Context of Tool Use in New Caledonian Crows," *Behavioural Processes* 89, no. 2 (2012): 153–165.
18 N. J. Emery and N. S. Clayton, "The Mentality of Crows: Convergent Evolution of Intelligence in Corvids and Apes," *Science* 306, no. 5703 (2004): 1903–1907.
19 사이 몽고메리, 『문어의 영혼』, 최로미 옮김, 글항아리, 2017.
20 J. Carril et al., "Comparative Brain Morphology of Neotropical Parrots (Aves, *Psittaciformes*) Inferred from Virtual 3D Endocasts," *Journal of Anatomy* 229, no. 2 (2016): 239–251.
21 Nathan J. Emery, "Are Corvids 'Feathered Apes'? Cognitive Evolution in

Crows, Jays, Rooks and Jackdaws," in *Comparative Analysis of Minds*, ed. S. Watanabe (Tokyo: Keio University Press, 2004), 1-36, https://www.ladel. fr/wp-content/uploads/2016/04/Emery-feathered_apes.pdf(2025년 6월 21일 접속).

22 네이선 에머리, 『버드 브레인』, 이충환 옮김, 동아엠앤비, 2017, 8-9쪽; 프란스 드 발, 앞의 책, 151쪽.

12장

1 S. Nowak et al., "Howling Activity of Free-Ranging Wolves (*Canis lupus*) in the Białowieża Primeval Forest and the Western Beskidy Mountains (Poland)," *Journal of Ethology* 25 (2007): 231-237.
2 W. T. Fitch, "The Evolution of Speech: A Comparative Review," *Trends in Cognitive Sciences* 4, no. 7 (2000): 258-267.
3 John Alcock, *Animal Behavior: An Evolutionary Approach*, 10th ed. (Sunderland, MA: Sinauer Associates, 2013), 256.
4 E. O. Wilson, "Animal Communication," *Scientific American* 227, no. 3 (1972): 52-63.
5 S. Dong et al., "Social Signal Learning of the Waggle Dance in Honey Bees," *Science* 379, no. 6636 (2023): 1015-1018.
6 E. N. Shook et al., "Dynamic Skin Behaviors in Cephalopods," *Current Opinion in Neurobiology* 86 (2024): 102876.
7 A. S. Stoeger and P. Manger, "Vocal Learning in Elephants: Neural Bases and Adaptive Context," *Current Opinion in Neurobiology* 28 (2014): 101-107; A. S. Stoeger et al., "An Asian Elephant Imitates Human Speech," *Current Biology* 22, no. 22 (2012): 2144-2148.
8 Caitlin E. O'Connell-Rodwell, "Keeping an 'Ear' to the Ground: Seismic Communication in Elephants," *Physiology* 22, no. 4 (August 2007): 287-294.
9 P. Convey, A. Morton, and J. Poncet, "Survey of Marine Birds and Mammals of the South Sandwich Islands," *Polar Record* 35, no. 193 (1999): 107-124.
10 T. Aubin and P. Jouventin, "How to Vocally Identify Kin in a Crowd: The Penguin Model," in *Advances in the Study of Behavior*, vol. 31, (San Diego:

Academic Press, 2002), 243–277.
11   T. Lengagne, P. Jouventin, and T. Aubin, "Finding One's Mate in a King Penguin Colony: Efficiency of Acoustic Communication," *Behaviour* 136, no. 7 (1999): 833–846.
12   A. Thiebault, I. Charrier, T. Aubin, D. B. Green, and P. A. Pistorius, "First Evidence of Underwater Vocalisations in Hunting Penguins," *PeerJ* 7 (2019): e8240.
13   N. Choi et al., "Group Association and Vocal Behaviour during Foraging Trips in Gentoo Penguins," *Scientific Reports* 7, no. 1 (2017): 7570.
14   T. N. Suzuki and K. Ueda, "Mobbing Calls of Japanese Tits Signal Predator Type: Field Observations of Natural Predator Encounters," *The Wilson Journal of Ornithology* 125, no. 2 (2013): 412–415.
15   T. N. Suzuki, "Referential Mobbing Calls Elicit Different Predator-Searching Behaviours in Japanese Great Tits," *Animal Behaviour* 84, no. 1 (2012): 53–57.
16   T. N. Suzuki and N. Sugita, "The 'After You' Gesture in a Bird," *Current Biology* 34, no. 6 (2024): R231–R232.
17   M. Fröhlich and C. Hobaiter, "The Development of Gestural Communication in Great Apes," *Behavioral Ecology and Sociobiology* 72 (2018): 1–14.
18   Jane Goodall, *The Chimpanzees of Gombe: Patterns of Behavior* (Cambridge, MA: Harvard University Press, 1986).
19   W. C. McGrew and C. E. G. Tutin, "Evidence for a Social Custom in Wild Chimpanzees?" *Man* 13 (1978): 234–251.
20   E. J. Van Leeuwen, K. A. Cronin, D. B. Haun, R. Mundry, and M. D. Bodamer, "Neighbouring Chimpanzee Communities Show Different Preferences in Social Grooming Behaviour," *Proceedings of the Royal Society B: Biological Sciences* 279, no. 1746 (2012): 4362–4367.

13장

1   BB. J. King, "When Animals Mourn," *Scientific American* 309, no. 1 (2013): 62–67.

2   *The New York Declaration on Animal Consciousness*, April 19, 2024, New York University, https://sites.google.com/nyu.edu/nydeclaration/declaration?authuser=0#h.5e13vfkpjc7j (2025년 5월 접속).

3   P. Low, "The Cambridge Declaration on Consciousness," in *Proceedings of the Francis Crick Memorial Conference*, Churchill College, Cambridge University, July 7, 2012, 1–2.

4   Irene M. Pepperberg, "Studies to Determine the Intelligence of African Grey Parrots," *Proceedings of the International Aviculturists Society* (1995): 11–15.

5   아이린 페퍼버그, 『천재 앵무새 알렉스와 나』, 박산호 옮김, 꾸리에, 2009.

6   Helmut Prior et al., "Mirror-Induced Behavior in the Magpie (*Pica pica*): Evidence of Self-Recognition," *PLoS Biology* 6, no. 8 (2008): e202. 여기서 보고된 까치의 거울 속 자기인식 실험을 훗날 스페인의 까치 연구자인 마누엘 솔레르 연구팀에서 재현하려 시도했으나, 후속 실험에선 자기인식을 한다는 증거가 발견되지 않았다. 까치가 거울 속에 비친 자기 모습을 인지한다는 사실을 입증하기 위해서는 더 많은 근거가 필요할 것으로 보인다. Manuel Soler et al., "Replication of the Mirror Mark Test Experiment in the Magpie (Pica pica) Does Not Provide Evidence of Self-Recognition," *Journal of Comparative Psychology* 134, no. 4 (2020): 363.

7   D. M. Peña-Guzmán, "Can Nonhuman Animals Commit Suicide?" *Animal Sentience* 20, no. 1 (2017); L. Marino, "White Paper on Dolphin Suicide," *Neuroscience & Biobehavioral Reviews* (2016).

8   핫핑크돌핀스는 환경운동가 황현진과 평화활동가 조약골을 공동 대표로 하여 2011년 설립되었으며, 건강한 해양생태계 보전과 돌고래 등 위기에 처한 해양생물 보호 활동을 하는 비영리 민간단체이다. 돌고래를 바다로 돌려보내고, 고래고기 유통을 둘러싼 불법 행위를 감시하는 일에 중점을 두고 활동한다. 핫핑크돌핀스 홈페이지 http://hotpinkdolphins.org/ 참조(2025년 6월 21일 접속).

9   고은경, 「"다이지 돌고래 학살엔 우리도 책임"」, 『한국일보』 2017년 9월 18일 자. 경어체는 인용자가 평어체로 수정.

10 S. Fuktong et al., "A Survey of Stereotypic Behaviors in Tourist Camp Elephants in Chiang Mai, Thailand," *Applied Animal Behaviour Science* 243 (2021): 105456.

11 A. Mallapur and B. C. Choudhury, "Behavioral Abnormalities in Captive

Nonhuman Primates," *Journal of Applied Animal Welfare Science* 6, no. 4 (2003): 275–284.

12 이세중, 「갈비뼈 앙상한 사자… 동물학대 논란 동물원」, KBS 뉴스, 2023년 6월 15일 자; 고은경, 「'갈비사자' 딸 보금자리 찾았다지만… 물건처럼 팔려가는 동물들」, 『한국일보』, 2024년 6월 6일 자.

13 남종영, 「돌고래의 무덤' 거제씨월드, 지옥의 삶이 또 태어난다」, 『한겨레』, 2023년 7월 17일 자.

14 동물자유연대, 「전시·체험형 동물시설 사육환경·동물상태 실태조사」, 2023년 5월 17일, 129쪽.

15 박연화, 「2023년도 동물실험윤리위원회 운영실적 및 실험동물 사용실태」, 농림축산검역본부 동물질병관리부, 2024년 6월 17일.

16 추정완, 「실험동물과 윤리」, 『도덕윤리과교육』 54 (2017): 243–264.

17 L. Carbone, "Pain in Laboratory Animals: The Ethical and Regulatory Imperatives," *PLoS ONE* 6, no. 9 (2011): e21578.

18 Jeremy Bentham, *An Introduction to the Principles of Morals and Legislation* (London: T. Payne and Son, 1789), chap. 17, note 122.

19 앨러스데어 코크런, 『동물의 정치적 권리 선언』, 박진영·오창룡 옮김, 창비, 2021, 14쪽.

20 데이비드 보이드, 『자연의 권리』, 이지원 옮김, 교유서가, 2020.

21 김지은, 「"동물원의 오랑우탄도 신체의 자유가 있다" 판결」, 『한겨레』, 2014년 12월 22일 자.

22 법제처 국가법령정보센터, 〈동물보호법〉 참조, https://www.law.go.kr/LSW/lsInfoP.do?lsId=000412&ancYnChk=0#0000 (2025년 6월 21일 접속).

14장

1 O. Stransky, R. Blum, W. Brown, D. Kruse, and P. Stone, "Bumble Foot: A Rare Presentation of a *Fusobacterium varium* Infection of the Heel Pad in a Healthy Female," *The Journal of Foot and Ankle Surger*y 55, no. 5 (2016): 1087–1090.

2 Association of Zoos & Aquariums, "Interesting Zoo & Aquarium Statistics," https://www.aza.org/connect-stories/stories/interesting-zoo-aquarium-statistics (2025년 6월 21일 접속).

3 Total Vet, "Animals in Captivity Statistics," https://total.vet/animals-in-captivity-statistics/(2025년 6월 21일 접속).
4 D. Wickins-Dražilová, "Zoo Animal Welfare," *Journal of Agricultural and Environmental Ethics* 19 (2006): 27-36.
5 J. P. Che-Castaldo, S. A. Grow, and L. J. Faust, "Evaluating the Contribution of North American Zoos and Aquariums to Endangered Species Recovery," *Scientific Reports* 8 (2018): 9789.
6 K. A. Witzenberger and A. Hochkirch, "Ex Situ Conservation Genetics: A Review of Molecular Studies on the Genetic Consequences of Captive Breeding Programmes for Endangered Animal Species," *Biodiversity and Conservation* 20 (2011): 1843-1861.
7 R. Miranda et al., "The Role of Zoos and Aquariums in a Changing World," *Annual Review of Animal Biosciences* 11, no. 1 (2023): 287-306.
8 전 세계가 코로나19의 원인과 해결 방안에 대해 골몰하던 시기, 구달은 지금의 팬데믹 상황이 인간에게 책임이 있다고 진단했다. Jeff Berardelli, "Jane Goodall on Conservation, Climate Change and COVID-19: 'If We Carry on with Business as Usual, We're Going to Destroy Ourselves'," *CBS News*, July 2, 2020, https://www.cbsnews.com/news/jane-goodall-climate-change-coronavirus-environment-interview/.
9 메노 스힐트하위전, 『도시에 살기 위해 진화 중입니다』, 제효영 옮김, 현암사, 2019.
10 Blanca Lupiani and Sanjay M. Reddy, "The History of Avian Influenza," *Comparative Immunology, Microbiology and Infectious Diseases* 32, no. 4 (2009): 311-323.
11 M. Peiris et al., "Human Infection with Influenza H9N2," *The Lancet* 354, no. 9182 (1999): 916-917.
12 A. Gambotto, S. M. Barratt-Boyes, M. D. de Jong, G. Neumann, and Y. Kawaoka, "Human Infection with Highly Pathogenic H5N1 Influenza Virus," *The Lancet* 371, no. 9622 (2008): 1464-1475.
13 C. Lee et al., "Characterization of Highly Pathogenic H5N1 Avian Influenza A Viruses Isolated from South Korea," *Journal of Virology* 79, no. 6 (2005): 3692-3702.
14 Dae-sung Yoo et al., "Bridging the Local Persistence and Long-Range Dispersal of Highly Pathogenic Avian Influenza Virus (HPAIv): A Case

Study of HPAIv-Infected Sedentary and Migratory Wildfowls Inhabiting Infected Premises," *Viruses* 14, no. 1 (2022): 116.

15 Yoon-Gi Baek et al., "Multiple Reassortants of H5N8 Clade 2.3.4.4b Highly Pathogenic Avian Influenza Viruses Detected in South Korea during the Winter of 2020–2021," *Viruses* 13, no. 3 (2021): 490.

16 질병관리청 감염병포털에 집계된 현황에 따르면 2020년 1월 5일부터 2025년 4월 13일까지 누적 확진자 수는 7억 7772만 205명, 사망자는 709만 4447명으로 보고되었다. 국내로 한정하면 2020년 1월 20일부터 2023년 8월 31일까지 누적 확진자 수는 3457만 2554명, 사망자 수는 3만 5605명이다. 감염병포털 홈페이지 https://dportal.kdca.go.kr//pot/cv/trend/dmstc/selectMntrgSttus.do 참조(2025년 6월 21일 접속).

17 Anna C. Fagre et al., "Assessing the Risk of Human-to-Wildlife Pathogen Transmission for Conservation and Public Health," *Ecology Letters* 25, no. 6 (2022): 1534–1549.

18 세계보건기구 홈페이지 '원헬스One Health' 항목 참조. World Health Organization, "One Health," *WHO Fact Sheets*, published October 23, 2023. https://www.who.int/health-topics/one-health#tab=tab_1(2025년 6월 21일 접속).

19 Chicken Fans Editorial Team. "How Many Chickens Are in the World in 2023? (Chicken Statistics)." Chicken Fans, https://www.chickenfans.com/chicken-population-stats/(2022년 11월 19일 마지막 수정, 2025년 6월 21일 접속).

20 정빛나, 「겨우 반 뼘 커지는 'A4용지 닭장'… 사육환경 나아질까」, 연합뉴스, 2017년 4월 15일 자.

15장

1 이 장 일부는 이원영, 「우리 일상의 기후변화」(『NEXT INSIGHT』 2021년 3월호)와 「기후변화—막을 수 있을까」(『NEXT INSIGHT』 2021년 4월호) 및 이원영, 「재난으로서의 기후변화」(『Korean Liternature Now』 여름호[60호], 한국번역문화원, 2023)를 수정해 실었음을 밝힌다.

2 미국 텍사스 남부 사우스파드리아일랜드에 서식하는 거북 약 5000여 마리가 심작박동이 매우 낮아져 움직이지 못하는 상태로 발견되었다. 이에 자원봉사자들

이 긴급 구조에 나서, 거북들을 차량에 실어 사우스파드리아일랜드 컨벤션센터 South Padre Island Convention Center로 이송한 다음 체온을 높여주었다. 전력난으로 인해 난방 시설을 가동하진 못했지만, 해변에 있을 때보단 따뜻한 온도가 유지되어 거북이 목숨을 잃는 상황은 막을 수 있었다고 한다. Natasha Daly, "Nearly 5,000 Sea Turtles Rescued from Freezing Waters on Texas Island," *National Geographic*, February 19, 2021, https://www.nationalgeographic.com/animals/article/nearly-5000-sea-turtles-rescued-from-freezing-waters-on-texas-island.

3 기상청, 「한국 기후변화 평가보고서 2020: 기후변화 과학적 근거」, 2020.
4 관계부처합동, 「2019년 이상기후 보고서」, 2020; 「2020년 이상기후 보고서」, 2021.
5 기상청, 위의 글.
6 Y. Kim, S. Min, D. Cha, Y. Byun, F. C. Lott, and P. A. Stott, "Attribution of the Unprecedented 2021 October Heatwave in South Korea," *Bulletin of the American Meteorological Society* 103 (2022): E2923–E2929.
7 A. Valavanidis, "Extreme Weather Events Exacerbated by the Global Impact of Climate Change: A Glimpse of the Future If Climate Change Continues Unabated (2022)," https://www.researchgate.net/publication/368468689_Extreme_Weather_Events_Exacerbated_by_the_Global_Impact_of_Climate_Change_A_glimpse_of_the_future_if_climate_change_continues_unabated(2025년 6월 21일 접속).
8 기상청, 「한반도 기후변화 전망분석서 2018」, 2018.
9 김진용 외, 「지구 온난화에 따른 국내 멸종위기 야생동물의 민감도 및 취약성 분석」, 『한국기후변화학회지』 제9권 3호, 2018, 235–243.
10 김다빈, 「한반도 산양의 시·공간적 분포와 변화」, 경희대학교 일반대학원 석사학위 논문, 2017.
11 K. R. Clem et al., "Record Warming at the South Pole during the Past Three Decades," *Nature Climate Change* 10 (2020): 762–770.
12 Intergovernmental Panel on Climate Change (IPCC), Special Report on the Ocean and Cryosphere in a Changing Climate (SROCC), https://www.ipcc.ch/srocc/(2025년 6월 21일 접속).
13 I. I. Berchin et al., "Climate Change and Forced Migrations: An Effort towards Recognizing Climate Refugees," *Geoforum* 84 (2017): 147–150.

14 V. H. Luja et al., "Jaguars in the Matrix: Population, Prey Abundance and Land-Cover Change in a Fragmented Landscape in Western Mexico," *Oryx* 56, no. 4 (2022): 546–554.

15 Y. Tian et al., "Climate Change and Landscape Fragmentation Jeopardize the Population Viability of the Siberian Tiger (*Panthera tigris altaica*)," *Landscape Ecology* 29 (2014): 621–637.

16 M. P. Jensen et al., "Environmental Warming and Feminization of One of the Largest Sea Turtle Populations in the World," *Current Biology* 28, no. 1 (2018): 154–159.

17 L. E. Culler, A. P. Matthew, and V. A. Ross, "In a Warmer Arctic, Mosquitoes Avoid Increased Mortality from Predators by Growing Faster," *Proceedings of the Royal Society B* 282 (2015): 20151549.

18 미국의 북극곰 연구자 앤서니 파가노는 10년 넘게 알래스카에서 북극곰을 쫓아다니는 중이다. 그는 주로 북극곰이 온난화로 인해 겪는 생리적 변화를 연구한다. Anthony M. Pagano and Terrie M. Williams, "Physiological Consequences of Arctic Sea Ice Loss on Large Marine Carnivores: Unique Responses by Polar Bears and Narwhals," *Journal of Experimental Biology* 224 (2021): jeb228049.

19 Patrick M. Jagielski, Cody J. Dey, H. Grant Gilchrist, Evan S. Richardson, and Christina A. D. Semeniuk, "Polar Bear Foraging on Common Eider Eggs: Estimating the Energetic Consequences of a Climate-Mediated Behavioural Shift," *Animal Behaviour* 171 (2021): 63–75.

20 Kristin Laidre, M. P. Heide-Jørgensen, Heather Stern, et al., "Unusual Narwhal Sea Ice Entrapments and Delayed Autumn Freeze-Up Trends," *Polar Biology* 35 (2012): 149–54.

21 K. R. Clem, R. L. Fogt, J. Turner, et al., "Record Warming at the South Pole during the Past Three Decades," *Nature Climate Change* 10 (2020): 762–70.

22 Hye-Won Moon, Wan Mohd Rauhan Wan Hussin, Hyun-Cheol Kim, and In-Young Ahn, "The Impacts of Climate Change on Antarctic Nearshore Mega-Epifaunal Benthic Assemblages in a Glacial Fjord on King George Island: Responses and Implications," *Ecological Indicators* 57 (2015): 280–292.

23 Hanna Bae, In-Young Ahn, et al., "Shift in Polar Benthic Community

Structure in a Fast Retreating Glacial Area of Marian Cove, West Antarctica," *Scientific Reports* 11 (2021): 241.

24 Youngjin Lee et al., "Breeding Records of Kelp Gulls in Areas Newly Exposed by Glacier Retreat on King George Island, Antarctica," *Journal of Ethology* 35 (2017): 131–135.

25 Vanessa Fuentes et al., "Glacial Melting: An Overlooked Threat to Antarctic Krill," *Scientific Reports* 6 (2016): 27234.

26 와타나베 유키, 『펭귄의 사생활』, 윤재 옮김, 니케북스, 2017, 243쪽.

27 Nicole Strycker et al., "A Global Population Assessment of the Chinstrap Penguin (*Pygoscelis antarctica*)," *Scientific Reports* 10 (2020): 19474.

28 미국 국립빙하센터 National Ice Center 홈페이지 뉴스 참조, https://usicecenter.gov/News (2025년 6월 21일 접속).

29 2005년 기준 약 7만 8500제곱킬로미터다.

30 Jeroen Ingels et al., "Antarctic Ecosystem Responses Following Ice-Shelf Collapse and Iceberg Calving: Science Review and Future Research," *WIREs Climate Change* (2020): 1–28.

31 Sunju Park et al., "Mare Incognita: Adélie Penguins Foraging in Newly Exposed Habitat after Calving of the Nansen Ice Shelf," *Environmental Pollution* 201 (2021): 111561.

32 G. L. Kooyman, D. G. Ainley, G. Ballard, and P. J. Ponganis, "Effects of Giant Icebergs on Two Emperor Penguin Colonies in the Ross Sea, Antarctica," *Antarctic Science* 19 (2007): 31–38.

33 S. Park, H. Chung, and W. Y. Lee, "Behavioral Responses of Adelie Penguins Confronting a Giant Ice Floe," *Deep Sea Research Part II* 203 (2022): 105152.

34 G. M. Buchanan et al., "Global Extinction of Slender-Billed Curlew (*Numenius tenuirostris*)," *Ibis* 167 (2025): 357–370.

35 IPBES, *Global Assessment Report on Biodiversity and Ecosystem Services of the Intergovernmental Science-Policy Platform on Biodiversity and Ecosystem Services*, ed. E. S. Brondizio, J. Settele, S. Díaz, and H. T. Ngo (Bonn: IPBES Secretariat, 2019).

36 도널드 트럼프 X(옛 트위터) 계정 @realDonaldTrump에서 인용. "Brutal and Extended Cold Blast could shatter ALL RECORDS – Whatever happened to Global Warming?"

37 Andrew Freedman, "Trump's climate-change avoidance could have dire consequences" *AXIOS*, April 4, 2025, https://www.axios.com/2025/04/04/trump-climate-change-energy-policy-paris-targets.

38 IPCC 보고서 영문판에 나온 원문은 다음과 같다. "By 2050, dietary changes could free several million km^2 (medium confidence) of land and provide a technical mitigation potential of 0.7 to 8.0 GtCO2 eq yr−1, relative to business as usual projections (high confidence)." IPCC, *Special Report on Climate Change and Land*, 2025, https://www.ipcc.ch/site/assets/uploads/2019/11/SRCCL-Full-Report-Compiled-191128.pdf(2025년 6월 25일 접속).

참고문헌

고은경, 「'갈비사자' 딸 보금자리 찾았다지만… 물건처럼 팔려가는 동물들」, 『한국일보』, 2024년 6월 6일 자.
고은경, 「"다이지 돌고래 학살엔 우리도 책임"」, 『한국일보』 2017년 9월 18일 자.
관계부처합동, 「2019년 이상기후 보고서」, 2020; 「2020년 이상기후 보고서」, 2021.
기상청, 「한국 기후변화 평가보고서 2020: 기후변화 과학적 근거」, 2020.
기상청, 「한반도 기후변화 전망분석서 2018」, 2018.
김다빈, 「한반도 산양의 시·공간적 분포와 변화」, 경희대학교 일반대학원 석사학위 논문, 2017.
김다빈·공우석·구경아, 「조선 시대 고문헌을 활용한 한반도 포유동물의 시·공간적 분포 복원」, 『대한지리학회지』 제55권 5호, 2020, 467-483.
김동원·유정칠, 「비번식기 섬참새의 내륙 월동」, 『한국조류학회지』 16(1), 2009, 67-72.
김완병 외, 「한국에서 물꿩(*Hydrophasianus chirurgus*)의 첫 번식 보고」, 『한국조류학회지』 제12권 2호, 2005, 87-89.
김지은, 「"동물원의 오랑우탄도 신체의 자유가 있다" 판결」, 『한겨레』, 2014년 12월 22일 자.
김진용·홍승범·신만석, 「지구 온난화에 따른 국내 멸종위기 야생동물의 민감도 및 취약성 분석」, 『한국기후변화학회지』 제9권 3호, 2018, 235-243.
남종영, 「돌고래의 무덤' 거제씨월드, 지옥의 삶이 또 태어난다」, 『한겨레』, 2023년 7월 17일 자.

네이선 에머리, 『버드 브레인』, 이충환 옮김, 동아엠앤비, 2017.
데이비드 보이드, 『자연의 권리』, 이지원 옮김, 교유서가, 2020.
동물자유연대, 「전시·체험형 동물시설 사육환경·동물상태 실태조사」, 2023년 5월 17일.
메노 스힐트하위전, 『도시에 살기 위해 진화 중입니다』, 제효영 옮김, 현암사, 2019.
박성섭, 「Behavioral Ecology of Foraging and Migration in Chinstrap and Gentoo Penguins」, 인천대학교 생명과학부 박사학위 논문, 2020.
박연화, 「2023년도 동물실험윤리위원회 운영실적 및 실험동물 사용실태」, 농림축산검역본부 동물질병관리부, 2024년 6월 17일.
박진영 외, 「한국에서 물꿩(*Hydrophasianus chirurgus*)과 긴꼬리때까치(*Lanius schach*)의 첫 관찰」, 『한국조류학회지』 제2권 1호, 1995, 1277-1279.
법제처 국가법령정보센터, 〈동물보호법〉.
사이 몽고메리, 『문어의 영혼』, 최로미 옮김, 글항아리, 2017.
아이린 페퍼버그, 『천재 앵무새 알렉스와 나』, 박산호 옮김, 꾸리에, 2009.
앨러스데어 코크런, 『동물의 정치적 권리 선언』, 박진영·오창룡 옮김, 창비, 2021.
와타나베 유키, 펭귄의 사생활, 윤재 옮김, 니케북스, 2017.
이세중, 「갈비뼈 앙상한 사자… 동물학대 논란 동물원」, KBS 뉴스, 2023년 6월 15일 자.
이원영, 「남극의 변화—막을 수 있을까」, 『NEXT INSIGHT』 2021년 4월호, 2021.
이원영, 「남극에서 펭귄 연구하기」, 『과학잡지 에피』 6호, 2018년 12월. 58-67.
이원영, 「바이오로깅(Bio-logging): 과학자들이 동물을 관찰하는 새로운 방법」, 『물리학과 첨단기술』 제28권 3호, 2019년 3월, 31-32.
이원영, 「우리 일상의 기후변화」, 『NEXT INSIGHT』 2021년 3월호, 2021.
이원영, 「재난으로서의 기후변화」, 『Korean Literature Now』 여름호(60호), 한국번역문화원, 2023.
정빛나, 「겨우 반 뼘 커지는 'A4용지 닭장'… 사육환경 나아질까」, 연합뉴스, 2017년 4월 15일 자.
정종우, 「[자산어보]: 현대적 형식을 갖춘 생물분류 문헌」, 『지식의 지평』 21호, 2016, 1-11.
조너선 와이너, 『핀치의 부리』, 양병찬 옮김, 동아시아, 2017.
질병관리청 감염병포털 '코로나19 발생 현황' https://dportal.kdca.go.kr//pot/cv/trend/dmstc/selectMntrgSttus.do.
추정완, 「실험동물과 윤리」, 『도덕윤리과교육』 제54권, 2017, 243-264.

핫핑크돌핀스 홈페이지 http://hotpinkdolphins.org/.

A. Valavanidis, "Extreme Weather Events Exacerbated by the Global Impact of Climate Change: A Glimpse of the Future If Climate Change Continues Unabated (2022)," https://www.researchgate.net/publication/368468689_Extreme_Weather_Events_Exacerbated_by_the_Global_Impact_of_Climate_Change_A_glimpse_of_the_future_if_climate_change_continues_unabated.

Alcock, John. *Animal Behavior: An Evolutionary Approach*. 10th ed. Sunderland, MA: Sinauer Associates, 2013.

Anderson, K., and K. J. Gaston. "Lightweight Unmanned Aerial Vehicles Will Revolutionize Spatial Ecology." *Frontiers in Ecology and the Environment* 11, no. 3 (2013): 138–146.

Andersson, Malte. "Female Choice Selects for Extreme Tail Length in a Widowbird." *Nature* 299, no. 5886 (1982): 818–820.

Andrew Freedman, "Trump's climate-change avoidance could have dire consequences" *AXIOS*, April 4, 2025, https://www.axios.com/2025/04/04/trump-climate-change-energy-policy-paris-targets.

Archie, E. A., and K. R. Theis. "Animal Behaviour Meets Microbial Ecology." *Animal Behaviour* 82, no. 3 (2011): 425–436.

Association of Zoos & Aquariums. "Interesting Zoo & Aquarium Statistics." https://www.aza.org/connect-stories/stories/interesting-zoo-aquarium-statistics.

Aubin, T., and P. Jouventin. "How to Vocally Identify Kin in a Crowd: The Penguin Model." *In Advances in the Study of Behavior*, vol. 31, 243–277. San Diego: Academic Press, 2002.

Bae, Hanna, In-Young Ahn, Jinsoon Park, Sung Joon Song, Junsung Noh, Hosang Kim, and Jong Seong Khim. "Shift in Polar Benthic Community Structure in a Fast Retreating Glacial Area of Marian Cove, West Antarctica." *Scientific Reports* 11 (2021): 241.

Baek, Yoon-Gi, Yu-Na Lee, Dong-Hun Lee, Jae-in Shin, Ji-Ho Lee, David H. Chung, Eun-Kyoung Lee, Gyeong-Beom Heo, Mingeun Sagong, Soo-

Jeong Kye, et al. "Multiple Reassortants of H5N8 Clade 2.3.4.4b Highly Pathogenic Avian Influenza Viruses Detected in South Korea during the Winter of 2020–2021," *Viruses* 13, no. 3 (2021): 490.

Ballard, G., et al. "Responding to Climate Change: Adélie Penguins Confront Astronomical and Ocean Boundaries." *Ecology* 91 (2010): 2056–2069.

Bateman, A. J. "Intra-Sexual Selection in Drosophila." Heredity 2 (1948): 349–368.

Bates, Henry Walter. "XXXII. Contributions to an Insect Fauna of the Amazon Valley. Lepidoptera: *Heliconidæ*." *Transactions of the Linnean Society of London* 23, no. 3 (1862): 495–566.

Bentham, Jeremy. *An Introduction to the Principles of Morals and Legislation*. London: T. Payne and Son, 1789.

Berardelli, Jeff. "Jane Goodall on Conservation, Climate Change and COVID-19: 'If We Carry on with Business as Usual, We're Going to Destroy Ourselves'." *CBS News*, July 2, 2020. https://www.cbsnews.com/news/jane-goodall-climate-change-coronavirus-environment-interview/.

Berchin, I. I., Valduga, I. B., Garcia, J., and De Andrade, J. B. S. O. "Climate Change and Forced Migrations: An Effort towards Recognizing Climate Refugees." *Geoforum* 84 (2017): 147–150.

Biro, D., C. Sousa, and T. Matsuzawa. "Ontogeny and Cultural Propagation of Tool Use by Wild Chimpanzees at Bossou, Guinea: Case Studies in Nut-Cracking and Leaf Folding." In *Cognitive Development in Chimpanzees*, edited by T. Matsuzawa, M. Tomonaga, and M. Tanaka, 476–508. Tokyo: Springer, 2006.

Borowicz, A., et al. "Multi-Modal Survey of Adélie Penguin Mega-Colonies Reveals the Danger Islands as a Seabird Hotspot." *Scientific Reports* 8 (2018): 3926.

Bost, C. A., J. B. Thiebot, D. Pinaud, Y. Cherel, and P. N. Trathan. "Where Do Penguins Go during the Inter-Breeding Period? Using Geolocation to Track the Winter Dispersion of the Macaroni Penguin." *Biology Letters* 5 (2009): 473–476.

Bradbury, J., et al. "Hotspots and the Dispersion of Leks." *Animal Behaviour* 34, no. 6 (1986): 1694–1709.

Bried, Joël, et al. "Why Do Aptenodytes Penguins Have High Divorce Rates?." *The Auk* 116, no. 2 (1999): 504–512.

British Antarctic Survey. "Penguins." https://www.bas.ac.uk/about/antarctica/wildlife/penguins/.

Bro-Jørgensen, J. "The Significance of Hotspots to Lekking Topi Antelopes (*Damaliscus lunatus*)." *Behavioral Ecology and Sociobiology* 53 (2003): 324–331.

Brown, C. R., and M. B. Brown. "Ectoparasitism as a Cost of Coloniality in Cliff Swallows (*Hirundo pyrrhonota*)." *Ecology* 67, no. 5 (1986): 1206–1218.

Buchanan, G. M., Chapple, B., Berryman, A. J., Crockford, N., Jansen, J. J. F. J., and Bond, A. L. "Global Extinction of Slender-Billed Curlew (*Numenius tenuirostris*)." *Ibis* 167 (2025): 357–370.

Caraco, T., and L. L. Wolf. "Ecological Determinants of Group Sizes of Foraging Lions." *The American Naturalist* 109, no. 967 (1975): 343–352.

Carbone, L. "Pain in Laboratory Animals: The Ethical and Regulatory Imperatives." *PLoS ONE* 6, no. 9 (2011): e21578.

Caro, Tim. "An Evolutionary Route to Warning Coloration." *Nature* 618 (2023): 34–35.

Carrick, Roderic, S. E. Csordas, and Susan E. Ingham. "Studies on the Southern Elephant Seal, *Mirounga leonina* (L.). IV. Breeding and Development." *CSIRO Wildlife Research* 7, no. 2 (1962): 161–197.

Che-Castaldo, J. P., S. A. Grow, and L. J. Faust. "Evaluating the Contribution of North American Zoos and Aquariums to Endangered Species Recovery." *Scientific Reports* 8 (2018): 9789.

Cherry, S. G., A. E. Derocher, G. W. Thiemann, and N. J. Lunn. "Migration Phenology and Seasonal Fidelity of an Arctic Marine Predator in Relation to Sea Ice Dynamics." *Journal of Animal Ecology* 82, no. 4 (2013): 912–921.

Chicken Fans Editorial Team. "How Many Chickens Are in the World in 2023? (Chicken Statistics)." *Chicken Fans*, https://www.chickenfans.com/chicken-population-stats/.

Choi, N., J. H. Kim, N. Kokubun, et al. "Group Association and Vocal Behaviour during Foraging Trips in Gentoo Penguins." *Scientific Reports* 7 (2017): 7570.

Choi, N., J. H. Kim, N. Kokubun, S. Park, H. Chung, and W. Y. Lee. "Group Association and Vocal Behaviour during Foraging Trips in Gentoo Penguins." *Scientific Reports* 7, no. 1 (2017): 7570.

Chung, H., et al. "A Review: Marine Bio-Logging of Animal Behaviour and Ocean Environments." *Ocean Science Journal* 56 (2021): 117–131.

Clem, K. R., R. L. Fogt, J. Turner, et al. "Record Warming at the South Pole during the Past Three Decades." *Nature Climate Change* 10 (2020): 762–770.

Clemmons, B. A., B. H. Voy, and P. R. Myer. "Altering the Gut Microbiome of Cattle: Considerations of Host-Microbiome Interactions for Persistent Microbiome Manipulation." *Microbial Ecology* 77 (2019): 523–536.

Climate Central. Climate Change Is Increasing Dangerous Nighttime Temperatures Across the Globe. https://assets.ctfassets.net/cxgxgstp8r5d/60miPwR5LjnZ7CiETSIJ1P/89e8a6b310000c53ed231075a6955ea4/Climate_Central_analysis__Climate_change_is_increasing_dangerous_nighttime_temperatures_across_the_globe.pdf.

Clutton-Brock, T. H., M. J. O'Riain, P. N. Brotherton, D. Gaynor, R. Kansky, A. S. Griffin, and M. Manser. "Selfish Sentinels in Cooperative Mammals." *Science* 284, no. 5420 (1999): 1640–1644.

Cnotka, J., O. Güntürkün, G. Rehkämper, R. D. Gray, and G. R. Hunt. "Extraordinary Large Brains in Tool-Using New Caledonian Crows (*Corvus moneduloides*)." *Neuroscience Letters* 433, no. 3 (2008): 241–245.

Convey, P., A. Morton, and J. Poncet. "Survey of Marine Birds and Mammals of the South Sandwich Islands." *Polar Record* 35, no. 193 (1999): 107–124.

Cook, M. I., S. R. Beissinger, G. A. Toranzos, and W. J. Arendt. "Incubation Reduces Microbial Growth on Eggshells and the Opportunity for Trans-shell Infection." *Ecology Letters* 8, no. 5 (2005): 532–537.

Cook, M. I., S. R. Beissinger, G. A. Toranzos, R. A. Rodriguez, and W. J. Arendt. "Trans-shell Infection by Pathogenic Micro-organisms Reduces the Shelf Life of Non-incubated Bird's Eggs: A Constraint on the Onset of Incubation?" *Proceedings of the Royal Society B* 270, no. 1530 (2003):

2233–2240.
Cowles, Sarah A., and Robert M. Gibson. "Displaying to Females May Lower Male Foraging Time and Vigilance in a Lekking Bird." *The Auk* 132, no. 1 (2015): 82–91.
Crawford, P. A., J. R. Crowley, N. Sambandam, B. D. Muegge, E. K. Costello, M. Hamady, R. Knight, and J. I. Gordon. "Regulation of Myocardial Ketone Body Metabolism by the Gut Microbiota during Nutrient Deprivation." *Proceedings of the National Academy of Sciences of the United States of America* 106 (2009): 11276–11281.
Cuervo, J. J., M. J. Palacios, and A. Barbosa. "Beak Colouration as a Possible Sexual Ornament in Gentoo Penguins: Sexual Dichromatism and Relationship to Body Condition." *Polar Biology* 32 (2009): 1305–1314.
Culler, L. E., Matthew, A. P., and Ross, V. A. "In a Warmer Arctic, Mosquitoes Avoid Increased Mortality from Predators by Growing Faster." *Proceedings of the Royal Society B* 282 (2015): 20151549.
Daly, Natasha. "Nearly 5,000 Sea Turtles Rescued from Freezing Waters on Texas Island." *National Geographic*, February 19, 2021. https://www.nationalgeographic.com/animals/article/nearly-5000-sea-turtles-rescued-from-freezing-waters-on-texas-island.
Dalby, L., B. J. McGill, A. D. Fox, and J.-C. Svenning. "Seasonality Drives Global-Scale Diversity Patterns in Waterfowl (Anseriformes) via Temporal Niche Exploitation." *Global Ecology and Biogeography* 23 (2014): 550–562.
Darwin Correspondence Project. "Letter DCP-LETT-2627." Darwin Project. https://www.darwinproject.ac.uk/letter?docId=letters/DCP-LETT-2627.xml.
Darwin Correspondence Project. "Letter DCP-LETT-5415." Darwin Project. https://www.darwinproject.ac.uk/letter/?docId=letters/DCP-LETT-5415.xml.
Darwin, Charles. *The Descent of Man, and Selection in Relation to Sex*. London: John Murray, 1871.
Devaraj, S., P. Hemarajata, and J. Versalovic. "The Human Gut Microbiome and Body Metabolism: Implications for Obesity and Diabetes." *Clinical*

Chemistry 59, no. 4 (2013): 617–628.

Dewar, M. L., J. P. Arnould, L. Krause, P. Trathan, P. Dann, and S. Smith. "Influence of Fasting during Moult on the Faecal Microbiota of Penguins." *PLoS ONE* 9 (2014): e99996.

Dill-McFarland, K. A., K. L. Neil, A. Zeng, R. J. Sprenger, C. C. Kurtz, G. Suen, and H. V. Carey. "Hibernation Alters the Diversity and Composition of Mucosa-associated Bacteria While Enhancing Antimicrobial Defence in the Gut of 13-lined Ground Squirrels." *Molecular Ecology* 23 (2014): 4658–4669.

Dong, S., T. Lin, J. C. Nieh, and K. Tan. "Social Signal Learning of the Waggle Dance in Honey Bees." *Science* 379, no. 6636 (2023): 1015–1018.

Downs, C. T., A. Awuah, M. Jordaan, L. Magagula, T. Mkhize, C. Paine, et al. "Too Hot to Sleep? Sleep Behaviour and Surface Body Temperature of Wahlberg's Epauletted Fruit Bat." *PLoS ONE* 10, no. 3 (2015): e0119419.

Dunn, Peter O., and Susan J. Hannon. "Evidence for Obligate Male Parental Care in Black-Billed Magpies." *The Auk*, 1989, 635–644.

Egevang, C., I. J. Stenhouse, R. A. Phillips, A. Petersen, J. W. Fox, and J. R. Silk. "Tracking of Arctic Terns *Sterna paradisaea* Reveals Longest Animal Migration." *Proceedings of the National Academy of Sciences* 107, no. 5 (2010): 2078–2081.

Emery, N. J. "Are Corvids 'Feathered Apes': Comparative Analysis of Minds." *Comparative Analysis of Minds* 181 (2004): e213.

Emery, N. J., and N. S. Clayton. "The Mentality of Crows: Convergent Evolution of Intelligence in Corvids and Apes." *Science* 306, no. 5703 (2004): 1903–1907.

Fagre, Anna C., et al. "Assessing the Risk of Human.. to.. Wildlife Pathogen Transmission for Conservation and Public Health." *Ecology Letters* 25, no. 6 (2022): 1534–1549.

Fisher, Kelsey E., James S. Adelman, and Steven P. Bradbury. "Employing Very High Frequency (VHF) Radio Telemetry to Recreate Monarch Butterfly Flight Paths." *Environmental Entomology* 49, no. 2 (April 2020): 312–323.

Fitch, W. T. "The Evolution of Speech: A Comparative Review." *Trends in Cognitive Sciences* 4, no. 7 (2000): 258–267.

Foster, W., and J. Treherne. "Evidence for the Dilution Effect in the Selfish Herd from Fish Predation on a Marine Insect." *Nature* 293 (1981): 466–467.

Fröhlich, M., and C. Hobaiter. "The Development of Gestural Communication in Great Apes." *Behavioral Ecology and Sociobiology* 72 (2018): 1–14.

Fuentes, Vanessa, Gustavo Alurralde, Bernd Meyer, et al. "Glacial Melting: An Overlooked Threat to Antarctic Krill." *Scientific Reports* 6 (2016): 27234.

Fuktong, S., S. Boonprasert, K. Chansiri, P. J. Srikosamatara, and C. Thitaram. "A Survey of Stereotypic Behaviors in Tourist Camp Elephants in Chiang Mai, Thailand." *Applied Animal Behaviour Science* 243 (2021): 105456.

Gambotto, A., S. M. Barratt-Boyes, M. D. de Jong, G. Neumann, and Y. Kawaoka. "Human Infection with Highly Pathogenic H5N1 Influenza Virus." *The Lancet* 371, no. 9622 (2008): 1464–1475.

Gangestad, Steven W., and Randy Thornhill. "The Evolutionary Psychology of Extrapair Sex: The Role of Fluctuating Asymmetry." *Evolution and Human Behavior* 18, no. 2 (1997): 69–88.

Gilbert, C., S. Blanc, Y. Le Maho, and A. Ancel. "Energy Saving Processes in Huddling Emperor Penguins: From Experiments to Theory." *Journal of Experimental Biology* 211, no. 1 (2008): 1–8.

Gittleman, John L., and Paul H. Harvey. "Why Are Distasteful Prey Not Cryptic?." *Nature* 286, no. 5769 (1980): 149–150.

Goldstein, Melvyn C. *When Brothers Share a Wife*. Chicago: University of Chicago Press, 1987.

Goodall, Jane. *The Chimpanzees of Gombe: Patterns of Behavior*. Cambridge, MA: Harvard University Press, 1986.

Gorman, M. L. "A Mechanism for Individual Recognition by Odour in Herpestes auropunctatus (Carnivora: *Viverridae*)." *Animal Behaviour* 24 (1976): 141–145.

Gould, J. *In The Zoology of the Voyage of the H.M.S. Beagle*. Edited by C. Darwin. Part 3, 146. 1841.

Gravett, N., A. Bhagwandin, R. Sutcliffe, K. Landen, M. J. Chase, O. I. Lyamin, et al. "Inactivity/Sleep in Two Wild Free-Roaming African Elephant Matriarchs—Does Large Body Size Make Elephants the Shortest Mammalian Sleepers?" *PLoS ONE* 12, no. 3 (2017): e0171903.

Griffith, S. C., I. P. F. Owens, and K. A. Thuman. "Extra Pair Paternity in Birds: A Review of Interspecific Variation and Adaptive Function." *Molecular Ecology* 11 (2002): 2195–2212.

Guilford, Tim. "The Evolution of Conspicuous Coloration." *The American Naturalist* 131 (1988): S7–S21.

Harvey, Paul H., et al. "The Evolution of Aposematic Coloration in Distasteful Prey: A Family Model." *The American Naturalist* 119, no. 5 (1982): 710–719.

Hodgson, J. C., R. Mott, S. M. Baylis, T. T. Pham, S. Wotherspoon, A. D. Kilpatrick, et al. "Drones Count Wildlife More Accurately and Precisely than Humans." *Methods in Ecology and Evolution* 9, no. 5 (2018): 1160–1167.

Hogan, Benedict G., et al. "The Confusion Effect When Attacking Simulated Three-Dimensional Starling Flocks." *Royal Society Open Science* 4, no. 1 (2017): 160564.

Holzhaider, J. C., G. R. Hunt, and R. D. Gray. "The Development of Pandanus Tool Manufacture in Wild New Caledonian Crows." *Behaviour* 147 (2010): 553–586.

Hunt, G. R., and R. D. Gray. "Diversification and Cumulative Evolution in New Caledonian Crow Tool Manufacture." *Proceedings of the Royal Society of London. Series B: Biological Sciences* 270, no. 1517 (2003): 867–874.

Hunt, G. R., J. C. Holzhaider, and R. D. Gray. "Prolonged Parental Feeding in Tool..Using New Caledonian Crows." *Ethology* 118, no. 5 (2012): 423–430.

Hunt, Gavin. Profile page. The Conversation. https://theconversation.com/profiles/gavin-hunt-106409.

Imperial War Museums. "A Brief History of Drones." https://www.iwm.org.uk/history/a-brief-history-of-drones.

Ingels, Jeroen, Richard B. Aronson, Craig R. Smith, Amy Baco, Holly M. Bik, James A. Blake, et al. "Antarctic Ecosystem Responses Following Ice-Shelf Collapse and Iceberg Calving: Science Review and Future Research." *WIREs Climate Change* (2020): 1–28.

Intergovernmental Panel on Climate Change (IPCC), Special Report on the

Ocean and Cryosphere in a Changing Climate (SROCC), https://www.ipcc.ch/srocc/.

IPBES. Global Assessment Report on Biodiversity and Ecosystem Services of the Intergovernmental Science-Policy Platform on Biodiversity and Ecosystem Services. Edited by E. S. Brondizio, J. Settele, S. Díaz, and H. T. Ngo. Bonn: IPBES Secretariat, 2019.

IPCC, Special Report on Climate Change and Land, 2025, https://www.ipcc.ch/site/assets/uploads/2019/11/SRCCL-Full-Report-Compiled-191128.pdf.

Jagielski, Patrick M., Cody J. Dey, H. Grant Gilchrist, Evan S. Richardson, and Christina A. D. Semeniuk. "Polar Bear Foraging on Common Eider Eggs: Estimating the Energetic Consequences of a Climate-Mediated Behavioural Shift." *Animal Behaviour* 171 (2021): 63–75.

Jensen, M. P., Allen, C. D., Eguchi, T., Bell, I. P., LaCasella, E. L., Hilton, W. A., et al. "Environmental Warming and Feminization of One of the Largest Sea Turtle Populations in the World." *Current Biology* 28, no. 1 (2018): 154–159.

Johnson, K. V. A., and K. R. Foster. "Why Does the Microbiome Affect Behaviour?" *Nature Reviews Microbiology* 16, no. 10 (2018): 647–655.

Johnston, Mindy. "List of the World's Largest Cities by Population." *Encyclopedia Britannica*, September 26, 2024. https://www.britannica.com/topic/list-of-the-worlds-largest-cities-by-population.

Joiner, William J. "Unraveling the Evolutionary Determinants of Sleep." *Current Biology* 26, no. 20 (2016): R1073–R1087.

Jouventin, P., B. Lequette, and F. S. Dobson. "Age-Related Mate Choice in the Wandering Albatross." *Animal Behaviour* 57, no. 5 (1999): 1099–1106.

Jouventin, P., et al. "Extra-Pair Paternity in the Strongly Monogamous Wandering Albatross Diomedea exulans Has No Apparent Benefits for Females." *Ibis* 149, no. 1 (2007): 67–78.

Kang, C., S. Im, W. Y. Lee, Y. Choi, D. Stuart-Fox, and B. Huertas. "Climate Predicts Both Visible and Near-Infrared Reflectance in Butterflies." *Ecology Letters* 24, no. 9 (2021): 1869–1879.

Kang, Changku, et al. "Multiple Lines of Anti-Predator Defence in the Spotted

Lanternfly, *Lycorma delicatula* (Hemiptera: *Fulgoridae*)." *Biological Journal of the Linnean Society* 120, no. 1 (2017): 115–124.

Keddar, I., S. Altmeyer, C. Couchoux, P. Jouventin, and F. S. Dobson. "Mate Choice and Colored Beak Spots of King Penguins." *Ethology* 121, no. 11 (2015): 1048–1058.

Kendall-Bar, J. M., T. M. Williams, R. Mukherji, D. A. Lozano, J. K. Pitman, R. R. Holser, et al. "Brain Activity of Diving Seals Reveals Short Sleep Cycles at Depth." *Science* 380, no. 6642 (2023): 260–265.

Kenward, B., A. A. S. Weir, C. Rutz, and A. Kacelnik. "Tool Manufacture by Naive Juvenile Crows." *Nature* 433 (2005): 121.

Kim, Y., S. Min, D. Cha, Y. Byun, F. C. Lott, and P. A. Stott. "Attribution of the Unprecedented 2021 October Heatwave in South Korea." *Bulletin of the American Meteorological Society* 103 (2022): E2923–E2929.

King, B. J. "When Animals Mourn." *Scientific American* 309, no. 1 (2013): 62–67.

Kirby, J. S., A. J. Stattersfield, S. H. M. Butchart, M. I. Evans, R. F. Grimmett, V. R. Jones, J. O'Sullivan, G. M. Tucker, and I. Newton. "Key Conservation Issues for Migratory Land- and Waterbird Species on the World's Major Flyways." *Bird Conservation International* 18 (2008): S49–S73.

Kooyman, G. L. "Maximum Diving Capacities of the Weddell Seal, *Leptonychotes weddelli*." *Science* 151, no. 3717 (1966): 1553–1554.

Kooyman, G. L., Ainley, D. G., Ballard, G., and Ponganis, P. J. "Effects of Giant Icebergs on Two Emperor Penguin Colonies in the Ross Sea, Antarctica." *Antarctic Science* 19 (2007): 31–38.

Kooyman, G. L., C. M. Drabek, R. Elsner, and W. B. Campbell. "Diving Behavior of the Emperor Penguin, *Aptenodytes forsteri*." *The Auk* (1971): 775–795.

Kooyman, Gerald L., John O. Craig, Robert W. Davis, and Donald P. Costa. "Diving Behavior of the Emperor Penguin, *Aptenodytes forsteri*." *The Auk* 88, no. 4 (1971): 775–795.

Kraaijeveld, Ken, Francine J. L. Kraaijeveld-Smit, and Simon M. Debus. "Extra-Pair Paternity Does Not Result in Differential Sexual Selection in the Mutually Ornamented Black Swan (*Cygnus atratus*)." *Molecular Ecology* 13, no. 6 (2004): 1625–1633.

Krokene, Christin, et al. "The Function of Extrapair Paternity in Blue Tits and

Great Tits: Good Genes or Fertility Insurance?" *Behavioral Ecology* 9, no. 6 (1998): 649–656.

Laidre, Kristin, M. P. Heide-Jørgensen, Heather Stern, et al. "Unusual Narwhal Sea Ice Entrapments and Delayed Autumn Freeze-Up Trends." *Polar Biology* 35 (2012): 149–154.

Lamon, N., C. Neumann, J. Gier, K. Zuberbühler, and T. Gruber. "Wild Chimpanzees Select Tool Material Based on Efficiency and Knowledge." *Proceedings of the Royal Society B: Biological Sciences* 285, no. 1888 (2018).

Lee, C., D. L. Suarez, T. M. Tumpey, H. Sung, Y. Kwon, Y. Lee, J. Choi, S. Joh, M. Kim, E. Lee, J. Park, X. Lu, J. M. Katz, E. Spackman, D. E. Swayne, and J. Kim. "Characterization of Highly Pathogenic H5N1 Avian Influenza A Viruses Isolated from South Korea." *Journal of Virology* 79, no. 6 (2005): 3692–3702.

Lee, W. Y. "Avian Gut Microbiota and Behavioral Studies." *Korean Journal of Ornithology* 22, no. 1 (2015): 1–11.

Lee, W. Y., H. Cho, M. Kim, B. M. Tripathi, J.-W. Jung, H. Chung, et al. "Faecal Microbiota Changes Associated with the Moult Fast in Chinstrap and Gentoo Penguins." *PLoS ONE* 14, no. 5 (2019): e0216565.

Lee, W. Y., M. Kim, P. G. Jablonski, J. C. Choe, and S.-i. Lee. "Effect of Incubation on Bacterial Communities of Eggshells in a Temperate Bird, the Eurasian Magpie (Pica pica)." *PLoS ONE* 9, no. 8 (2014): e103959.

Lee, W. Y., S. Park, N. Choi, K. W. Kim, H. Chung, and J. H. Kim. "Diving Location and Depth of Breeding Chinstrap Penguins during Incubation and Chick-Rearing Period in King George Island, Antarctica." *Korean Journal of Ornithology* 23, no. 1 (2016): 41–48.

Lee, Youngjin, et al. "Breeding Records of Kelp Gulls in Areas Newly Exposed by Glacier Retreat on King George Island, Antarctica." *Journal of Ethology* 35 (2017): 131–135.

Lengagne, T., P. Jouventin, and T. Aubin. "Finding One's Mate in a King Penguin Colony: Efficiency of Acoustic Communication." *Behaviour* 136, no. 7 (1999): 833–846.

Lewis, L. S., E. G. Wessling, F. Kano, J. M. G. Stevens, J. Call, and C. Krupenye.

"Bonobos and Chimpanzees Remember Familiar Conspecifics for Decades." *Proceedings of the National Academy of Sciences of the United States of America* 120, no. 52 (2023): e2304903120.

Libourel, P. A., W. Y. Lee, I. Achin, H. Chung, J. Kim, B. Massot, and N. C. Rattenborg. "Nesting Chinstrap Penguins Accrue Large Quantities of Sleep through Seconds-Long Microsleeps." *Science* 382, no. 6674 (2023): 1026–1031.

Loeffler-Henry, Karl, et al. "Evolutionary Transitions from Camouflage to Aposematism: Hidden Signals Play a Pivotal Role." *Science* 379 (2023): 1136–1140.

Low, P. "The Cambridge Declaration on Consciousness." In *Proceedings of the Francis Crick Memorial Conference*, Churchill College, Cambridge University, July 7, 2012, 1–2.

Luja, V. H., Guzmán-Báez, D. J., Nájera, O., and Vega-Frutis, R. "Jaguars in the Matrix: Population, Prey Abundance and Land-Cover Change in a Fragmented Landscape in Western Mexico." *Oryx* 56, no. 4 (2022): 546–554.

Lupiani, Blanca, and Sanjay M. Reddy. "The History of Avian Influenza." *Comparative Immunology, Microbiology and Infectious Diseases* 32, no. 4 (2009): 311–323.

Mallapur, A., and B. C. Choudhury. "Behavioral Abnormalities in Captive Nonhuman Primates." *Journal of Applied Animal Welfare Science* 6, no. 4 (2003): 275–284.

Marino, L. "White Paper on Dolphin Suicide." *Neuroscience & Biobehavioral Reviews* (2016).

Massaro, M., L. S. Davis, and J. T. Darby. "Carotenoid-Derived Ornaments Reflect Parental Quality in Male and Female Yellow-Eyed Penguins (*Megadyptes antipodes*)." *Behavioral Ecology and Sociobiology* 55 (2003): 169–175.

Matsuzawa, T. "Field Experiments on Use of Stone Tools by Chimpanzees in the Wild." In *Chimpanzee Cultures*, edited by R. W. Wrangham, W. C. McGrew, F. B. M. de Waal, and P. G. Heltone, 351–370. Cambridge: Harvard University Press, 1994.

McGowan, A., S. P. Sharp, M. Simeoni, and B. J. Hatchwell. "Competing for Position in the Communal Roosts of Long-Tailed Tits." *Animal Behaviour* 72, no. 5 (2006): 1035–1043.

McGrew, W. C., and C. E. G. Tutin. "Evidence for a Social Custom in Wild Chimpanzees?" *Man* 13 (1978): 234–251.

McInnes, Alistair M., et al. "Group Foraging Increases Foraging Efficiency in a Piscivorous Diver, the African Penguin." *Royal Society Open Science* 4, no. 9 (2017): 170918.

McKaye, K. R. "Ecology and Breeding Behavior of a Cichlid Fish, Cyrtocara eucinostomus, on a Large Lek in Lake Malawi, Africa." *Environmental Biology of Fishes* 8 (1983): 81–96.

Miranda, R., N. Escribano, M. Casas, A. Pino-del-Carpio, and A. Villarroya. "The Role of Zoos and Aquariums in a Changing World." *Annual Review of Animal Biosciences* 11, no. 1 (2023): 287–306.

Mock, Douglas W., et al. "Avian Monogamy." *Ornithological Monographs* 37 (1985): iii–121.

Moon, Hye-Won, Wan Mohd Rauhan Wan Hussin, Hyun-Cheol Kim, and In-Young Ahn. "The Impacts of Climate Change on Antarctic Nearshore Mega-Epifaunal Benthic Assemblages in a Glacial Fjord on King George Island: Responses and Implications." *Ecological Indicat*ors 57 (2015): 280–292.

Müller, Fritz. "Ituna and Thyridia: A Remarkable Case of Mimicry in Butterflies." Translated by Meloda R. *Transactions of the Entomological Society of London* (1879): 20–29.

Müller, Fritz. "Über die Vortheile der Mimicry bei Schmetterlingen." *Zoologischer Anzeiger* 1 (1878): 54–55.

Naef-Daenzer, B., D. Früh, M. Stalder, P. Wetli, and E. Weise. "Miniaturization (0.2 g) and Evaluation of Attachment Techniques of Telemetry Transmitters." *Journal of Experimental Biology* 208, pt. 21 (November 2005): 4063–4068.

Nath, Ravi D., et al. "The Jellyfish Cassiopea Exhibits a Sleep-Like State." *Current Biology* 27, no. 19 (2017): 2984–2990.

Nilsson, G. E., et al. "Tribute to P. L. Lutz: Respiratory Ecophysiology of Coral-

Reef Teleosts." *Journal of Experimental Biology* 210 (2007): 1673–1686.

Nolan, P. M., Stephen F. Dobson, M. Nicolaus, T. J. Karels, K. J. McGraw, and P. Jouventin. "Mutual Mate Choice for Colorful Traits in King Penguins." *Ethology* 116, no. 7 (2010): 635–644.

Nowak, S., W. Jędrzejewski, K. Schmidt, J. Theuerkauf, R. W. Mysłajek, and B. Jędrzejewska. "Howling Activity of Free-Ranging Wolves (*Canis lupus*) in the Białowieża Primeval Forest and the Western Beskidy Mountains (Poland)." *Journal of Ethology* 25 (2007): 231–237.

Nyholm, Spencer, and Margaret McFall-Ngai. "The Winnowing: Establishing the Squid–Vibrio Symbiosis." *Nature Reviews Microbiology* 2 (2004): 632–642.

O'Connell-Rodwell, Caitlin E. "Keeping an 'Ear' to the Ground: Seismic Communication in Elephants." *Physiology* 22, no. 4 (August 2007): 287–294.

Offenberg, J. "Balancing between Mutualism and Exploitation: The Symbiotic Interaction between Lasius Ants and Aphids." *Behavioral Ecology and Sociobiology* 49 (2001): 304–310.

Ohshima, K., Y. Fukamachi, G. Williams, et al. "Antarctic Bottom Water Production by Intense Sea-Ice Formation in the Cape Darnley Polynya." *Nature Geoscience* 6 (2013): 235–240.

Oliver, Mary. Wild Geese. In *Dream Work*, 14–15. Atlantic Monthly Press, 1986.

Omond, Shauni, Linh M. T. Ly, Russell Beaton, Jonathan J. Storm, Matthew W. Hale, and John A. Lesku. "Inactivity Is Nycthemeral, Endogenously Generated, Homeostatically Regulated, and Melatonin Modulated in a Free-Living Platyhelminth Flatworm." *Sleep* 40, no. 10 (2017): zsx124.

Pagano, Anthony M., and Terrie M. Williams. "Physiological Consequences of Arctic Sea Ice Loss on Large Marine Carnivores: Unique Responses by Polar Bears and Narwhals." *Journal of Experimental Biology* 224 (2021): jeb228049.

Palombit, Ryne. "Dynamic Pair Bonds in Hylobatids: Implications Regarding Monogamous Social Systems." *Behaviour* 128, no. 1–2 (1994): 65–101.

Park, S., Chung, H., and Lee, W. Y. "Behavioral Responses of Adelie Penguins Confronting a Giant Ice Floe." *Deep Sea Research Part II* 203 (2022):

105152.

Park, Sunju, Jean-Baptiste Thiebot, Jae-Hyun Kim, Kwang-Woo Kim, Hyun-Chul Chung, and Won Young Lee. "Mare Incognita: Adélie Penguins Foraging in Newly Exposed Habitat after Calving of the Nansen Ice Shelf." *Environmental Pollution* 201 (2021): 111561.

Peiris, M., et al. "Human Infection with Influenza H9N2." *The Lancet* 354, no. 9182 (1999): 916–917.

Peña-Guzmán, D. M. "Can Nonhuman Animals Commit Suicide?" *Animal Sentience* 20, no. 1 (2017).

Pepperberg, Irene M. "Studies to Determine the Intelligence of African Grey Parrots." *Proceedings of the International Aviculturists Society* (1995): 11–15.

World Health Organization. "One Health." WHO Fact Sheets. Published October 23, 2023. https://www.who.int/health-topics/one-health.

Petrie, Marion, et al. "Peacocks Lek with Relatives Even in the Absence of Social and Environmental Cues." *Nature* 401, no. 6749 (1999): 155–157.

Phillips, R. A., J. R. D. Silk, J. P. Croxall, V. Afanasyev, and D. R. Briggs. "Accuracy of Geolocation Estimates for Flying Seabirds." *Marine Ecology Progress Series* 266 (2004): 265–272.

Prior, Helmut, Ariane Schwarz, and Onur Güntürkün. "Mirror-Induced Behavior in the Magpie (Pica pica): Evidence of Self-Recognition." *PLoS Biology* 6, no. 8 (2008): e202.

Ratcliffe, N., A. Takahashi, C. Oulton, M. Fukuda, B. Fry, S. Crofts, R. Brown, S. Adlard, M. J. Dunn, and P. N. Trathan. "A Leg-Band for Mounting Geolocator Tags on Penguins." *Marine Ornithology* 42 (2014): 23–26.

Rathore, Akanksha, et al. "Lekking as Collective Behaviour." *Philosophical Transactions of the Royal Society B* 378, no. 1874 (2023): 20220066.

Rattenborg, N. C., B. Voirin, S. M. Cruz, R. Tisdale, G. Dell'Omo, H. P. Lipp, et al. "Evidence That Birds Sleep in Mid-Flight." *Nature Communications* 7, no. 1 (2016): 12468.

Rattenborg, N., B. Voirin, S. Cruz, et al. "Evidence That Birds Sleep in Mid-Flight." *Nature Communications* 7 (2016): 12468.

Rattenborg, Niels C., B. Voirin, A. L. Vyssotski, R. W. Kays, K. Spoelstra, F.

Kuemmeth, et al. "Sleeping Outside the Box: Electroencephalographic Measures of Sleep in Sloths Inhabiting a Rainforest." *Biology Letters* 4, no. 4 (2008): 402–405.

Rattenborg, Niels C., et al. "Sleep Research Goes Wild: New Methods and Approaches to Investigate the Ecology, Evolution and Functions of Sleep." *Philosophical Transactions of the Royal Society B: Biological Sciences* 372, no. 1734 (2017): 20160251.

Reichard, Ulrich H. "Extra-Pair Copulations in a Monogamous Gibbon (*Hylobates lar*)." Ethology 100, no. 2 (1995): 99–112.

Rice, D. W. "Symbiotic Feeding of Snowy Egrets with Cattle." *The Auk* 71, no. 4 (1954): 19.

Rowe, K. M. C., and P. J. Weatherhead. "Social and Ecological Factors Affecting Paternity Allocation in American Robins with Overlapping Broods." *Behavioral Ecology and Sociobiology* 61 (2007): 1283–1291.

Rutz, C., and J. J. St Clair. "The Evolutionary Origins and Ecological Context of Tool Use in New Caledonian Crows." *Behavioural Processes* 89, no. 2 (2012): 153–165.

Ryder, Thomas B., et al. "The Composition, Stability, and Kinship of Reproductive Coalitions in a Lekking Bird." *Behavioral Ecology* 22, no. 2 (2011): 282–290.

Sauer, S., M. Kinkelin, E. Herrmann, et al. "The Dynamics of Sleep-Like Behaviour in Honey Bees." *Journal of Comparative Physiology A* 189 (2003): 599–607.

Savage-Rumbaugh, E. S. "Language Learning in the Bonobo: How and Why They Learn." In *Biological and Behavioral Determinants of Language Development*, 209–233. Psychology Press, 2013.

Schrauf, C., J. Call, K. Fuwa, and S. Hirata. "Do Chimpanzees Use Weight to Select Hammer Tools?" *PLoS ONE* 7, no. 7 (2012): e41044.

Sender, R., S. Fuchs, and R. Milo. "Are We Really Vastly Outnumbered? Revisiting the Ratio of Bacterial to Host Cells in Humans." *Cell* 164 (2016): 337–340.

Sender, R., S. Fuchs, and R. Milo. "Revised Estimates for the Number of Human and Bacteria Cells in the Body." *PLoS Biology* 14, no. 8 (2016): e1002533.

Sharon, G., D. Segal, J. M. Ringo, A. Hefetz, I. Zilber-Rosenberg, and E. Rosenberg. "Commensal Bacteria Play a Role in Mating Preference of Drosophila melanogaster." *Proceedings of the National Academy of Sciences* 107, no. 46 (2010): 20051–20056.

Sherratt, Thomas N. "The Evolution of Müllerian Mimicry." *Naturwissenschaften* 95, no. 8 (2008): 681–695.

Shook, E. N., G. T. Barlow, D. Garcia-Rosales, et al. "Dynamic Skin Behaviors in Cephalopods." *Current Opinion in Neurobiology* 86 (2024): 102876.

Siegel, J. M. "Do All Animals Sleep?" *Trends in Neurosciences* 31, no. 4 (2008): 208–213.

Siegel, J. M. "Why We Sleep." *Scientific American* 289, no. 5 (2003): 92–97.

Sillén-Tullberg, Birgitta. "Higher Survival of an Aposematic than of a Cryptic Form of a Distasteful Bug." *Oecologia* 67 (1985): 411–415.

Soler, Manuel, et al. "Replication of the Mirror Mark Test Experiment in the Magpie (Pica pica) Does Not Provide Evidence of Self-Recognition." *Journal of Comparative Psychology* 134, no. 4 (2020): 363.

Somveille, M., A. S. L. Rodrigues, and A. Manica. "Why Do Birds Migrate? A Macroecological Perspective." *Global Ecology and Biogeography* 24 (2015): 664–674.

Stoeger, Angela. S., and P. Manger. "Vocal Learning in Elephants: Neural Bases and Adaptive Context." *Current Opinion in Neurobiology* 28 (2014): 101–107.

Stoeger, Angela S., Daniel Mietchen, Angela Oh, Michael C. T. Schäfer, Tecumseh W. Fitch, and Bernhard M. Huber. "An Asian Elephant Imitates Human Speech." *Current Biology* 22, no. 22 (2012): 2144–2148.

Stransky, O., R. Blum, W. Brown, D. Kruse, and P. Stone. "Bumble Foot: A Rare Presentation of a *Fusobacterium varium* Infection of the Heel Pad in a Healthy Female." *The Journal of Foot and Ankle Surgery* 55, no. 5 (2016): 1087–1090.

Strycker, Nicole, M. Wethington, A. Borowicz, et al. "A Global Population Assessment of the Chinstrap Penguin (*Pygoscelis antarctica*)." *Scientific Reports* 10 (2020): 19474.

Sutherland, William J., Philip W. Atkinson, Steven Broad, Sam Brown, Mick

Clout, Maria P. Dias, Lynn V. Dicks, Helen Doran, Erica Fleishman, Elizabeth L. Garratt, Kevin J. Gaston, Alice C. Hughes, Xavier Le Roux, Fiona A. Lickorish, Luke Maggs, James E. Palardy, Lloyd S. Peck, Nathalie Pettorelli, Jules Pretty, Mark D. Spalding, Femke H. Tonneijck, Matt Walpole, James E. M. Watson, Jonathan Wentworth, and Ann Thornton. "A 2021 Horizon Scan of Emerging Global Biological Conservation Issues." *Trends in Ecology & Evolution* 36, no. 1 (2021): 87–97.

Suzuki, T. N. "Referential Mobbing Calls Elicit Different Predator-Searching Behaviours in Japanese Great Tits." *Animal Behaviour* 84, no. 1 (2012): 53–57.

Suzuki, T. N., and K. Ueda. "Mobbing Calls of Japanese Tits Signal Predator Type: Field Observations of Natural Predator Encounters." *The Wilson Journal of Ornithology* 125, no. 2 (2013): 412–415.

Suzuki, T. N., and N. Sugita. "The 'After You' Gesture in a Bird." *Current Biology* 34, no. 6 (2024): R231–R232.

Swartz, S. L. "Gray Whale: Eschrichtius robustus." In *Encyclopedia of Marine Mammals*. 3rd ed. Edited by Bernd Würsig, J. G. M. Thewissen, and Kit M. Kovacs, 422–428. San Diego: Academic Press, 2018.

The New York Declaration on Animal Consciousness. New York University, April 19, 2024. https://sites.google.com/nyu.edu/nydeclaration/declaration?authuser=0#h.5e13vfkpjc7j.

Theis, K. R. "Scent Marking in a Highly Social Mammalian Species, the Spotted Hyena, Crocuta crocuta." Ph.D. diss., Michigan State University, 2008.

Thiebault, A., I. Charrier, T. Aubin, D. B. Green, and P. A. Pistorius. "First Evidence of Underwater Vocalisations in Hunting Penguins." *PeerJ* 7 (2019): e8240.

Tian, Y., Wu, J., Wang, T., et al. "Climate Change and Landscape Fragmentation Jeopardize the Population Viability of the Siberian Tiger (*Panthera tigris altaica*)." *Landscape Ecology* 29 (2014): 621–637.

Tobias, Joe A., and Nathalie Seddon. "Female Begging in European Robins: Do Neighbors Eavesdrop for Extrapair Copulations?" *Behavioral Ecology* 13, no. 5 (September 2002): 637–642.

Total Vet. Animals in Captivity Statistics. https://total.vet/animals-in-captivity-statistics/.

Toth, N., K. D. Schick, E. S. Savage-Rumbaugh, R. A. Sevcik, and D. M. Rumbaugh. "Pan the Tool-Maker: Investigations into the Stone Tool-Making and Tool-Using Capabilities of a Bonobo (*Pan paniscus*)." *Journal of Archaeological Science* 20, no. 1 (1993): 81–91.

Troscianko, J., A. M. von Bayern, J. Chappell, C. Rutz, and G. R. Martin. "Extreme Binocular Vision and a Straight Bill Facilitate Tool Use in New Caledonian Crows." *Nature Communications* 3, no. 1 (2012): 1110.

Van Leeuwen, E. J., K. A. Cronin, D. B. Haun, R. Mundry, and M. D. Bodamer. "Neighbouring Chimpanzee Communities Show Different Preferences in Social Grooming Behaviour." *Proceedings of the Royal Society B: Biological Sciences* 279, no. 1746 (2012): 4362–4367.

Van Wyhe, John. "A Delicate Adjustment: Wallace and Bates on the Amazon and 'The Problem of the Origin of Species.'" *Journal of the History of Biology* 47, no. 4 (2014): 627–659.

Vinther, Jakob, et al. "3D Camouflage in an Ornithischian Dinosaur." *Current Biology* 26, no. 18 (2016): 2456–2462.

Voirin, Bryson, Madeleine F. Scriba, Dolores Martinez-Gonzalez, Alexei L. Vyssotski, Martin Wikelski, and Niels C. Rattenborg. "Ecology and Neurophysiology of Sleep in Two Wild Sloth Species." *Sleep* 37, no. 4 (2014): 753–761.

Watts, A. C., J. H. Perry, S. E. Smith, M. A. Burgess, B. E. Wilkinson, Z. Szantoi, et al. "Small Unmanned Aircraft Systems for Low-Altitude Aerial Surveys." *The Journal of Wildlife Management* 74, no. 7 (2010): 1614–1619.

Weimerskirch, H., and R. P. Wilson. "Oceanic Respite for Wandering Albatrosses: Birds Taking Time off from Breeding Head for Favourite Long-Haul Destinations." *Nature* 406 (2000): 955–956.

Weimerskirch, H., M. Le Corre, E. Tew Kai, and F. Marsac. "Foraging Movements of Great Frigatebirds from Aldabra Island: Relationship with Environmental Variables and Interactions with Fisheries." *Progress in Oceanography* 86 (2010): 204–213.

Wickins-Dražilová, D. "Zoo Animal Welfare." *Journal of Agricultural and*

Environmental Ethics 19 (2006): 27–36.
Wilson, E. O. "Animal Communication." *Scientific American* 227, no. 3 (1972): 52–63.
Witzenberger, K. A., and A. Hochkirch. "Ex Situ Conservation Genetics: A Review of Molecular Studies on the Genetic Consequences of Captive Breeding Programmes for Endangered Animal Species." *Biodiversity and Conservation* 20 (2011): 1843–1861.
World Health Organization. "One Health." Accessed June 21, 2025. https://www.who.int/health-topics/one-health#tab=tab_1.
Yoo, Dae-sung, Sung-Il Kang, Yu-Na Lee, Eun-Kyoung Lee, Woo-yuel Kim, and Youn-Jeong Lee. "Bridging the Local Persistence and Long-Range Dispersal of Highly Pathogenic Avian Influenza Virus (HPAIv): A Case Study of HPAIv-Infected Sedentary and Migratory Wildfowls Inhabiting Infected Premises." *Viruses* 14, no. 1 (2022): 116.
Yoon, S. T., and W. Y. Lee. "Quality Control Methods for CTD Data Collected by Using Instrumented Marine Mammals: A Review and Case Study." *Ocean and Polar Research* 43, no. 4 (2021): 321–334.

찾아보기

ㄱ

가는꼬리뇌조 *Tympanuchus phasianellus* 80
가랑잎나비 *Kallima inachus* 94
가장假裝, masquerade 93
가창오리 *Anas formosa* 115
각인 imprinting 26-27, 31
갈라파고스제도 Islas Galápagos 24-26, 31, 33-34, 115, 229
갈레고, 디에고 Gallego, Diego 188
갈색목세발가락나무늘보 *Bradypus variegatus* 227
『거울 나라의 앨리스 Through the Looking-Glass and What Alice Found There』 88
거울 속 자기인지 mirror self-recognition 280
검은발족제비 *Musetela nigripes* 308
검은지빠귀 *Turdus mandarinus* 310
경계 효과(정찰 효과) vigilance effect 81, 87, 116, 118-119
고니 *Cygnus columbianus* 65
고라니 *Hydropotes inermis* 310, 325
고래상어 *Rhincodon typus* 285
고리무늬물범 *Pusa hispida* 333-334
고와티, 퍼트리샤 Gowaty, Patricia 70
과립독개구리 *Oophaga granulifera* 97-98
광대새우 *Odontodactylus scyllarus* 66
〈교토의정서 Kyoto Protocol〉 357
구달, 제인 Goodall, Jane 27-28, 30-31, 240-242, 274, 310
국제포경위원회 International Whaling Commission, IWC 347
군함조 *Fregata ariel* 224, 229
귀신고래 *Eschrichtius robustus* 148, 169
그람, 한스 크리스티안 Gram, Hans Christian 139
그람양성균 Gram-positive bacteria 139
그람음성균 Gram-negative bacteria 139
그레이, 러셀 Gray, Russell 246
그랜트, 피터 Grant, Peter 33
그랜트, 로즈메리 Grant, Rosemary 33

그레이비어드, 데이비드Greybeard, David (침팬지) 27
그루밍grooming 272-274
기후난민climate refugees 329
기후변화climate change 16, 33, 40, 163, 204, 234-235, 325-327, 329, 333, 337, 341, 348, 357-358, 360-362, 364
〈기후변화법Climate Change Act〉(영국) 360
〈기후변동적응법氣候變動適應法〉(일본) 361
기후변화에 관한 정부간 협의체Intergovernmental Panel on Climate Change, IPCC 362
「기후변화와 토지Climate Change and Land」362
기후슬픔climate grief 16, 337
기후위기climate crisis 15-16, 337, 357, 362
긴수염고래Balaenoptera physalus 171
긴점박이올빼미Strix uralensis 326-327
깁슨, 로버트Gibson, Robert 79
까막딱따구리Dryocopus martius 326
꽃매미Lycorma delicatula 104-108

ㄴ

나그네앨버트로스Diomedea exulans 70-72, 179-180
나레브스키포인트Narebski Point 46, 70, 152
나이토 야스히코Naito Yasuhiko 175, 181
난센빙붕Nansen Ice Shelf 348-349
난센란Nansen Land 212

남극물개Arctocephalus gazella 347
〈남극물개 보존에 관한 협약Convention for the Conservation of Antarctic Seals〉347
남극순환류Antarctic Circumpolar Current 161
남극저층수Antarctic bottom water, AABW 178
남극크릴Euphausia superba 298, 345
남극해양생물자원보존위원회Commission for the Conservation of Antarctic Marine Living Resources, CCAMLR 353
남방큰돌고래Tursiops aduncus 304
남방큰재갈매기Larus dominicanus 341-342
남방코끼리물범Mirounga leonina 46-47, 86, 178
『내셔널 지오그래픽National Geographic』 28
냉혈동물cold-blooded animal 209, 323
『네이처 기후변화Nature Climate Change』 326
노랑나비속Colias 210
녹색바다거북Chelonia mydas 330
뇌파도eletroencephalogram, EEG 196, 222, 224, 229-232
눈백로Leucophoyx thula 131, 133
뉴칼레도니아까마귀Corvus moneduloides 246-249, 251, 254
니에, 제임스Nieh, James 262

ㄷ

다운스, 콜린Downs, Collen 234

다윈, 찰스Darwin, Charles 14, 23-26, 31, 34, 39, 43-44, 50, 53, 87, 95-96, 100-101, 103-104, 229
『다윈을 위하여For Darwin』104
다이지太地 282, 284
다카하시 아키노리Takahashi Akinori 176
『대동지지大東地志』170
대벌레Ramulus irregulariterdentatus 93
대서양송사리Fundulus heteroclitus 310
댕기물떼새Vanellus Vanellus 191-193
「더 빅 이어The Big Year」7
「더 코브The Cove」282
던, 피터Dunn, Peter 68
『도덕과 입법의 원리 서설An Introduction to the Principles of Morals and Legislation』289
도둑갈매기Stercorariidae 85-87, 229, 233
독일항공우주센터Deutsches Zentrum für Luft-und Raumfahrt, DLR 191
독화살개구리Dendrobatidae 109-110
동남극해East Antarctica 354
『동물 해방Animal Liberation』289-290
〈동물보호법〉287, 293
『동물의 생각에 관한 생각Are We Smart Enough to Know How Smart Animals Are?』239, 254
〈동물의 의식에 관한 뉴욕 선언The New York Declaration on Animal Consciousness〉280
『동물의 정치적 권리 선언Should Animals Have Political Rights?』290
『동물행동: 진화적 접근Animal Behavior: An Evolutionary Approach』259
듀어, 미건Dewar, Meagan 142
디지트Digit(고릴라) 28
딱총새우Alpheidae 66
땅다람쥐Xerinae 141

ㄹ

라르센빙붕Larsen Ice Shelf 349
라르센, 카를 안톤Larsen, Carl Anton 349
라텐보르크, 닐스Rattenborg, Niels 227, 229-231
레스큐, 존Lesku, John 223
렉lek 76, 78-82
렘수면REM sleep 226, 230
로레타Loretta(보노보) 244
로렌츠, 콘라트Lorenz, Konrad 27, 31
로스빙붕Ross Ice Shelf 350
로스해Ross Sea 157, 183, 353
루넌, 마르텐Loonen, Maarten 331, 333
루베트킨, 베르톨트Lubetkin, Berthold 300
루이스Louise(보노보) 244
리부렐, 폴앙투앙Libourel, Paul-Antoine 231
리키, 루이스Leakey, Louis 27
리펠트, 얀Lifjeld, Jan 73

ㅁ

마나킨Pipridae 82
마리아나스네일피시Pseudoliparis swirei 201
마리아나 해구Mariana trench 201
마리안소만Marian cove 339-340

마사이마라 국립공원Maasai Mara National Reserve 79
마셜, 그레그Marshall, Greg 176
마타타Matata(보노보) 245
말라위호Lake Malawi 80
말미잘Actiniaria 132
매키니스, 앨리스터McInnes, Alistair 123
맥가원, 앤드루McGowan, Andrew 122
맥머도기지McMurdo Station 152
먹이 가용성food availability 346
멧토끼속Lepus 206-207
멸종extinction 6, 110, 355-356
    멸종위기extinction crisis 188, 246, 287, 304, 308, 326-327, 346-347
모르포나비Morpho 93
무당개구리Bombina orientalis 104, 107-110
『문어의 영혼The Soul of an Octopus』 252
문어Enteroctopus 252, 262, 264, 280
물결넓적꽃등에Metasyrphus frequens 102
물꿩Hydrophasianus chirurgus 76-77
물참나무저녁나방Acronicta alni 93
뮐러, 프리츠Müller, Fritz 95, 101, 103-104
뮐러식 의태Mullerian mimicry 103-104
미국지빠귀Turdus migratorius 72
미어캣Suricata suricatta 118-119

ㅂ

바다거북Chelonioidea 148, 175-176, 330
바다소금쟁이Halobates matsumurai 115
바람이(사자) 286-287
바이메르스키르히, 앙리Weimerskirch, Henri 179
바이오로깅bio-logging 15, 170, 174, 176-177, 181, 185
    바이오로거bio-logger 154-155, 157-158, 160, 176, 178, 196
박각시Sphingidae 96
박새속Parus 190, 275, 310
박새Parus major 269-272
발, 프란스 드Waal, Frans de 239, 254
배타적 경제수역Exclusive Economic Zone, EEZ 179
『버드 브레인Bird Brain』 254
범블풋bumble foot 300
베르그만의 법칙Bergmann's rule 202, 205-206, 209
베르크만, 카를Bergmann, Karl 202
베이츠, 헨리 월터Bates, Henry Walter 95-96, 101
베이츠식 의태Batesian mimicry 101, 103
베이트볼Bait ball 124
베일런, 리 밴Valen, Leigh Van 87-88
벤담, 제러미Bentham, Jeremy 289
벨링스하우젠해Bellingshausen Sea 354
벵골호랑이Panthera tigris tigris 288
벵스턴, 존Bengston, John 175
변온동물poikilothermic 209
보거트, 찰스Bogert, Charles 209-210, 212-213
보거트의 법칙Bogert's Rule(열 멜라닌 가설Thermal Melanism Hypothesis) 209, 216

보스트, 샤를Bost, Charles 155, 157
보이드, 데이비드Boyd, David 291
보퍼트해Beaufort Sea 333
볼로리아폴라리스*Boloria Polaris* 217
북극곰*Ursus maritimus* 148, 202, 204, 307, 320, 331-334, 357
북극제비갈매기*Sterna paradisaea* 148-149, 331, 334
북방코끼리물범*Mirounga angustirostris* 224
분홍발기러기*Anser brachyrhynchus* 193-196
불곰*Ursus arctic* 202, 204-205
붉은 여왕 가설Red Queen hypphthesis 87-89
붉은늑대*Canis rufus* 308
붉은머리오목눈이*Sinosuthora webbiana* 89
붉은머리울새*Petroica goodenovii* 215
붉은배지느러미발도요*Phalaropus fulicarius* 58-60, 76
붉은부리갈매기*Chroicocephalus ridibundus* 31-32
붉은여우*Vulpes vulpes* 311
브라운, 메리Brown, Mary 126
브라운, 찰스Brown, Charles 126
브람Bram(침팬지) 244
브래드버리, 잭Bradbury, Jack 79
『비글호 항해기』*The Voyage of the Beagle*』 34
비글호 *HMS Beagle* 24, 53, 95, 229
비브리오피스케리*Vibrio fischeri* 136-137
빈터, 야콥Vinther, Jakob 93
뻐꾸기*Cuculus canorus* 89

ㅅ

사우스샌드위치제도South Sandwich Islands 267
사향소*Ovibos moschatus* 331, 335
산드라Sandra(오랑우탄) 291
산양*Naemorhedus caudatus* 326
삼색제비*Petrochelidon pyrrhonota* 126
상리공생相利共生, mutualism 131-132
새비지럼보, 수전Savage-Rumbaugh, Susan 244-245
생태슬픔ecological grief 337
샤론, 길Sharon, Gil 136
서부정자새*Chlamydera guttata* 52
선박자동식별시스템Automatic Identification System, AIS 179
섬참새*Russet sparrow* 167-169
성선택sexual selection 27, 43-45, 48, 50, 53, 95-96, 103
세가락갈매기*Rissa tridactyla* 27
세계동물원수족관협회World Association of Zoos and Aquariums, WAZA 299-300, 302
세계보건기구World Health Organization ,WHO 316-317
세계자연기금World Wide Fund for Nature, WWF 302
세렝게티Serengeti 79
세이스, 케빈Theis, Kevin 135
세종과학기지King Sejong Station 46, 56, 152-153, 157, 181, 231, 339-341, 343,

355, 363
『세종실록지리지世宗實錄地理志』170
송장벌레Silpha vespillo 66
송장해파리Cassiopea xamachana 222
쇠검은가마우지Phalacrocorax sulcirostris 215
쇠푸른펭귄Eudyptula minor 142-143
쇼베동굴Grotte Chauvet 6-7
숄란데르, 페르Scholander, Per 171
수렴진화convergent evolution 104
스왈로버그Oeciacus vicarius 126
스즈키 도시타카Suzuki Toshitaka 269-272
스코샤해Scotia Sea 161
스크립스해양학연구소Scripps Institution of Oceanography, SIO 37
스튜어트폭스, 데비Stuart-Fox, Devi 213-215
시베리아호랑이Panthera tigris altaica 329
『신증동국여지승람新增東國輿地勝覽』170

o

아문젠해Amundsen Sea 183
아시아코끼리Elephas maximus 265, 286
아이アイ(침팬지) 243
아프리카물소Syncerus caffer 127
아프리카코끼리Loxodonta Africana 226, 265, 278
아프리카펭귄Spheniscus demersus 123, 174
아프리카표범Panthera pardus pardus 225
안데르손, 말테Andersson, Malte 50
알하제리, 베이더Alhajeri, Bader 206
암스테르담 앨버트로스Diomedea amsterdamensis 179
앨런, 조엘Allen, Joel 205-206
앨런의 법칙Allen's rule 205-207, 209
앨릭스Alex(회색앵무) 281
앨콕, 존Alcock, John 259
「야생 기러기」Wild Geese」 147
에린Erin(보노보) 244
에머리, 네이선Emery, Nathan 251, 254
엔들러, 존Endler, John 53
역그늘색countershading 89, 91-93
역조명counter-illumination 137
오목눈이Aegithalos caudatus 122
오배리, 리처드O'Barry, Richard 283, 286
오시마 게이Ohshima Kay 178
올리버, 메리Oliver, Mary 147
와그너, 리처드Wagner, Richard 66
와이너, 조너선Weiner, Jonathan 33
와타나베 유키Watanabe Yuuki 176, 181
와트, 워드Watt, Ward 210
왈베르그견장박쥐Epomophorus wahlbergi 234
외뿔고래Monodon monoceros 334-336
울주대곡리반구대암각화蔚州大谷里盤龜臺岩刻畫 169
울프, 래리Wolf, Larry 124
워슈Washoe(침팬지) 245
원헬스one health 318
월리스, 앨프리드Wallace, Alfred 95-96, 100-101

웨델물범*Leptonychotes weddellii* 170, 172-174, 183-185, 296
웨들해Weddell Sea 354
위장僞裝, camouflage 85, 89-90, 94, 106-110
윌슨, 로리Wilson, Rory 174
윌슨, 에드워드Wilson, Edward 260
유럽들소*Bison bonasus* 308
유럽박새*Parus major* 73
유럽울새*Erithacus rubecula* 74
유엔기후변화협약United Nations Framework Convention on Climate Change, UNFCCC 358
유전자 염기서열 분석DNA Sequencing 142, 144
유전자 지문검사DNA fingerprinting 73, 123
이베리아스라소니*Lynx pardinus* 308
이상기후extreme weather 323-326, 337, 358
『이상한 나라의 앨리스Alice in Wonderland』 88
이스턴블루버드*Sialia sialis* 70-71
이주migration(이주행동migratory behavior) 15, 143, 148, 150-152, 154-158, 160-161, 163, 296, 329
이즈라엘, 마르틴Israel, Martin 191
인공선택artificial selection 24
인디아영양*Antilope cervicapra* 80-81

ㅈ

자보돕스키섬Zavodovski Island 267
『자산어보玆山魚譜』 170

자연권natural right 290
자연선택natural selection 23-25, 31, 43, 95, 100-101, 104, 143
『자연의 권리*The Rights of Nature*』 291
장보고과학기지Jang Bogo Station 338, 348, 353
장수풍뎅이*Trypoxylus dichotomus* 12, 93
재규어*Panthera onca* 329
적응방산adaptive radiation 25
정형행동Stereotypic behavior 286, 304, 307
제왕나비*Danaus Plexippus* 96-98, 154
조류인플루엔자Avain Influenza, AI 313-316, 318
종달멧새*Calamospiza melanocorys* 75
『종의 기원*The Origin of Species*』 23-24, 43, 101
지구온난화global warming 30, 163, 177, 235, 324-325, 330, 337, 339, 341, 344, 346, 348, 357-358, 361-362, 364
지라르디아티그리나*Girardia tigrina* 223
지오로케이터geolocator 155-156, 158-159
진주눈찌르레기*Margarops fuscatus* 138

ㅊ

차세대염기서열분석next generation sequencing, NGS 136
참새*Passer montanus* 167-169
참솜깃오리*Somateria mollissima* 334
청개구리*Hyla japonica* 107-110
청소년기후행동Youth 4 Climate Action

362
『침팬지 폴리틱스Chimpanzee Politics』
239, 243

ㅋ

카구Rhynochetos jubatus 246-247
카라코, 토머스Caraco, Thomas 124
캐럴, 루이스Carroll, Lewis 88
캐시Kathy(돌고래) 283, 286
캔지Kanzi(보노보) 244-245
캘리포니아콘도르Gymnogyps californianus 308-309
케이프단리Cape Darnley 178
〈케임브리지 선언The Cambridge Declaration on Consciousness〉 280
켈리, 로라Kelly, Laura 53
코로나바이러스감염증19(코로나19) Coronavirus disease 2019(COVID-19) 128, 310, 312, 316, 318
코식이(코끼리) 265
코알라Phascolarctos cinereus 359
코코Koko(고릴라) 245
코크런, 앨러스데어Cochrane, Alasdair 290
쿠이먼, 제럴드Kooyman, Gerald 37-38, 170-172, 174, 350
쿡, 마크Cook, Mark 138
쿨러, 로렌Culler, Lauren 331
큰가시고기Gasterosteus aculeatus 27
큰군함조Fregata minor 229-231
큰돌고래Tursiops truncatus 284
큰산쑥뇌조Centrocercus urophasianus 78-79
큰정자새Chlamydera nuchalis 53
클러튼브록, 팀Clutton-Brock, Tim 46, 119
킹조지섬King George Island 153, 298

ㅌ

탁란托卵, brood parasitism 89
탄소중립carbon neutral(넷제로Net-zero) 360-362
탄컨Tan Ken 262
토피영양Damaliscus lunatus 79
톰슨가젤Eudorcas thomsonii 124
툰베리, 그레타Thunberg, Greta 357, 363
트리헌, 존Treherne, John 115
틴베르헌, 니콜라스Tinbergen, Nikolaas 25, 31-33

ㅍ

〈파리협정Paris Agreement〉 360-362
8자 춤waggle dance 27, 260-262
팬데믹pandemic 128, 310, 317, 320
페퍼버그, 아이린Pepperberg, Irene 281
편리공생片利共生, commensalism 131, 133
포스터, 윌리엄Foster, William 115
포시, 다이앤Fossey, Dian 28-29
포이린, 브리즌Voirin, Bryson 227
표범물범Hydrurga leptonyx 86, 158, 227
푸른바다거북Chelonia mydas 323
푸른박새Cyanistes caeruleus 73
푸른어치Cyanocitta cristata 96
푸에르토리코볏두꺼비Peltophryne lemur 308

프리슈, 카를 폰Frish, Karl von 27, 260-261
프시타코사우루스Psittacosaurus 93
플랫폼 송신 터미널Platform Transmitter Terminals, PTT 175
「플리퍼Flipper」283
피그미세발가락나무늘보Bradypus pygmaeus 227
『핀치의 부리Beak of The Finch』 33

ㅎ

하늘다람쥐Pteromys volans 326
하렘harem 46
하비, 폴Harvey, Paul 99
하와이짧은꼬리오징어Euprymna scolopes 136-137
하울링howling 258
「한국 기후변화 평가보고서 2020」324
「한반도 기후변화 전망분석서」325
해넌, 수전Hannon, Susan 68
해수면 상승sea level rise 16, 326, 328-330, 337
허들링huddling 120-121
헌트, 개빈Hunt, Gavin 245-246
헤노베사섬Isla Genovesa 229
「헤어질 결심Decision to Leave」221
호주참갑오징어Ascarosepion apama 265
호지슨, 제러드Hodgson, Jarrod 187
혹등고래Megaptera novaeangliae 169, 197, 305
혼동 효과confusion effect 87, 115-116, 135

혼인색婚姻色, nuptial coloration 27, 52, 55
황금사자타마린Leontopithecus rosalia 308
황소개구리Lithobates catesbeianus 51
회색앵무Psittacus Erithacus 280-281
「흐르는 강물처럼A River Runs Through It」7
흑고니Cygnus atratus 65
희석 효과dilution effect 37, 80-81, 87, 114-115
흰꼴뚜기Sepioteuthis lessoniana 263
흰동가리Amphiprion clarkii 132
흰배중부리도요Numenius tenuirostris 356
흰뺨검둥오리Anas zonorhyncha 315
흰뺨기러기Branta leucopsis 331, 333
흰손긴팔원숭이Hylobates lar 69
흰죽지꼬마물떼새Charadrius biaticula 15, 193-194, 196
힐, 로저Hill, Roger 175

와일드
야외생물학자의 동물 생활 탐구

초판인쇄 2025년 6월 30일
초판발행 2025년 7월 10일

지은이 이원영
펴낸이 강성민
편집장 이은혜
책임편집 박은아
디자인 백주영
마케팅 정민호 박치우 한민아 이민경 박진희 황승현 김경언
브랜딩 함유지 박민재 이송이 김희숙 박다솔 조다현 김하연 이준희
제작 강신은 김동욱 이순호

펴낸곳 (주)글항아리 | **출판등록** 2009년 1월 19일 제406-2009-000002호

주소 10881 경기도 파주시 문발로 214-12, 4층
전자우편 bookpot@hanmail.net
전화번호 031-955-2689(마케팅) 031-941-5161(편집부)
팩스 031-941-5163

ISBN 979-11-6909-210-4 93490

책에 수록된 펭귄의 바이오로깅 연구는 환경부 용역 과제로 수행된 「남극특별보호구역 모니터링 및 남극 기지 환경 관리에 관한 연구(PG14030, 15040, 16040, 17040, 18040, 19040, 20040)」를 바탕으로 작성되었습니다. 동물의 수면 연구는 2025년도 정부(과학기술정보통신부) 재원으로 한국연구재단의 지원을 받아 수행되었고(RS-2025-00573168), 남극해 해양 관측을 위한 물범 태깅과 해수면 상승 연구는 해양수산부의 재원으로 해양수산과학기술진흥원KIMST의 지원을 받아 수행되었습니다(RS-2023-0025677; PM25020). 북극 관련 연구는 해양수산부의 재원으로 극지연구소의 지원을 받아 수행되었습니다(PE25060).

잘못된 책은 구입하신 서점에서 교환해드립니다.
기타 교환 문의 031-955-2661, 3580

www.geulhangari.com